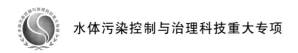

水体污染控制与治理科技重大专项

中国重点流域水生态系统
健康评价

张 远　江 源 等／著

科学出版社

北京

内 容 简 介

本书在总结国内外水生态系统健康评价的基础上，系统介绍适合我国流域水生态系统健康综合评价的体系框架与技术方法，重点阐述了水生态系统健康综合评价的技术步骤及方法，并以全国及松花江、辽河、海河、淮河、黑河、东江、太湖、巢湖、滇池、洱海十大重点流域为对象，开展流域水生态系统健康综合评价的技术应用示范，为全国水生态系统健康评价工作的开展提供技术支撑。

本书可供从事水环境和水生态系统管理的科研人员、相关政府管理部门工作人员以及环境科学、生态学等专业的本科生和研究生参考。

审图号：GS（2019）2398 号

图书在版编目（CIP）数据

中国重点流域水生态系统健康评价／张远等著．—北京：科学出版社，2019.6

ISBN 978-7-03-061383-7

Ⅰ.①中⋯ Ⅱ.①张⋯ Ⅲ.①流域–水环境质量评价–中国 Ⅳ.①X824

中国版本图书馆 CIP 数据核字（2019）第 099973 号

责任编辑：周 杰／责任校对：彭 涛
责任印制：肖 兴／封面设计：黄华斌

科 学 出 版 社 出版
北京东黄城根北街 16 号
邮政编码：100717
http://www.sciencep.com

北京汇瑞嘉合文化发展有限公司 印刷
科学出版社发行 各地新华书店经销

*

2019 年 6 月第 一 版 开本：787×1092 1/16
2019 年 6 月第一次印刷 印张：15
字数：360 000

定价：180.00 元
（如有印装质量问题，我社负责调换）

本书撰写组名单

主　笔：张　远　江　源

副主笔：（按姓氏拼音排序）

安树青　蔡庆华　陈利顶　高俊峰

黄　艺　王世岩　周启星

成　员：（按姓氏拼音排序）

曹晓峰　程　先　程东升　丁　佼

丁　森　董满宇　高　欣　高　喆

高永年　何逢志　胡　金　黄　琪

贾晓波　李凤祥　林佳宁　刘　畅

马淑芹　渠晓东　孙美琴　孙然好

万　云　于宏兵　张志明　赵　茜

前　言

随着社会发展和人口增长,我国淡水生态系统呈现严重退化趋势,淡水生物的生存条件不断恶化,水生生物数量不断下降。目前我国对河流、湖泊等水体的管理还主要停留在传统的水污染控制方面,水环境管理需要从传统的污染控制向水生态系统健康管理转变。我国的流域水生态系统健康评价工作起步较晚,水生态系统健康评价研究相对滞后,本书在借鉴国内外水生态系统健康评价先进技术方法的基础上,综合考虑中国河流的实际情况,提出适合我国国情的流域水生态系统健康综合评价体系框架,系统阐述流域水生态系统健康综合评价的关键技术。以全国和松花江、辽河、海河、淮河、黑河、东江、太湖、巢湖、滇池、洱海十大重点流域为例,详细介绍了各流域水生态系统健康评价的技术步骤及评价结果,为全国流域水生态系统健康评价工作的开展提供技术支撑。

本书撰写工作由张远和江源主持。全书共5章。第1章由张远、丁森、贾晓波完成,介绍流域水生态系统健康评价研究历程及国内外流域水生态系统健康评价的研究进展;第2章由张远、丁森、高欣、马淑芹完成,介绍流域水生态系统健康综合评价的框架体系及关键技术步骤;第3章由张远、江源、高俊峰、周启星、陈利顶、安树青、王世岩、黄艺、蔡庆华、曹晓峰、程先、程东升、丁佼、董满宇、高喆、高永年、何逢志、胡金、黄琪、李凤祥、刘畅、孙美琴、孙然好、万云、于宏兵、张志明、赵茜等完成,介绍松花江、辽河、海河、淮河、黑河、东江、太湖、巢湖、滇池、洱海十大重点流域的水生态系统健康评价技术步骤及评价结果;第4章由张远、丁森、高欣、林佳宁、渠晓东完成,介绍全国流域水生态系统健康总体评价结果;第5章由张远、丁森、林佳宁、马淑芹完成,对我国流域水生态系统健康评价进行总结和展望。最后由张远完成对全书的统稿和校对工作。

本书由国家水体污染控制与治理科技重大专项"流域水生态功能评价与分区技术"(2008ZX07526-001)课题、"流域水生态保护目标制定技术研究"(2012ZX07501-001)课题、"重点流域水生态一级二级分区研究"(2008ZX07526-002)课题、"重点流域水生态功能三级四级分区研究"(2012ZX07501-002)课题资助。其中,水生态健康评价方法由中国环境科学研究院组织完成,松花江流域水生态调查与健康评价由南开大学组织完成,辽河流域水生态调查与健康评价由中国环境科学研究院组织完成,海河流域水生态调查与健康评价由中国科学院生态环境研究中心组织完成,淮河流域水生态调查与健康评价由南京大学组织完成,黑河流域水生态调查与健康评价由中国水利水电科学研究院组织完成,东江流域水生态调查与健康评价由北京师范大学组织完成,太湖和巢湖流域水生态调查与健康评价由中国科学院南京地理与湖泊研究所组织完成，滇池流域水生态调查与健康评价由北京大学组织完成，洱海流域水生态调查与健康评价由中国科学院水生生物研究所组织完成。

　　书中每一项成果都凝聚了众多科研人员的劳动，尤其感谢在课题研究和文稿编辑过程中付出劳动而在本书中未提及的工作者。由于本书研究内容涉及学科众多，加之受时间、写作水平等因素所限，书中难免有不妥之处，恳请读者指正。

著　者

2018 年 12 月

目　录

第1章

流域水生态系统健康评价研究概况

1.1 流域管理对水生态系统健康评价的重大需求

全世界淡水生态系统在近一个世纪发生了巨大变化，广泛的水体污染和栖息地丧失导致众多水生生物生存受到威胁（Vorosmarty et al., 2010）。全球 964 种水鸟中有 203 种（21%）现已灭绝或处于受危状态，此外 37% 的淡水哺乳动物、20% 的淡水鱼类、43% 的两栖动物、50% 的淡水龟类以及 43% 的鳄鱼都已处于受危、濒危或灭绝状态（MEA, 2005）。我国淡水生物也表现出严重的退化趋势，以长江为例，"四大家鱼" 鱼苗量急剧下降，由 20 世纪 50 年代的 300 多亿尾降为目前的不足 1 亿尾，上游的金沙江目前也仅能监测到历史上 143 种鱼类中的 17 种，其中还包括 3 种外来种，濒危物种白鱀豚已经消失多年，江豚和中华鲟等物种也岌岌可危。这一情况在我国其他河流、湖泊都较为普遍，淡水生物所受到的威胁和破坏是前所未有的。究其原因，人口增长和经济发展加快两大因素是导致江河、湖泊中水生生物数量锐减的主要间接驱动力，而导致水生态系统退化的主要直接驱动力则包括基础设施过度开发、土地围垦、污染、过度捕捞以及外来物种的引入等（Dudgeon et al., 2006）。

随着淡水生物生存条件的恶化，河流、湖泊处于何种状态逐渐受到关注，由此流域健康的概念应运而生。美国《清洁水法》（*Clean Water Act*）将流域健康定义为水体能够恢复和保持其化学、物理和生物完整性（Karr, 1999）。尽管目前对流域健康的定义还没有达成共识，但大多数学者都认为流域健康应包括两方面的内容：一方面水体需要维持自身的生存，即流域水生态系统结构与功能的完整性；另一方面水体可以为人类提供服务，即流域社会服务功能的实现。流域健康概念的不断发展，也反映出人类改善流域水生态系统状态的迫切愿望以及在流域管理中所面对的问题，它要求人类能够对流域水生态系统健康状态做出评价。流域水生态系统健康评价是联系水生态系统研究与管理决策的关键环节，其目的是全面认识水生态系统的现状与变化趋势，用通俗易懂的方式向决策者和公众提供生态信息，以减少或消除水生态系统管理的不科学性，并以此为基础开展水体生态修复与恢复，以实现流域水生态系统的可持续发展。

20 多年来，流域健康评价已在很多国家先后开展，取得了很好的实践经验。为了达到《清洁水法》规定的水质目标，美国环境部门在过去 20 多年逐步发展形成了涵盖整个流域，包括水文、化学、生物等多重指标在内的全国性流域健康综合评价体系，并将其纳入了水质管理的法律和行政框架中，以保证国家和各州可以统一开展流域健康评价。在过去仅考虑水化学指标的基础上，该体系融入了更多体现水生生物状态的指标，为水环境保护和水生态系统恢复提供了有力支持。欧盟对水资源的管理也经历了从单一化到一体化的发展阶段。2000 年《水框架指令》（*Water Framework Directive*，WFD）颁布，其中第 5 条规定各成员国应对其境内的每个流域或部分国际流域开展评估与分析，把流域现状评估作为流域规划的起点。为了使各成员国可以对水体监测和评价结果更好地衔接，《水框架指令》也明确要求从水生生物、水文、物理化学要素方面设定评价标准，并统一规定将水体健康划分 5 个等级。

针对我国近年来水生生物数量的不断下降，2010 年环境保护部会同 20 多个部门和单位编制了《中国生物多样性保护战略与行动计划（2011—2030 年)》，要求开展河流湿地水生生物资源调查与评估，制订流域生物多样性保护规划。如何在客观评价过去 30 年我国水生态系统变化的基础上，总结其保护的利弊得失和经验教训，是当前的基本任务。目前我国对河流、湖泊等水体的管理还主要停留在水化学指标上，主要依据《地表水环境质量标准》（GB 3838—2002）进行水体评价和管理。尽管流域水生态系统健康的管理理念逐渐被接受，以水生生物为核心的评价体系依旧无法取代单一的水化学指标评价。其原因一方面是我国的流域水生态系统健康评价工作起步较晚，缺少以水生生物为核心的综合评价体系的研究；另一方面由于之前对流域水生态系统的重视程度不足，缺少全国、流域等尺度上长期的数据积累。

为缓解我国流域水生态系统逐渐退化的状况，构建我国以水生态系统健康为核心的水质目标管理技术体系，国家水体污染控制与治理科技重大专项（简称"水专项"）设立了"流域水污染防治监控预警技术与综合示范"主题，提出要构建适合我国的流域水生态系统健康评价技术体系，并在全国十大重点流域进行应用示范，从而全面掌握我国流域水生态系统健康总体状况，识别已发生退化的水生生物及其原因，进而开展生态修复、物种保护等管理工作，为实现我国流域水生态系统健康的宏伟战略目标提供有力支撑。

1.2 流域水生态系统健康评价研究历程

1.2.1 流域水生态系统健康评价的总体发展历程

近年来，受污染水体已越来越被公众重视，简单的物理或化学指标水体监测并不能反映更多的生态信息，而水生生物可以反映更长期的污染特征、难以监测分析的污染物的影响以及综合影响等信息。早在 19 世纪，Nylander（1866）就肯定了地衣对城市环境变化的敏感性。此后，这种利用生物指标进行生态系统评价的方法被引入水生态系统健康评价之中。纵观流域水生态系统健康评价发展历程，大体可以分为 3 个阶段。

第一阶段主要是利用水生生物的生物学和生态学属性信息进行水体评价。20 世纪初期，德国学者首先提出了"污水生物系统"（saprobien system），这是人们最早利用水生生物对河流有机污染的敏感性进行水体评价。其理论基础是，河流受到有机物污染后，在污染源下游的一段流程里，会发生自净，即随河水污染程度的逐渐减轻，生物种类也会发生变化，在不同的河段出现不同的生物种类。据此，可将河流依次划为 4 个带：多污带、α-中污带、β-中污带（即甲型、乙型中污带）和寡污带，每个带都有各自的物理、化学和生物特征。50 年代以后，一些学者经过深入研究，补充了污染带的种类名录，增加了指示种的生理学和生态学描述（Liebmann，1951；Sladecek，1967）。1964 年，日本学者津田松苗编制了一个污水生物系统各带的化学和生物特征表，这一水体健康评价方法主要在中欧和东欧应用较多。但随着对水体生物认识的不断深入，在清洁的水体中也会发现存在着耐污性物种，而污染严重的水体中也会出现敏感性生物。生物种类的分布又受到地区和各种环境因素的限制，因此对于利用污水生物系统指示水体污染状况的可靠性，尚存分歧。

此后，利用生物指数计算、模型分析等数理统计手段成为主流，这是水体健康评价的第二阶段。随着20世纪六七十年代统计分析方法的不断进步，涌现出了大量的水生生物评价指数，如生物指数（biotic indices，BI）、香农–威纳多样性指数（Shannon-Wiener diversity index）等。这些生物评价指数有别于之前利用水生生物物种生态属性的评价方法，而是更多地考虑了水生生物群落结构与功能特征。自20世纪80年代以后，水体评价从单一生物指数逐渐向多参数或综合参数的生物指数过渡。Karr（1981）在运用大量生物参数的基础上开发了一种新的复合指数，即生物完整性指数（index of biological integrity，IBI）。这个指数拥有很强的适用性，在世界范围内的各种水体都有所应用，还有很多类似的复合指数，如鱼类集聚完整性指数（fish assemblage integrity index，FAII）（Kleynhans，1999）、营养完全指数（index of trophic completeness，ITC）等。同时，人们逐渐认识到河流生物群落具有整合不同时间尺度上各种化学、生物和物理影响的能力，生物群落的结构和功能能够反映诸如化学品污染、物理生境丧失、外来物种入侵、水资源过量消耗、河岸带植被过度采伐等干扰压力，水生生物也成为流域健康评价的核心内容。由此以水生生物要素为核心，综合考虑水文、水化学、物理生境、景观等要素的流域综合评价方法逐步形成并完善。美国、英国、澳大利亚、南非都在此方面开展了颇具代表性的流域健康评价工作。水生态系统综合评价是目前较为科学、成熟的评价方法，许多国家都将其纳入流域管理中。此外，基于数理统计模型的水体评价方法在此过程中也取得了长足的发展，其中以英国的RIVPACS（river invertebrate prediction and classification system）（Wright et al.，1998）和澳大利亚的AUSRIVAS（Australian river assessment system）（Smith et al.，1999）最为典型。

第三阶段则是依靠于当前不断发展的各类生物新技术、新手段、新方法等，从水生生物个体生理、分子水平去评价水生态系统的健康状况。例如，通过分析水体及水生生物体内含污量、关键生理指标活力水平进行水体环境评价，这在鱼类、大型底栖动物方面的研究较多。此外也有通过分析水体环境中DNA①（environmental DNA，EDNA）反映的生物信息，对河流进行健康评价（Ray，2014）。目前这一研究方向刚刚起步，在评价指标、评价标准等许多方面还需要不断完善。

1.2.2 国外流域水生态系统健康评价的主要进展

近年来，社会、经济和河流环境的和谐与可持续发展已成为全球的一个热点，很多国家都尝试去寻找一些既可维持河流生态服务功能又可修复受损系统的方法，其中比较有代表性的国家有美国、英国、澳大利亚和南非。

---

① DNA为deoxyribonucleic acid的缩写，中文名称为脱氧核糖核酸。

（1）美国的流域水生态系统健康评价

美国《清洁水法》的目标之一就是要保护河流物理、化学和生物的完整性。美国从政府层面上执行了"健康流域项目"（Healthy Watersheds Program）以保护水生态系统。其中，流域水生态系统健康综合评价是该项目的重要内容之一，这是一个建立在流域景观状况、栖息地、水文、地貌、水质、生物状况和脆弱性等不同生态评价要素基础上的综合评价体系。在国家层面上美国政府制订的相关评价体系还包括"流域生态状况评价框架""具有森林服务功能的流域状况评价框架""流域恢复潜力评价框架""人类活动干扰对鱼类栖息地影响评价框架"等，这些都为了解水生态系统健康状况提供了基础。在州层面，每个州又建立了各自的流域水生态系统健康评价框架。每个州在评价体系中都将水生生物作为核心考虑的内容。以明尼苏达州和弗吉尼亚州为例，前者从水生生物、联通性、地理形态、水文和水质五方面建立了流域水生态系统健康评价框架，后者则从景观格局、水生生物、栖息地、地理形态、水源保护区等方面进行了流域水生态系统健康评价。

美国最初采用的河流生物评价采样方法是相对简单的指示生物法和单一指数法。这些方法采用的参数较少，每个生物参数只对特定干扰的反应敏感，单独的参数只能对一定范围的干扰有响应，并不能准确和完整地反映出整个水生态系统的健康状况。20世纪80年代，Karr（1981）提出了由12个量度指标组成的IBI指数，包括物种丰度、营养成分、指示种类别（耐污种及非耐污种）、个体数量、疾病情况等。具体采用的指标需要根据监测水体的特定情况进行取舍。IBI方法已被应用于着生藻类、浮游生物、大型底栖动物、鱼类、大型水生植物等相关评价研究中。美国政府为了统一水生生物评价标准，于1989年提出了旨在为全国水质管理提供基础水生生物数据的快速生物监测协议（Rapid Bioassessment Protocols，RBPs），经过近10年的发展和完善，美国环境保护署（United States Environmental Protection Agency，U. S. EPA）于1999年推出新版的RBPs，给出新的快速生物监测协议。该协议提供了溪流或可涉水河流着生藻类、大型底栖动物、鱼类的监测及评价方法（Barbour et al.，1999）。基于此U. S. EPA组织各州在2004～2005年开展了"涉水溪流评价项目"（Wadeable Streams Assessment，WSA），这是第一次将此技术方法应用于实践。此后，为了对大江大河等不可涉水河流进行统一的水生生物调查与评价，U. S. EPA于2006年制订了《不可涉水河流生物评价手册》（Flotemersch et al.，2006）。2008～2009年，美国将溪流健康评价与大江大河健康评价进行了合并，统一为"国家河流与溪流评价项目"（National Rivers and Streams Assessment，NRSA）。目前已经完成了第二期的河流评价（2013～2014年）工作。除了河流之外，美国还制订了《国家湖泊评价的野外工作手册》，并分别于2007年、2012年和2017年开展了"全国湖泊评价"（National Lakes Assessment，NLA）工作。

（2）英国及欧盟的流域水生态系统健康评价

20世纪70年代初，英国河流管理者为了解河流健康状况制订了为期4年的"水生生物监测计划"，主要针对河流中大型底栖动物开展调查与评价。从1990年起，英国环境署为科学评价水体状况，建立包括水化学、水生生物、营养盐和美学感官等要素的评价方法体系（General Quality Assessment，GQA）。其中，GQA体系中关注的水生生物主要是大型底栖动物，这些工作加之70年代初开展的河流监测为后续基于大型底栖动物建立RIVPACS模型的评价方法提供了数据基础。GQA体系将水体健康状况分为6个等级，在英国环境署的提倡下一直到 2009 年还在应用，但目前已统一采用欧盟 WFD 的 5 级评价体系。

英国关注河流健康状况的一个重要举措是"河流生境调查"（River Habitat Survey，RHS），即通过调查背景信息、河道数据、沉积物特征、植被类型、河岸侵蚀、河岸带特征以及土地利用等指标来评价河流生境的自然特征和质量，并判断河流生境现状与纯自然状态之间的差距（Raven et al.，1998）。RHS 项目是 20 世纪 90 年代由英国国家河流管理局组织的，并在 1994 年出版了第一版的 RHS 评价方法，而后又在 1995 年、1996 年、1997 年、2003 年分别公布了 4 个版本的 RHS 评价方法。RHS 在 20 多年中逐渐完善，不但被欧洲河流水文地貌评价技术规范编制组和欧盟 STAR 项目所采纳，同时也被 WFD 作为固定评价方法之一而应用。

另一个值得关注的评价实践是 1998 年提出的英国"河流保护评价系统"（System for Evaluating Rivers for Conversation，SERCON），该评价系统通过调查评价 35 个属性数据构成的六大恢复标准（即自然多样性、天然性、代表性、稀有性、物种丰度及特殊特征）来确定英国河流保护价值（Boon et al.，1998）。SERCON 于 1998 年启动了第一期项目，随后在 2002 年吸纳了 RHS 后启动了第二期项目。该评价系统已经成为一种广泛运用于英国河流健康状况评价的技术方法。

2000 年欧盟出台了 WFD，要求各成员国在 2015 年实现地表水体达到"良好化学与生态状态"，成员国根据各自情况制订具体办法。在明确了目标之后需要界定水体状态。WFD 规定了对地表水体的监测主要是针对河流、湖泊、过渡性水域和沿海水域。其中，河流与湖泊是主要的淡水水体，通过测定特定生物的、水文地貌的和物理化学的质量要素条件，来反映水体的健康状况。河流生物要素以水生植物、底栖动物、鱼类为主，湖泊生物要素则增加了浮游植物的评价要素；河流水文地貌要素以水文状况（流量、水流动力学）、河流连续性、形态条件（深度与宽度变化、河床结构与底质、河岸带结构）为主，湖泊水文地貌要素则以湖泊形态条件和水文状况为主；河流化学要素主要考虑热量条件、氧平衡条件、盐度、酸化状况、营养条件、特定污染物等，湖泊化学要素则增加了透明度指标。WFD 规定成员国必须监测生物质量要素条件的参数指标，综合使用多重度量指数来对水体进行生态状况分类，并规定了 5 个水体生态等级的划分标准。

（3）澳大利亚的流域水生态系统健康评价

澳大利亚有长期的河流评价历史，初期河流评价主要借助于两种方法：定性的河流状况描述和河流物化参数监测。河流评价工作在维多利亚州、昆士兰州、新南威尔士州都有所开展，但各州的河流评价方法各不相同。为了建立全国统一的流域水生态系统健康评价方法，澳大利亚联邦政府于 1992 年开展了"国家河流健康计划"（National River Health Program，NRHP）项目，用于监测和评价澳大利亚河流的生态状况，评价现行水管理政策及实践的有效性，并为管理决策提供更全面的生态学及水文学数据（唐涛等，2002）。NRHP 项目的首要任务就是制订一套标准的河流生物调查与评价技术规范，因此 NRHP 技术咨询组提出了快速生物评价协议，而后这套生物评价方法逐渐得到优化（Norris R H and Norris K R，1995）。NRHP 项目还建立了可用于澳大利亚全国河流健康评价的 AUSRIVAS，这是 NRHP 项目在英国 RIVPACS 的基础上针对澳大利亚河流而开发的，并利用相同的方法原理运用到鱼类和着生藻类上，而后发展了"河流鱼类预测与分类计划"（River Fish

Prediction and Classification Scheme，RIFPACS）和"硅藻预测与分类系统"（Diatom Prediction and Classification System，DIPACS）。

澳大利亚联邦政府于 2005 年启动了"澳大利亚水资源项目"（Australian Water Resources，AWR），这是一项为提升澳大利亚水体质量标准所开展的重要项目，其中河流健康评价是重要的研究内容。AWR 建立了一套"全国河流与湿地健康评价体系"（Framework for Assessment of River and Wetland Health，FARWH），主要从河流物理形态、水质、水生生物、水文干扰、边缘区、流域干扰 6 个方面进行综合评价。该评价体系中所有指标都进行标准化处理，以 0 表示河流严重退化，1 表示河流未受到干扰。这一河流健康评价系统在维多利亚州和塔斯马尼亚州进行了应用示范。到 2011 年，FARWH 经历了 4 次完善，已经可以用于全国及州等不同尺度的河流健康评价工作（Senior et al.，2011），并引入了溪流状况指数（index of stream condition，ISC）。ISC 由澳大利亚自然资源和环境部提出，采用河流水文学、形态特征、河岸带状况、水质及水生生物 5 个方面的指标，综合评价河流健康状况，并对长期的河流管理和恢复中管理干预的有效性进行评价，其结果有助于确定河流恢复的目标，评估河流恢复的有效性，从而引导河流管理的可持续发展。

澳大利亚每个流域都开展了各自的水体健康评价工作。墨累–达令流域是澳大利亚东部一个重要的流域，墨累–达令流域管理局（Murray-Darling Basin Authority，MDBA）开展了"河流可持续性核算"（Sustainable Rivers Audit，SRA）项目。SRA 实质上是十分复杂的河流水生态系统健康评价，由独立的河流可持续性核算组（Independent Sustainable Rivers Audit Group，ISRAG）定期报告，包括墨累–达令流域的 23 条河流的生态健康状况。2008 年，MDBA 完成了该流域第一轮水生态系统健康评价。这次评价是以鱼类、大型底栖动物和水文 3 个方面要素构成的综合评价（Davies et al.，2008）。2008 ~ 2010 年，MDBA 又开展了第二轮的 SRA，并在河流生态系统健康评价体系方面有所改进，形成了包括鱼类、大型底栖动物、植物、物理形态和水文五要素的综合评价体系。第二轮的 SRA 使用了 2004 ~ 2010 年收集的水生生物数据和 1998 ~ 2009 年收集的水文数据，在结果方面显然比第一轮的 SRA 更能为 MDBA 提供必要的管理支持。2011 ~ 2013 年，MDBA 又收集了更多的水生生物调查数据，其中包括雨季的数据，这为开展第三轮 SRA 提供了更多的数据，可以更好地反映河流生态系统自然变化的情况。在监测方面，MDBA 自 1978 年以来对墨累–达令河及其支流实施了长期的水体理化指标的周、月、季度监测，部分点位还开展了水生生物监测，包括大型底栖动物和浮游植物。其中，大型底栖动物每年春季和秋季各监测一次，由墨累–达令淡水研究中心负责完成并提供生态质量报告结果。

澳大利亚各州在水生态系统健康评价方面也开展了很多工作，以昆士兰州为例，除了联邦政府启动的 FARWH，昆士兰州还开展了"溪流与河口评价项目"（Stream and Estuary Assessment Program，SEAP）（1994 年）、"淡水生态系统健康监测项目"（Ecosystem Health Monitoring Program-Freshwater，EHMP）（2002 年）、"湖泊环境与生态系统健康监测项目"（The Lakes Environmental and Ecosystem Health Monitoring Program，LEEHMP）（2005 年）、"昆士兰墨累–达令区委会监测项目"（Queensland Murray-Darling Committee Community Monitoring Program，QMDCCMP）（2006 年）、"艾尔湖流域河流健康评价项目"（Lake Eyre Basin River Health Assessment，LEBRHA）（2011 年）等。SEAP 所使用的评价方法较为灵

活，各地区可以根据自己的情况使用不同的评价指标，也可参照利用其他项目中所使用的方法和指标。EHMP利用理化参数、营养盐、生态系统过程、大型底栖动物和鱼类建立了区域性的综合评价体系。LEEHMP针对湖泊生态系统特点使用了水质、浮游藻类、感官反应、降水与温度变化等指标，识别了自然湖泊生态系统的变化与健康状况。QMDCCMP所使用的评价体系相对简单，只包括基本水体理化指标和大型底栖动物。LEBRHA的评价体系则包括鱼类、鸟类、植物、物理生境、水质和水文等要素，在不同流域尺度上每5年和每10年分别开展一次河流健康评价。

（4）南非的流域水生态系统健康评价

南非水利和森林部（Department of Water Affairs and Forest，DWAF）于1994年发起了"河流健康计划"（River Health Programme，RHP），该计划选用河流大型底栖动物、鱼类、河岸植被、生境完整性、水质、水文、形态等河流生境状况作为河流健康的评价指标，提供了可广泛用于河流生物监测的框架。南非还针对河口底栖生物提出了EHI（estuarine health index），即用生物健康指数、水质指标及美学健康指数来综合评估河口健康状况（Copper，1994）。此外，南非的快速生物监测计划也发展了"生境综合评价系统"（Integrated Habitat Assessment System，IHAS），系统中涵盖了与生境相关的大型底栖动物、底泥、水化学指标及河流物理条件。

1.2.3 中国流域水生态系统健康评价的进展

随着国内河流环境问题的日益突出以及对河流管理方法需求的不断增强，21世纪初我国学者开始围绕河流健康的概念与内涵展开探讨（蔡庆华等，2003；董哲仁，2005；赵彦伟等，2005），探讨的热点在于河流健康是否只是单纯考虑其自然服务功能还是应该寻求与社会服务功能之间达到一种平衡。学者们也对其他一些相关概念或提法，如生态势（ecological potential）、健康工作河流（health working river），进行了生态内涵的剖析（董哲仁，2005）。部分学者还针对河流健康评价提出了一些质疑，如河流健康基准点难以确定、河流健康无法量化等问题。与此同时，国内在河流健康评价方法学方面开展了一定工作（赵彦伟等，2005；吴阿娜等，2005；张远等，2006）。对河流健康内涵的认识上，最初围绕河流健康评价内容的探讨较多，主要是从河流服务功能的角度进行考虑，评价内容主要为河流对人类社会的支持功能（蔡庆华等，2003）。随后，河流健康评价的内容逐渐演化到河流自然生态系统特征本身，如水体理化条件、河道形态、生物栖息地状况、水生生物组成、河岸带植被类型等要素。随着河流健康评价内容的逐渐清晰，不同评价内容下具体的评价指标被不断提出并完善（叶属峰等，2007），利用综合指标评价河流健康逐渐有所发展。

在实践方面，我国的河流健康评价初期基本是以方法学的研究为主。例如，利用大型底栖动物完整性指数评价安徽黄山地区溪流健康状况（王备新等，2006）；探讨RIVPACS等预测模型方法在我国河流健康评价中的应用（张杰等，2011）；构建河流健康状况的综合评价体系（张远等，2006）等，这些工作为国家层面推广流域水生态系统健康评价奠定了基础。为推动流域水生态系统健康评价工作在行业内和全国的推广，2007年商务部与澳大利亚国际发展署（AusAID）发起了"中澳环境发展伙伴项目"（Australia China

Environment Development Program，ACEDP），该项目旨在将河流健康与环境流量评估的国际方法在中国进行试验并改进使其适应中国的国情。ACEDP 建立了一套包含社会服务功能和河流生态环境的健康评价指标体系，其中河流生态环境由水生生物、水文、水质、物理形态4个要素构成，并在黄河、珠江和辽河3个流域进行试点研究。2010 年水利部启动"全国河湖健康评估计划"（National River and Lake Health Program，NRLHP），建立了统一、全面的河湖健康评价指标体系。该评价体系从生态完整性和社会服务功能完整性两方面综合考虑，其中生态完整性包括化学、水文、物理和生物4个完整性内容。该套评价指标体系建议河流、湖泊、水库等不同类型水体使用不同指标。NRLHP 通过 2010～2012 年和 2013～2015 年分别在全国重要流域开展两期试点工作，以期在 2016 年以后实现在全国推行定期评估制度。此外，财政部和环境保护总局于 2007 年联合开展我国湖泊生态环境保护专项工作，构建了"驱动力–压力–状态–影响–风险"的生态安全综合评估体系（金相灿等，2012），经过几年的实施，获得了许多湖泊的生态保护与治理经验。2014 年，财政部又会同环境保护部、水利部开展国土江河综合整治试点工作，强调要加强流域江河湖库资源与环境现状调查、开展生态安全评估工作。2008 年，国家启动了水体污染控制与治理科技重大专项，计划在 2008～2020 年，分 3 个阶段投资 300 多亿元开展我国水体污染控制技术和水污染防治管理技术的研究。其中"十一五"阶段和"十二五"阶段设置了"流域水生态功能分区与质量目标管理技术""流域水生态承载力调控与污染减排管理技术"两个项目，其中在辽河、松花江、海河、淮河、东江、黑河、太湖、巢湖、滇池、洱海十大流域开始了水生态长期观测，在借鉴中澳 ACEDP 研究成果的基础上，开展了十大流域的水生态系统健康评估工作，这是我国首次大范围的流域水生态系统健康评估工作。

总体而言，我国的河流健康评价研究相对滞后，在河流健康理论和评价体系方面取得了一定进展，但研究水平与国外相比仍有较大差距。相比于国外，国内的研究更加注重于人水关系，如注重平衡利益冲突、满足人类社会需求等方面。另外，河流健康评价主要借助于化学手段和少量的生物监测评价河流水质情况，从生态系统健康的角度认识河流健康需要进一步深入。此外，研究案例仍非常匮乏，现有的研究多以单条河流为主，缺乏流域、水系、河流不同空间尺度上的探讨，尚未形成完善的理论框架和方法体系，且缺乏体现我国区域分异特点并具实际指导意义的评价指标与实践案例。

1.3 流域水生态系统健康评价研究现状

1.3.1 流域水生态系统健康评价常用指标

19 世纪末，人们已经开始注意到人类干扰活动对河流生物造成的伤害，并尝试追踪这种生物退化的程度，而河流生物退化也被视为人类活动的指示因子，由此拉开了河流生物监测的序幕。进入 20 世纪后，化学污染物对水质的影响引起了许多学者的重视，但鲜有人把化学和生物两者结合起来考虑。直到最近 30 年，人们才逐渐认识到河流生物群落具有整合不同时间尺度上各种化学、生物和物理影响的能力，生物群落的结构和功能能够反映诸如化学品污染、物理生境消失、外来物种入侵、水资源过量消耗、河岸带植被过度采伐等干扰压力。监测可以把目光集中在多种生态威胁对水环境造成的威胁效应上，是流域水生态系统健康评价的核心手段，而化学和物理条件的监测也反映了环境质量。因此，从化学、物理和生物 3 个完整性角度综合评价水生态系统健康已逐渐被认可。各国的流域水生态系统健康评价项目基本都是由生物、化学和物理三方面构成的评价体系，这里将水文变化理解为河流的物理特性。

从化学完整性角度考虑，溶解氧、电导率等常规水质参数，总氮、总磷等营养盐参数，以及 COD（化学需氧量）、BOD（生化需氧量）等耗氧水质参数是被使用较多的。河流生态系统更加偏重于常规水质参数和耗氧水质参数，湖泊则更重视营养盐参数，还会选择如透明度、叶绿素 a 含量等反映湖泊富营养化的水质参数。此外，某些评价体系可能不直接使用单个水质参数，而是采用复合型参数或综合指数，如反映水质状况的水质综合指数（水利部国际经济技术合作交流中心等，2012）、反映富营养化程度的内梅罗指数（陈旭华，2003）等。

从物理完整性角度考虑，大概有两类指数常常被选用。一类是反映流态和水量的水文参数，基流、断流事件等是常被考虑的内容。其中基流包括高流量季节、低流量季节、月基流等参数；断流事件包括断流年际频率、年度频率、发生时间、持续时间等；流量事件则包括低流量、低脉冲流量、高流量、高脉冲流量、满槽流量等。另外还有一些综合流量指数也常用于评价，如流量偏差指数（IFD）、流量健康指数（IFH）（Gippel et al., 2011）。另一类是反映物理形态的生境参数。物理形态在很多河流健康评价计划中都有所应用，如 WFD 和 FARWH。物理形态包含河流地貌过程和形态，对于河流主要考虑的内容包括河岸带状况、河道连通性、河床高程、湿地保留率、底质状况等，对于湖泊则主要考虑湖滨带状况、萎缩状况、淤积状况、河湖连通性状况等。

从水生生物完整性角度考虑，鱼类、大型底栖动物、着生藻类、浮游生物、大型水生植物、微生物等生物类群都可以应用于水生态系统健康评价。其中鱼类、大型底栖动物、着生藻类、浮游生物在各类水体健康评价项目中是最常使用的类群。着生藻类一般针对可涉水河流，这种类型河流的底质以砾石为主，其为着生藻类提供了很好的生境条件；而浮游生物主要应用在不可涉水河流、河口和湖泊等水体类型。对于上述几种水生生物类群来说，物种丰度、密度、多样性指数、生物完整性指数等反映群落结构与功能的指标在各类生物评价中都有着广泛的应用。除了这些通用评价指标外，不同生物类群又有着各自特有的评价指标。使用着生藻类评价时，硅藻指数类型较多且使用率极高，如生物硅藻指数（biological diatom index，BDI）、营养硅藻指数（trophic diatom index，TDI）、属系硅藻指数（generic diatom index，IGD）、特定污染敏感性指数（specific polluosensitivity index，IPS）等。对于大型底栖动物来说，EPT[①] 指数、BMWP（biological monitoring work party system）指数、ASPT（average score per taxon）指数等则是根据大型底栖动物的环境耐受性发展出来的指标，可以敏感地反映出水环境质量情况。在使用鱼类的评价中，渔获量（生物量）、形态学（畸形、病变）等则是比较典型的指标。

---

① EPT 指数中，E 代表蜉蝣目（ephemeroptera），P 代表襀翅目（plecoptera），T 代表毛翅目（trichoptera）。

1.3.2　流域水生态系统健康评价方法

随着国际对流域水生态系统保护工作的日益重视，河流健康及河流生态系统管理的相关成果不断积累，这都要以水生态系统健康评价为基础。水生态系统健康评价的方法学不断发展，就评价原理而言，大致分为预测模型法和指数评价法。

（1）预测模型法

预测模型法以英国建立的 RIVPACS（Wright et al.，1998）和澳大利亚提出的 AUSRIVAS（Smith et al.，1999）为代表。预测模型法主要基于以下思路：将假设河流在无人为干扰条件下理论上应该存在的物种组成与河流实际的生物组成进行比较，评价河流的健康状况。具体评价流程为：①选取无人为干扰或人为干扰非常小的河流作为参照河流；②调查参照河流的物理化学特征及生物组成；③建立参照河流物理化学特征与相应生物组成之间的经验模型；④调查被评价河流的物理化学特征，并将调查结果代入经验模型，得到被评价河流理论上（河流健康情况下）应具备的生物组成（E）；⑤调查被评价河流的实际生物组成（O）；⑥O/E 的值即反映被评价河流的健康状况，比值越接近 1 表明该河流越接近自然状态，其健康状况也就越好。

20 世纪 70 年代，英国科学家和水环境管理者为了更好地了解河流生态状况和大型底栖动物群落特征，制订了一个 4 年计划去收集未污染（无人为干扰）河流的大型底栖动物、物理生境、水化学本底情况，这为后来 RIVPACS 的提出奠定了基础。RIVPACS 是由英国淡水生态研究所（现为英国生态与水文中心）提出的，利用区域特征预测河流自然状况下应存在的大型底栖动物，并将预测值与该河流大型底栖动物的实际监测值相比较，从而评价河流健康状况。RIVPACS 被许多国家采用，并影响到了欧盟《水框架指令》的制订，是《水框架指令》诸多原则的基础。1997 年牛津大学举办的国际学术研讨会上重点讨论了 RIVPACS 方法及其在世界上的应用。RIVPACS 是以全英国 835 个点位数据为基础建立的，之后被英国环境署、苏格兰环境保护署、环境与遗产服务部门用于河流监测与健康评价（Wright et al.，1998）。RIVPACS 方法近年来不断被发展完善，直至 2008 年，英国生态与水文中心又提出了 RIVPACS Ⅳ 版本，并发布了 RIVPACS 使用说明书。这是在前几个版本的基础上发展完善的预测模型，可用于 WFD 规定的水生态健康评价。

AUSRIVAS 也是一种用于河流生物健康评价的快速预测系统。它是在澳大利亚联邦政府开展的 NRHP 项目中建立起来的。针对澳大利亚河流的特点，AUSRIVAS 在评价数据的采集和分析方面对 RIVPACS 方法进行了修改，利用大型底栖动物科级分类单元代替属级分类单元进行模型预测，使得这一预测模型可以广泛用于澳大利亚河流健康状况的评价（Smith et al.，1999）。

预测模型法有其优点，也存在一定的缺陷。RIVPACS 能较为精确地预测某地理论上应该存在的生物量，但有学者提到该方法仅考虑了大型底栖动物，未能将水质及生境退化与生物条件相联系。AUSRIVAS 包括两个方面，一是大型底栖动物预测评价模型，二是河流物理与化学评价模型。因此，AUSRIVAS 可以将生物条件的评价与河流水质和栖息地生境条件相联系，整合某一样点化学、物理和生物信息。当然，模型预测法也存在一个较大的缺陷，即主要通过单一物种对流域健康状况进行比较评价，并且假设河流任何变化都会反映在这一物种的变化上，一旦出现流域健康状况受到破坏却并未反映在所选物种变化上的情况，这类方法就无法反映流域健康的真实状况，具有一定的局限性（Raven，1998）。

（2）指标评价法

利用指标进行流域健康评价可从流域水生态系统要素组成上考虑，即包括水体理化要素、水文要素、生物栖息地要素和水生生物要素，而利用水生生物要素的评价是目前研究发展的核心。水生生物评价按照不同研究层次的差异，可分为分子与基因表达、组织与生理功能、物种种群、群落结构等不同层次，其中对物种种群与群落结构的评价研究较为深入。

物种种群方面是通过检测一些生物或种群的数量、生物量、生产力的动态变化，来描述水生态系统的健康状况。最经典的生物监测方法是指示物种法，对水域生物如细菌、藻类、原生动物、浮游生物、大型底栖动物等进行调查与鉴定，根据物种的有无来评判生态系统健康状况。随后在指示物种的选择上，研究者选择运动范围较大的物种，在景观尺度上评价水生态系统健康。例如，Kingsford（1999）运用航空监测手段了解河流系统周围水鸟的数量变化与分布趋势，以此来研究具有较大河漫滩河流的健康状况。但指示物种法的重要缺陷在于筛选标准不明确，目前研究提到的可作为指示物种的生物种类名录太长，涉及种类繁多，鉴定困难，定量性差，使其推广受到了一定限制。

20 世纪 50 年代以来，许多学者应用较为简单的生物评价指标来逐步代替指示物种监测河流状况，到 80 年代初期又发展出利用多参数生物指标进行河流健康评价（Karr，1981）。生物指数法多以鱼类、大型底栖动物、着生藻类为监测与研究对象。较为有代表性的指标如 IBI、FAII、TDI、ITC（Pavluk，2000）等。

生物指数法虽然是河流生态系统健康评价的常用方法，但也存在许多缺点。例如，选择不同的研究对象及监测参数会导致不同的评价结果，难于确定不同生物类群进行评价时的取样尺度与频度，无法综合评价河流生态系统状况问题等。一个指数只能反映干扰过程中造成的某方面影响，在流域范围内对所有干扰都敏感的单一河流健康指标是不可能存在的。因此，多参数评价法逐渐发展起来，这类评价法综合使用物理、化学、生物指标构建能够反映不同尺度信息的综合指标进行流域健康评价。此类方法以 RBPs、ISC、RHP、RHS、河岸河道环境清单（Riparian Channel and Environmental Inventory，RCE）（Petersen，1992）等为代表。在评价指标体系的构建上，除了在群落结构和功能层面上评价河流健康外，还建立了基于科、属、种等各级生物分类单元的评价方法。多指标评价的建立和应用，还综合考虑了自然环境条件和外界环境干扰等各种复杂因素，实现了河流健康评价由单一生物指数向综合应用多种生物和非生物指标的过度，使得多指标体系能够更加客观地反映人为干扰。其中，RCE 涵盖了河岸带完整性、河道宽/深结构、河道沉积物、河岸结构、河床条件、水生植被、鱼类等 16 个指标（Petersen，1992）；ISC 则构建了基于河流水文学、形态特征、河岸带状况、水质及水生生物 5 个方面 19 项指标的评价指标体系（Ladson et al.，1999）。多参数评价法考虑的表征因子远多于预测模型法，但由于评价标准较难确定，因此评价工作复杂程度高。

第 2 章

流域水生态系统健康评价技术方法

2.1 综合评价体系框架的建立与完善

2007 年中国商务部与澳大利亚国际发展署联合发起了 ACEDP，该项目是根据中澳合作伙伴关系协议，由中国政府和澳大利亚联邦政府共同参与，致力于提供环境战略方向指导、实现流域综合管理、促进中澳环境管理对话和水环境管理技术交流的为期 5 年（2007 ~ 2012 年）的合作项目。

为了推动中国流域水生态系统健康管理的发展，ACEDP 中专门设置了"河流健康与环境流量"子项目，这是 ACEDP 下最大的子项目，由环境保护总局（后升格为环境保护部，现为生态环境部）、水利部及位于澳大利亚昆士兰州布里斯班市的国际水资源中心（International Water Centre，IWC）合作实施，旨在建立计算河流生态系统健康的框架与研究方法，找出合适的健康评价指标和参考值，最终把它纳入一套常规监测体系之中。之所以选择昆士兰州进行联合攻关，因为昆士兰州自 1994 年就开始了河流生态系统健康评价工作，针对河流、湖泊、河口等水体类型开展了诸多水生态系统健康评价项目，如 FARWH、SEAP、EHMP、LEEHMP、QMDCCMP、LEBRHA 等，积累了丰富的知识和经验并形成了较为成熟的健康评价方法。

在 ACEDP 支持下，中国环境科学研究院张远研究员等与澳方格里菲斯大学的 Stuart E. Bunn 教授、Chris J. Gippel 教授等就评价方法进行了多次探讨，在综合考虑中国河流实际情况的基础上，提出了适合中国国情的流域水生态系统健康评价体系框架（图 2-1）。

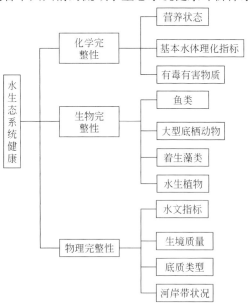

图 2-1 流域水生态系统健康评价体系框架

这套评价体系涵盖了化学完整性、物理完整性和生物完整性 3 个部分。化学完整性从营养状态、基本水体理化条件和有毒有害物质进行考量；物理完整性包括水文指标、生境质量、底质类型和河岸带状况；生物完整性重点考虑着生藻类、大型底栖动物、鱼类和水生植物等类群特征。这套评价体系的构建为我国流域水生态系统健康评价方法的建立奠定了基础。

水体污染控制与治理科技重大专项在"十一五"和"十二五"期间开展了全国十大重点流域的水生态系统调查与健康评价工作。其中，中国环境科学研究院负责评价方法的建立，在基本延续了 ACEDP 前期工作的基础上，又针对水体类型特征、水生态调查技术方法等问题对该评价体系进行了完善，从而确定了从"水体类型划分——样点调查——指标筛选与计算——样点健康得分计算——流域健康评价"的技术思路。

2.2　关键技术步骤

整个流域水生态系统健康评价的技术步骤包括水体类型划分、概念模型建立、水生态系统调查、评价指标筛选、评价指标参照值和临界值确定、评价指标标准化、综合得分计算与健康等级划分等（图 2-2）。

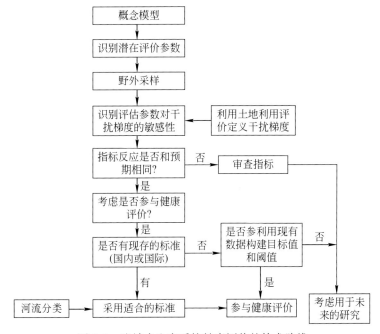

图 2-2　流域水生态系统健康评价的技术路线

2.2.1　水体类型划分

本书重点关注的中国流域淡水水体类型可划分为湖泊与河流。湖泊流域水域面积相对较小，在空间上的地理差异并不十分明显。相比而言，河流流域面积较大，往往长度较长，沿河流流动方向会有不同类型的地理特征，因此需要对河流进行进一步分类。河流分类是依据河流的自然特征，从空间上选择其自然属性指标进行河流类型划分。流域水生态系统健康评价技术步骤的建立以辽河流域为例进行介绍。依据辽河流域海拔特征和降水特征，将其划分为 3 种河流类型，从上游至下游依次为山地溪流类型、丘陵河流类型和冲积平原河流类型。

2.2.2　概念模型建立

概念模型方法近年来在流域水生态系统健康评价中逐渐得到了应用（Bunn et al.，2010）。通过河流野外实地监测、文献调研和新闻报道等方式，收集对影响该地区河流健康的主要人为活动因素，确定河流受到的主要压力指标，进而初步筛选可能的健康评价因子，并针对性地确立管理的优先顺序，在辽河流域的部分地段建立的概念模型如图 2-3 所示。

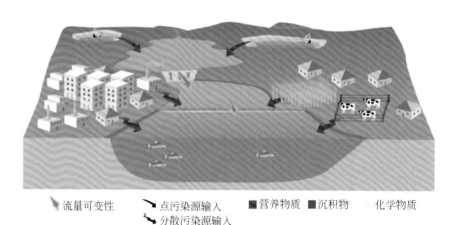

| 流量可变性 | 点污染源输入 | 营养物质 | 沉积物 | 化学物质 |
| | 分散污染源输入 | | | |

图 2-3　辽河流域平原丘陵区的概念模型

2.2.3　评价指标筛选

从完整性的角度考虑，确定一套可以表现生态系统各个方面特征的候选评价指标是流域水生态系统健康评价的基础。从生态系统完整性的角度考虑，评价指标应该包括化学、物理和生物 3 个方面。评价指标筛选从技术角度上讲主要包括候选评价指标建立、评价指标数据获取、评价指标分析与筛选等技术环节（图 2-4）。

2.2.3.1　候选评价指标建立

鉴于物理完整性评价在我国的前期经验和数据积累中还相对缺乏，故此次评价体系只考虑化学完整性和生物完整性，具体包括基本水体理化、营养盐、藻类、大型底栖动物和鱼类 5 个方面的评价指标。物理完整性指标未考虑，但不意味河岸带生境质量和水文条件评价不重要，而是需要在今后不断研究积累后再对评价体系进行补充和完善。

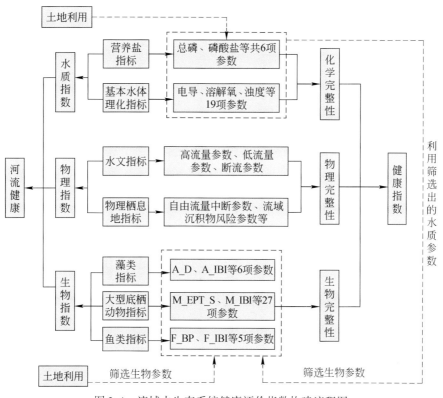

图 2-4　流域水生态系统健康评价指数构建流程图

（1）基本水体理化指标

为全面反映水体理化特征，选择 pH、电导率（EC）、溶解氧（DO）、总溶解固体（TDS）、固体悬浮物（SS）、透明度、五日生化需氧量（BOD_5）、COD_{Cr}、COD_{Mn}、K^+、Ca^{2+}、Na^+、Mg^{2+}、Cl^-、SO_4^{2-}、HCO_3^-、碱度（Alk）、CO_3^{2-}、挥发酚、粪大肠杆菌等作为候选评价指标。

上述候选评价指标可分为五大类。

第一类属于由离子组成所衍生出来的环境指标，包括阳离子（Na^+、K^+、Ca^{2+}、Mg^{2+}）、阴离子（Cl^-、HCO_3^-、SO_4^{2-}、CO_3^{2-}）、EC、TDS、pH 等。八大离子（阳离子和阴离子）的总浓度反映的就是水体盐分（Dunlop et al.，2005），而盐分也可以用 EC 或 TDS 来进行表征，EC 表示水体中物质传递电流的能力，TDS 是指水体中溶解的所有组分总和。另外，水体中离子浓度还决定了 pH 的高低，即水体酸碱性的强弱程度。天然水体 pH 呈弱碱性，而受矿山酸性废水、城市生活废水污染后水体 pH 会呈酸性，对水生生物产生负面影响。因此，将由离子及其所衍生出来的环境因子作为候选评价指标。

第二类属于氧平衡相关的环境指标，包括 DO、BOD 和 COD。DO 是指溶解在水体的氧的量；BOD 是水中有机物等需氧污染物质含量的一个综合指标，是指在特定条件下分解有机物的生物化学过程消耗的溶解氧量；COD 则是水体中需要被氧化的还原性物质的量。这三个指标反映了水体中氧含量的存储与消耗，氧含量对淡水生物的存亡有直接影响，故将水体中氧平衡相关指标纳入候选评价指标体系。

第三类属于水体物理性质的环境指标，包括 SS 和透明度。SS 是指悬浮在水中的固体物质，包括不溶于水中的无机物、有机物及泥沙、黏土、微生物等；透明度即透光的程度。这两个指标均是衡量水体污染程度的指标，但一般来讲，透明度适合于湖泊、水库等水体。

第四类属于存在于水体中的化学物质，如挥发酚。挥发酚可与水蒸气一起蒸出，属于高毒性物质，对人体及水生生物都会产生毒性。

第五类属于人体卫生指标，如粪大肠杆菌。粪大肠杆菌对生物体有病原性，也将其作为候选评价指标。

（2）营养盐指标

营养盐是指生物正常生活所必需的盐类，对于淡水水体来讲，氮、磷是最主要的营养元素。氮、磷元素在水体中以不同的盐类形式存在，如磷酸盐、硝酸盐、亚硝酸盐和铵盐。对淡水水体富营养化程度评价使用最多就是总氮（TN）、总磷（TP）及各价态的氮盐、磷盐。值得注意的是，氨氮也是一种无机营养盐，是指水中以游离氨（NH_3）和铵离子（NH_4^+）形式存在的氮。营养盐含量过高，水中植物快速生长，加大对氧含量的消耗，从而导致水体腐败。为了全面评价水体中营养盐的情况，故将 TP、TN、NH_3-N、NO_3^-、NO_2^-、PO_4^{3-} 作为候选评价指标。

叶绿素含量是另一类反映水体营养盐状况的指标。叶绿素是水中植物体内一种有关光合作用的重要色素，其含量说明植物生长旺盛与否，侧面反映出水体中营养盐含量丰富。叶绿素含量一般适用于湖泊等静水水体。

（3）水生生物指标

水生生物指标的选择包括常用性指标和特有性指标两类。

1）常用性指标。包括物种丰度、个体密度、多样性指数、优势度和生物完整性等指数。

第一，物种丰度和个体密度。这一组指数反映的分别是物种数量和个体数量的多寡。通过野外监测数据即可分析物种丰度，个体密度需要通过计算单位面积上出现的个体数量而获得。

第二，多样性指数。多样性指数通常用于判断群落或生态系统的稳定性。本书选用了最为常用的香农–威纳多样性指数（H'）和 Pielou 均匀度指数（E），前者主要反映群落的复杂程度，后者主要反映群落的均匀程度。计算公式如下

$$H' = \sum P_i \ln P_i$$
$$E = H'/H'_{max}$$

式中，$P_i = N_i/N$，N_i 为种 i 的个体数，N 为所在群落的所有物种的数量之和；H' 为实际观察的物种多样性指数；H'_{max} 为最大的物种多样性指数，$H'_{max} = \ln S$（S 为群落中的总物种数）。

第三，优势度指数。优势度指数（D）用以表示一个物种在群落中的地位与作用。计算公式如下

$$D = N_{max}/N$$

式中，N_{max} 为优势种的个体数；N 为全部物种的个体数。

第四，生物完整性指数。最早由 Karr（1981）提出，经过 30 多年的发展，适用于藻类、大型底栖动物、鱼类等不同生物类群。IBI 的构建方法主要包括参照系的选择、候选指标库的建立与指标筛选、指标得分计算与标准化、总得分计算等步骤，在此不详细说

明，可参考 Karr（1981）、张远等（2007）等的研究内容。

2）特有性指标。特有性指标主要是不同水生生物群落特有的一些评价指标。本书以大型底栖动物为例说明，特有性指标包括反映功能摄食的指标、反映分类阶元水平的指标及反映耐污特征的指标。

第一，功能摄食类群。从群落功能角度考虑，功能摄食类群包括滤食者、刮食者、直接收集者、捕食者、撕食者等，各个功能摄食类群百分比就是评价群落功能特征的常用指标。

第二，分类阶元水平。从分类阶元角度考虑，由于大型底栖动物是指生活在河流底部不同分类体系下的生物，其形态结构和功能相差巨大，按照目的分类阶元即可将不同形态、敏感特征的分开，故襀翅目、蜉蝣目、毛翅目、双翅目、寡毛类等分类阶元包含的物种数和所占比例都可作为评价指标。

第三，耐污特征。由于不同大型底栖动物自身耐受性不同，因此群落中不同的物种组成及依据敏感和耐受性而推导出来的生物指标常被用于水生态健康评价。

BMWP 指数给出了关键大型底栖动物科级分类单元敏感度等级，这是基于大型底栖动物对有机污染物的敏感性建立的，分值范围为 0~10。高敏感值反映了对污染敏感的科级种类，低敏感值反映了耐污科级种类（Walley and Hawkes，1997）。依据一个样点不同分类单元的存在与否为其赋分，最后将所有科级单元得分加和给出样点 BMWP 的总得分。

在大型底栖动物敏感类群中主要以 EPT（蜉蝣目、襀翅目、毛翅目）的水生昆虫幼虫为代表，该类昆虫营原变态生活方式，即其生活史包含 4 个阶段：卵、稚虫、亚成虫和成虫，稚虫与亚成虫及成虫的外形差别很大，生活环境不同，又有亚成虫期。用于水质生物学评价的主要是处于稚虫期，该期的昆虫主要生活于水体中。由于对干扰的敏感性，许多种类的稚虫对于水质和栖息地质量的要求非常高。此类稚虫常生活于卵石型的底质，这样便于其筑巢和躲避捕食。以襀翅目昆虫稚虫为例，其生活的水质状况一般必须保持在 III 类及优于 III 类。尽管某些种类，如毛翅目纹石蛾科幼虫的耐污值可以达到 5（0~10 代表耐受性的高低，数值越大耐受性越高），但是绝大多数 EPT 稚虫的耐污值小于 4。

（4）候选评价指标体系

表 2-1 是流域水生态系统健康评价的候选评价指标。其中由于河流和湖泊类型特征存在较大差异，因此在候选评价指标选择上应有所差别，与河流相比，湖泊还应关注透明度、叶绿素含量等指标。在藻类方面，河流使用着生藻类群落指标作为候选评价指标，对于湖泊来说，入湖河流使用着生藻类群落指标，湖体则应使用浮游藻类群落指标。

表 2-1　流域水生态系统健康评价候选指标

指标类别	候选评价指标
基本水体理化	pH、EC、DO、TDS、SS、BOD_5、COD_{Cr}、COD_{Mn}、K^+、Ca^{2+}、Na^+、Mg^{2+}、Cl^-、SO_4^{2-}、HCO_3^-、Alk、SiO_4^{2-}、挥发酚、粪大肠杆菌、透明度（适用于湖泊水体）
营养盐	TP、TN、NH_3-N、NO_3^-、NO_2^-、PO_4^{3-}、叶绿素含量（适用于湖泊水体）
藻类	物种分类单元数（A_S）、香农-威纳多样性指数（A_H'）、伯杰-帕克（Berger-Parker）优势度指数（A_BP）、Pielou 均匀度指数（A_P）、藻类密度（A_D）、藻类生物完整性指数（A_IBI）

指标类别	候选评价指标
大型底栖动物	总分类单元数（M_S）、襀翅目物种数（M_P）、蜉蝣目物种数（M_E）、毛翅目物种数（M_T）、襀翅目%（M_P_RA）、蜉蝣目%（M_E_RA）、毛翅目%（M_T_RA）、蜉蝣目%+襀翅目%+毛翅目%（M_EPT_RA）、摇蚊科%（M_C_RA）、双翅目%（M_D_RA）、寡毛类%（M_O_RA）、敏感类群物种数（M_Sen_S）、耐污类群物种数%（M_Tol_RA）、滤食者%（M_Fil_RA）、刮食者%（M_Scr_RA）、直接收集者%（M_CG_RA）、捕食者%（M_Pred_RA）、撕食者%（M_Shr_RA）、黏附者%（M_Cl_RA）、黏附者物种数（M_Cl_S）、大型底栖动物密度（M_D）、EPT科级分类单元数（M_EPTr_F）、大型底栖动物指数（M_BMWP）、香农-威纳多样性指数（M_H）、伯杰-帕克优势度指数（M_BP）、Pielou均匀度指数（M_P）、大型底栖动物生物完整性指数（M_IBI）
鱼类	鱼类物种丰度（F_S）、香农-威纳多样性指数（F_H）、伯杰-帕克优势度指数（F_BP）、Pielou均匀度指数（F_P）、鱼类生物完整性指数（F_IBI）

注：A 表示藻类；M 表示底栖动物；F 表示鱼。

2.2.3.2 评价指标数据获取

水生态系统调查是为了获得健康评价所需要的数据。为了保证水生态系统健康评价的准确性，评价数据的收集需要遵循严格的规定，这就需要制订统一、标准的调查技术规范。鉴于我国在水生态系统调查方面还没有一个完整的调查技术规范，因此中国环境科学研究院在前期与澳方专家讨论研究后，编制了我国流域水生态系统调查技术规范。本书仅对需要获取的候选评价指标的调查方法进行介绍，物理生境指标并未使用，故此略过。

（1）调查方案设计

调查方案的制订即为明确调查对象和调查内容。进行水生态调查方案的制订，应考虑流域的空间异质性特征，明确不同空间尺度上的调查内容。

在流域尺度主要利用遥感技术和实地调研收集流域内有关流域状况与人为活动影响源的基本资料，调查内容包括：流域边界、流域面积、气候气象特征、水文与水资源特征等自然特征数据，同时收集土地利用、人口、产业布局、污染源、水利设施等压力状况数据。

在河段尺度上，一般选择河流水面宽度距离 40 倍的河段，且河段长度满足不小于150m而不大于 1km，考虑其代表性、可达性和安全性，完成鱼类调查。

在断面尺度上，通过实地测量和样品采集完成水质、营养盐和大型底栖动物及藻类等水生生物调查。

（2）水质调查

1）样品采集。水质样品采集须在确定的采样时间用统一的采样容器进行采样。可涉水水域与深弘水深小于 5m 的不可涉水水域只需采集表层样品；深弘水深大于 5m 的不可涉水水域则需采集表层、中层、底层的混合样品。对于河流断面较宽的河段，应采样兼顾断面中心及两侧的混合样品；对于断面较窄的河段，只采集河道中心的水样［参照《水质 采样方案设计技术规定》（HJ 495—2009）］。

2）样品处理。水样在采集完成后，除可以现场测定的外，应尽快移入合适的样品保存容器中，并采取必要的保护措施，如酸化、加固定剂、过滤、冷藏等，同时尽快将样品安全运回实验室［参照《水质 样品的保存和管理技术规定》（HJ 493—2009）］。

3）分析方法。水质样品分析参照《水和废水监测分析方法》（第四版）。

（3）水生生物调查

水生生物调查是整个水生态调查的重点，其调查内容包括浮游植物、着生藻类、大型底栖动物和鱼类的调查。

1）浮游植物调查。

第一，样品采集。对于可涉水水域：利用 25# （200 目）浮游生物网在流水状态下过滤 5 ~ 10min 收集获得定性样品。在水体表层（0.5m）采集 2L 水样获得定量样品。对于不可涉水水域：用 25# 浮游生物网在水体表层（0.5m）处作"∞"形缓慢拖滤，拖滤 5 ~ 10min 获得定性样品。定量样品根据水深进行分层采样：水深 1.5 ~ 5m，应至少分别在表层（0.5m）和底层（离底 0.5m）两处采集等量水样混合，从中取 2L 水样即可；水深大于 5m，可按表层（0.5m）、中层、底层（离底 0.5m）采集等量水样混合，从中取 2L 水样即可。

第二，样品处理。浮游植物样品采集后立即加入 1.5% 体积的鲁哥氏溶液固定。

第三，种类鉴定。按浮游植物种类鉴定的常规方法对采集到的优势种鉴定到种，一般到属。

2）着生藻类调查。

第一，样品采集。在可涉水水域：在 3 ~ 5 个代表性生境类型内分别选择 1 ~ 2 块天然基质（石块），将一定面积的橡皮帽（直径 3.5cm）置于预采样区域上，将橡皮帽周围区域清洗干净后，用刷子将橡皮帽覆盖区域内的藻类清洗并收集，获得定量样品。在不同生境收集石块、倒木、大型水生植物等采样对象上着生的藻类，获得定性样品，采集方法与定量样品采集方法相同。在不可涉水水域：选用人工基质法进行着生藻类定性和定量样品采集。选取干净的标准载玻片（25.4mm×76.2mm）作为人工基质，固定于河流岸边表层（0.5m），设置 3 个重复。2 ~ 4 周后取出并收集附着的藻类。

第二，样品处理。定性与定量样品采集后立即加入甲醛溶液固定，用蒸馏水进行定容。所有样点藻类样品均需定容到一定体积，低温保存并安全运回实验室分析。

第三，种类鉴定。非硅藻物种鉴定：移取混匀样品于显微镜下计数，一个视野包含 10 ~ 20 个藻类为宜。鉴定出不少于 300 个藻类的最低分类阶元。额外进行 100 个藻类鉴定，直到不再发现新的物种而结束鉴定工作。硅藻物种鉴定：取适量样品进行酸化处理，移取适量酸化后的样品制作硅藻永久载片，每个样品制作 2 片。于显微镜下鉴定出不少于 300 个藻类的最低分类阶元，并确保观察到 10 个以上的物种。额外进行 100 个硅藻鉴定，直到不再发现新的物种而结束鉴定工作。

3）大型底栖动物调查。

第一，样品采集。在可涉水水域：将 D- 型网紧贴水底，缓慢前行并搅动网前底质使其随水流进入网内，采集 15min 后将网内底质转入桶中，用 60 目筛网过滤并收集，获得定性样品。定量样品选用索伯网或 Hess 网采集。以索伯网为例，将索伯网采样框紧贴河道底质，网口顺水流方向，将采样框内石块上大型底栖动物洗入网衣，用小铁铲搅动采样框内 15 ~ 30cm 的所有底质并装入网衣。将网衣内底质转入桶内用 60 目筛网过滤，收集筛内所有大型底栖动物。在不可涉水水域：利用带网夹泥器、埃克曼采泥器或彼得逊采泥器，在不同生境中采集底泥，将所采得底泥转入桶中，经60目筛网过滤收集所得底栖动物。其中，带网夹泥器主要用于采集软体动物；埃克曼采泥器主要用于采集寡毛类和昆虫幼虫；彼得逊采泥器主要用于采集寡毛类、昆虫幼虫和小型软体动物。

第二，样品处理。样品采集后转入样品瓶，加入70%酒精固定。运输过程中避免挤压、高温，运回实验室后立即进行分析。

第三，种类鉴定。大型底栖动物种类鉴定之前应进行样品挑拣工作。将所有样品经60目筛网过滤，用水缓慢冲洗5min，转入白瓷盘中挑拣样品，挑拣完毕加70%酒精封闭保存。大型底栖动物种类鉴定应保持一致的鉴定标准，可参照表2-2。

表2-2 大型底栖动物分类鉴定基本要求

纲目	基本分类要求	推荐分类要求
蜻蜓目	属	属或种
襀翅目	属	属或种
毛翅目	属	属或种
蜉蝣目	属	属或种
鞘翅目	属	属
半翅目	属	属
广翅目	属	属
脉翅目	科	属
鳞翅目	科	属
膜翅目	科	属
双翅目（未包括摇蚊科）	属或者科	属或种
摇蚊科	亚科	属或种
寡毛类	纲	属或种
软体动物	属	属或种
虾、蟹	科	属

4）鱼类调查。

第一，样品采集。在可涉水水域适用电鱼法、地笼法进行样品采集。

电鱼法：调查者双肩背超声电鱼器，一手持电极电鱼，另一手持抄网收集样品装入随身携带的桶中。电鱼前应在采样区域上下游设置围网以保证鱼类不会逃逸。采样时间维持30～60min，期间在采样区域反复进行。

地笼法：根据不同研究目的和捕捞对象，在调查河段选择不同类型生境，投放地笼并固定好，12～36h后提起地笼并收集鱼类样品。

不可涉水水域适用拖网法、挂网法、地笼法、电鱼法进行样品采集。

拖网法：在中央深水区使用拖网捕鱼，每个采样点行进距离不超过100m，以避免对产生鱼类资源破坏性影响。

挂网法：在深水区、浅水区分别设置3～5片挂网，网目的选择应满足采集鱼类的种类全面的要求，挂网时间维持 30~60min，提网收集鱼类样品。

第二，样品鉴定。鱼类样品采集后立即进行鉴定工作，难以鉴定的种类制作为标本，其余样品全部放归自然。需要制作标本的，每种取 10~20 尾用纱布裹好，加入甲醛溶液固定，个体较大的种类还需进行腹腔注射甲醛。进行组织分析的，需要冷藏保存运回实验室。

2.2.3.3 评价指标筛选方法

依据流域压力指标和健康评价指标定量法统计分析，选择适合于不同水体类型的评估核心指标。选用总体线性回归模型法，筛选对土地利用和水质具有显著响应关系的水生生物参数，以统计分析的显著性检验作为判别候选参数是否有效指示人为活动干扰的依据。在统计分析的基础上，配合专家经验法进行核心参数的筛选。

核心参数应当具有以下特征：①依据数理统计分析，指标对人类活动干扰具有明显的响应关系；②指标对人为活动的响应与大多数文献中的预测趋势一致；③指标间相互独立、不存在重复信息；④能够反映河流健康的特征。

2.2.4 评价指标参照值和临界值确定

评价指标筛选之后，如何判定评价指标所反映的水生态系统健康状况的好坏，需要对每个评价指标设定一个参比标准。这个标准包括一个最低标准（差）和一个最高标准（好），本书将这个最低标准称为临界值，最高标准称为参照值。从这两个标准的生态学内涵上理解，参照值是指流域在未受到人为活动干扰下评价参数的取值，指代的流域健康状况为最佳。临界值是指流域在受到人为活动干扰后，流域水生态系统濒临崩溃的评价参数取值，此时的流域健康状况为最差。

评价指标参照值和临界值确定的方法有很有种，包括参照条件法（reference condition approach）、合成参照条件法（synthetic reference condition approach）、干扰梯度法（disturbance gradient approach）、专家经验法（expert opinion）、国家或行业标准等。不同确定方法有各自的优缺点，如参照国家或行业标准、专家经验法确定参考值和临界值不需要监测数据进行分析，而且节省时间，但这类方法存有主观性和片面性。参照条件法需要通过野外环境监测建立参照条件系，需要有监测数据的支持，但实际情况是由于人类活动干扰很难找到理想的参照条件。干扰梯度法则可以很好地解决这一问题，但这类方法需要大量的数据支持，以保证参照值和临界值设定的准确性。

本书的评价指标参照值和临界值根据图 2-5 确定，首先考虑国家现行的标准，如《地表水环境质量标准》（GB 3838—2002）。如果没有现行标准，可以考虑当地的相关研究结果，如当地水质生物评价结果。如果无相关研究时，可以考虑其他地区的相关研究结果或标准，如澳大利亚及新西兰的淡水与海水水质健康导则。如果都无法参考时，可以利用监测数据建立适合当地的参照值和临界值。

其中，基于上述方法，得到了我国流域的主要基本水体理化、营养盐指标的参照值与临界值，其结果见表 2-3 和表 2-4。

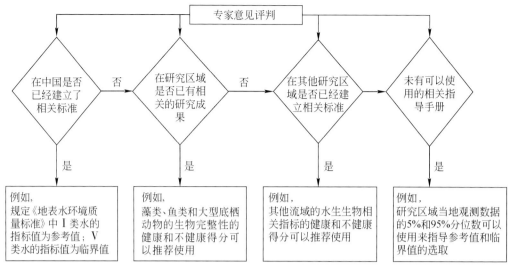

图 2-5　指标参照值和临界值确定方法

表 2-3　基本水体理化和营养盐评价指标参照值的确定方法

参数组	参数	地区	参照值	来源	说明
基本水体理化	EC /(μS/cm)	全部地区	≤400	专家建议；当地信息；澳大利亚淡水生态系统评估项目（2010年）关于低海拔河流健康的导则	电导率在不同类型的河流中变化极大，可能在国家地表水标准中需要规定电导率临界值具体的时空位置
	挥发酚类 /(mg/L)	丘陵河流区和平原河流区	≤0.002	专家建议；《地表水环境质量标准》中 I 类和 II 类水的标准值	未来的项目将考虑在山地溪流区采用这项参数，特别是当流域内这类地区该物质含量有增加的趋势时
	DO /(mg/L)	所有样点	≥7.5	专家建议；当地信息；《地表水环境质量标准》中 I 类水的标准值；澳大利亚和新西兰环境保护委员会（ANZECC）为澳大利亚水生生态系统指定的导则中规定溶解氧含量范围在 7.0~8.0mg/L；7.5mg/L 相当于 100% 溶解氧（由水温决定）。这个溶解氧范围可以有效支撑那些氧依赖性水生生物的生存	未来的项目可能需要考虑溶解氧参数不同计算方式以便溶解氧含量的日变化不会使健康评价的结果混淆（如得分）。例如，选择在 24h 内测定溶解氧含量，一个参数内就可能包含溶解氧最低含量（cf. EHMP）
	BOD$_5$ /(mg/L)	平原河流区	≤3	专家建议；《地表水环境质量标准》中 I 类水的标准值；2009年 5 月流域实测值	这里用 BOD 和 COD 作为市政和工业排放污染的参数。这些目标得分被作为调查和评估点源污染临界值
	COD$_{Mn}$ /(mg/L)	平原河流区	≤2	专家建议；《地表水环境质量标准》中 I 类水的标准值	同上

参数组	参数	地区	参照值	来源	说明
营养盐	NH₃-N /(mg/L)	全部地区	≤0.15	专家建议;《地表水环境质量标准》中Ⅰ类水的标准值;2009年5月流域实测值;这个值可以保证至少95%的物种在pH 6～9的状况下生存	—
	TN /(mg/L)	全部地区	≤0.2	专家建议;《地表水环境质量标准》中Ⅰ类水(湖泊和水库类)的标准值;ANZECC为澳大利亚和新西兰不同地区设置的水生生态系统标准值,TN含量范围:0.25～1.20mg/L	中国制订的TN标准仅适用于湖泊和水库(不包括溪流及河流)。因此,这里的目标值可能并不适用于某些河流域样点,在使用时需谨慎。建议在中国建立适于河流和溪流的TN含量标准
	TP /(mg/L)	全部地区	≤0.02	专家建议;《地表水环境质量标准》中Ⅰ类水的(湖泊和水库类)标准值;ANZECC为澳大利亚和新西兰不同地区设置的水生生态系统标准值,TP含量范围:0.25～1.20mg/L	—

表 2-4　基本水体理化和营养盐评价指标临界值的确定方法

参数组	参数	地区	临界值	来源	说明
基本水体理化	EC /(μS/cm)	全部地区	≥1500	专家建议;当地信息;这个临界值范围正好落在ANZECC和EHMP制订的最差临界值范围内	EC在不同类型的河流中变化极大,可能在国家地表水标准中需要规定EC临界值具体的时空位置
	挥发酚 /(mg/L)	丘陵河流区和平原河流区	≥0.1	专家建议;《地表水环境质量标准》中Ⅵ类水的标准值(无任何使用功能)	未来将考虑在山地溪流区采用这项参数,特别是当流域内这类物质含量有增加的趋势时
	DO /(mg/L)	全部地区	≤2	专家建议;《地表水环境质量标准》中Ⅵ类水的标准值(无任何使用功能);溶解氧含量小于2mg/L相当于无氧条件,不适合需氧水生生物的生存	未来可能需要考虑溶解氧参数不同计算方式以避免溶解氧含量的日变化使健康评价的结果混淆(如得分)。例如,选择在24h内测定溶解氧含量,一个参数内就可能包含溶解氧最低含量(cf. EHMP)。4mg/L的溶解氧可能不适合需氧性水生生物的生存,可以作为"差"水生生态系统的参数

参数组	参数	地区	临界值	来源	说明
基本水体理化	BOD_5 /(mg/L)	平原河流区	≥10	专家建议;《地表水环境质量标准》中Ⅵ类水的标准值（无任何使用功能）	—
	COD_{Mn} /(mg/L)	平原河流区	≥15	专家建议;《地表水环境质量标准》中Ⅵ类水的标准值（无任何使用功能）	—
营养盐	NH_3-N /(mg/L)	全部地区	≥2	专家建议;《地表水环境质量标准》中Ⅵ类水的标准值（无任何使用功能）	—
	TN /(mg/L)	全部地区	≥2	专家建议;《地表水环境质量标准》中Ⅵ类水的标准值（无任何使用功能）	中国制订的TN标准仅适用于湖泊和水库（不包括溪流及河流）。因此,这里的可能并不适用于某些流域样点,在使用时需谨慎。建议在中国建立适于河流和溪流的TN含量标准
	TP /(mg/L)	全部地区	≥0.4	专家建议;《地表水环境质量标准》中Ⅵ类水的标准值（无任何使用功能）	—

对于 A_S、A_D、A_IBI、M_S、M_D、F_S、F_P、F_IBI 等生物指标来说,本书则采用干扰梯度法和相关专家意见确定其参考值和临界值。首先建立评价指标与环境压力（土地利用和水质）的响应关系,判断评价指标对环境压力的响应特征。指标的响应分为两类:一种是正响应,即随环境压力的增加,指标逐渐降低［图 2-6（a）］;另一种是负响应,即随环境压力的增加,指标逐渐升高［图 2-6（b）］。

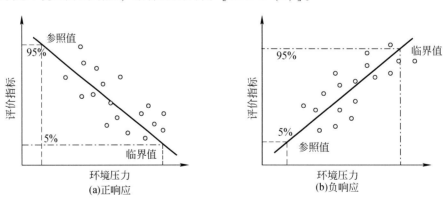

图 2-6　指标对环境干扰的响应特征

对于正响应的评价指标来说,以所有评价指标观测数据的 5% 分位数作为临界值,95% 分位数作为参照值。对于负响应的评价指标来说,以所有评价指标观测数据的 95% 分位数作为临界值,5% 分位数作为参照值。因此,计算得到所有评价指标的参照值和临界值。

2.2.5　评价指标标准化

由于各类型评价指标的数值范围和数量级相差悬殊，必须通过对评价指标进行标准化处理，使不同评价指标处于同一数量级以便进行加权合并，为后续综合得分计算奠定基础。

各个评价指标均以参照值为最佳状态，以临界值为最差状态，进行评价指标的标准化计算。

应用标准化公式［式（2-1）］对评价指标完成标准化过程，各指标理论分布范围为 0~1。对于小于 0 的指标值记为 0，大于 1 的指标值记为 1。

$$S = 1 - \frac{(|T-X|)}{(|T-B|)} \tag{2-1}$$

式中，S 为评价指标的标准化计算值；T 为参照值；B 为临界值；X 为指标实际值。

2.2.6　综合得分计算

流域水生态系统健康评价综合得分采用分级指标评分法，逐级加权，综合评分，包括样点上分项评价指标综合得分计算、样点上总评价综合得分计算、流域上分项评价指标综合得分计算、流域上总评价综合得分计算。

2.2.6.1　样点上分项评价指标综合得分计算

样点上分项评价指标综合得分包括：基本水体理化指标综合得分（W）、营养盐指标综合得分（N）、藻类指标综合得分（A）、大型底栖动物指标综合得分（M）、鱼类指标综合得分（F）。

（1）基本水体理化指标综合得分（W）

基本水体理化指标综合得分利用加权平均方法计算，将 DO、EC、BOD_5、COD_{Mn}、挥发酚 5 项指标进行等权重求和，计算公式如下

$$W = (DO+EC+BOD_5+COD_{Mn}+挥发酚)/5 \tag{2-2}$$

其中，当 DO 值为 0 时（DO≤2mg/L），即 DO 达到临界状况，认为此时水体处于缺氧条件，水生态系统健康处于崩溃边缘，无需考虑其他水质指标的情况，直接规定 W 得分为 0。另外，在这项规则得以应用后，每个水质指标的最小值将被作为所有样点指标组的得分。

（2）营养盐指标综合得分（N）

营养盐指标综合得分利用加权平均方法计算，将 TP、NH_3-N 等指标（叶绿素含量仅为湖泊型水体使用）进行等权重求和（不包含 TN），计算公式如下

$$N = (TP+NH_3\text{-}N)/2 \quad （河流选用） \tag{2-3}$$

$$N = (TP+NH_3\text{-}N+叶绿素含量)/3 \quad （湖泊选用） \tag{2-4}$$

其中，当 NH_3-N 值为 0 时（NH_3-N≥2mg/L），即 NH_3-N 达到临界状态，则认为此时水体耗氧污染严重，水生态系统健康也处于崩溃边缘，无需考虑其他营养盐指标的情况，直接规定 N 得分为 0。TN 的目标值和临界值可能不适用于江河和溪流（TN 标准值范围只是依

据湖泊水库建立的），尽管研究区域 TN 的含量已经远超《地表水环境质量标准》中关于湖泊和水库中 TN 含量的标准，但在寻找适用于中国河流系统健康的 TN 含量标准方面存在较大的局限性。在未来的监测评估中，如果能确立适于江河和溪流 TN 参数的参照值和临界值，TN 参数就可以重新进入营养盐参数组。因此，中国地表水环境质量标准需要包含江河和溪流的 TN 参数。

（3）藻类指标综合得分（A）

藻类指标综合得分利用加权平均方法计算，将 A_S、A_D、A_H′、A_IBI 4 项指标进行等权重求和，计算公式如下

$$A = (\text{A\_S} + \text{A\_D} + \text{A\_}H' + \text{A\_IBI})/4 \tag{2-5}$$

（4）大型底栖动物指标综合得分（M）

大型底栖动物指标综合得分利用加权平均方法计算，将 M_S、EPT、BMWP、M_D 4 项指标进行等权重求和，计算公式如下

$$M = (\text{M\_S} + \text{EPT} + \text{BMWP} + \text{M\_D})/4 \tag{2-6}$$

（5）鱼类指标综合得分（F）

鱼类指标综合得分利用加权平均方法计算，将 F_S、F_H′、F_D、F_IBI 4 项指标进行等权重求和，计算公式如下

$$F = (\text{F\_S} + \text{F\_}H' + \text{F\_D} + \text{F\_IBI})/4 \tag{2-7}$$

2.2.6.2　样点上总评价综合得分计算

对于每个样点而言，在计算了分项评价综合得分的基础上，总评价综合得分采用加权平均方法计算得到，计算公式如下

$$\text{RH} = a_1 \times W + a_2 \times N + a_3 \times A + a_4 \times M + a_5 \times F \tag{2-8}$$

式中，RH 为样点上总评价综合得分；W 为基本水体理化指标综合得分；N 为营养盐指标综合得分；A 为藻类指标综合得分；M 为大型底栖动物指标综合得分；F 为鱼类指标综合得分；$a_1 \sim a_5$ 为权重。

若考虑分项评价指标在水生态系统中的地位，应设置不同权重，本书 a_1、a_2、a_3、a_4、a_5 分别取 2/15、2/15、3/15、4/15、4/15（图 2-7）。基本水体理化指标项和营养盐指标项的权重低于藻类参数，藻类指标项的权重低于鱼类和大型底栖动物指标项。这是因为基本水体理化指标项和营养盐指标项的值在短时期的浮动较大，而生物指标项是生态系统健康长期变化的综合反映者。因此，生物指标项在每个样点生态系统健康得分中应该占有较高的比重。同样，鱼类和大型底栖动物指标项的比重要高于藻类指标项（鱼类和大型底栖动物比藻类寿命长）。若不考虑各类指标在流域水生态系统中的地位，也可以等权化处理。

2.2.6.3　流域上分项评价指标综合得分计算

在计算了样点上分项评价指标综合得分的基础上（2.2.6.1 节），将所有样点的相同项的评价指标综合得分进行加权平均，得到流域上分项评价指标综合得分，计算公式如下

$$\begin{aligned} \text{WHS} &= (W_1 + W_2 + \cdots + W_n)/n \\ \text{NHS} &= (N_1 + N_2 + \cdots + N_n)/n \\ \text{AHS} &= (A_1 + A_2 + \cdots + A_n)/n \end{aligned} \tag{2-9}$$

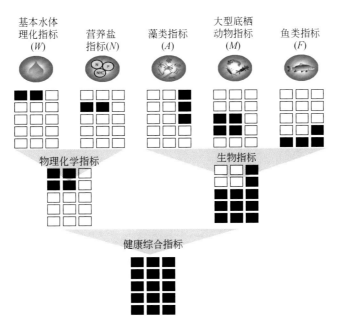

图 2-7　不同类型评价指标的权重分配

$$MHS = (M_1 + M_2 + \cdots + M_n)/n$$
$$FHS = (F_1 + F_2 + \cdots + F_n)/n$$

式中，WHS 为流域上基本水体理化评价指标综合得分；NHS 为流域上营养盐评价指标综合得分；AHS 为流域上藻类评价指标综合得分；MHS 为流域上大型底栖动物评价指标综合得分；FHS 为流域上鱼类评价指标综合得分；n 为样点个数。

2.2.6.4　流域上总评价综合得分计算

通过对流域上各项评级指标综合得分进行加权平均，计算得到流域上总评价综合得分，计算公式如下

$$RHt = (WHS+NHS+AHS+MHS+FHS)/5 \tag{2-10}$$

式中，RHt 为流域上总评价综合得分。

2.2.7　健康等级划分

流域健康综合得分的范围为 0~1，根据流域健康综合得分平均设定 5 个健康等级标准，包括"极好""好""一般""差"和"极差"，每个健康等级设定标准和流域水生态系统健康状况描述见表 2-5。

表 2-5　流域健康等级划分标准

健康等级	得分	描述
极好	(0.80，1.00]	水生态系统未受到或仅受到极小的人为干扰，并且接近水生态系统的自然状况
好	(0.60，0.80]	水生态系统受到较少的人类干扰，极少数对人为活动最敏感的物种有一定程度的丧失

河流健康等级	得分	描述
一般	(0.40, 0.60]	水生态系统受到中等程度的人为干扰，大部分对人为干扰敏感的物种丧失，水生生物群落以中等耐污物种占据优势
差	(0.20, 0.40]	水生态系统受到人为干扰程度较高，对人为活动敏感的物种全部丧失，水生生物群落中等耐污和耐污物种占据优势，群落呈现单一化趋势
极差	(0, 0.20]	水生态系统受到人为干扰严重，水生生物群落以耐污物种占据绝对优势

2.3 流域健康报告卡制作

2.3.1 报告卡制作目的

健康报告卡作为一种流域管理工具，其制作的目的是将流域健康评价结果通过可视化形式展示出来（Bunn et al.，2010），让流域管理部门和公众了解流域健康状况，从而采取相关保护措施（Abal et al.，2001）。基于健康报告卡，除了可以了解一个流域总体的健康状况，还可以比较不同区域之间健康差异程度，分析流域或区域健康状况长期的变化趋势。这些信息能够为管理行为与决策及时提供反馈，最终提高流域健康水平。

2.3.2 流域健康报告卡制作步骤与格式

2.3.2.1 流域健康报告卡制作步骤

流域健康报告卡的制作大体分为3个步骤（图2-8）。第一步是形式化，即利用手绘素描的方式将报告卡的设计理念在纸面上实现，展现报告卡的设计思路，格式布局。第二步是电子化，即利用计算机操作程序将手稿转化电子格式内容，继而进行完善与优化。第三步是形成终稿，即通过加添图表、修订文字、美化排版等工序后完成报告卡的制作，以待发布。

2.3.2.2 流域健康报告卡内容

在构建流域健康报告卡框架前，首先要明确报告卡制作的目的，这是指导整个报告卡制作的基础。关于报告卡的内容要求，有4个方面必须予以考虑，即评价对象、评价时间、评价指标和评价标准。

报告卡的一个特点就是可以对不同空间尺度评价对象进行展示。评价对象可以小到局部尺度（如支流），也可以大到区域尺度（如子流域或全流域）。制作报告卡首先要确定评价对象范围，并提供评价对象的背景信息，如位置、长度、面积、压力状况等。此外，为了使评价结果实现不同点位或区域间的对比，还要确保整个评价对象的样品采集、数据处理分析都要遵循标准的方法。

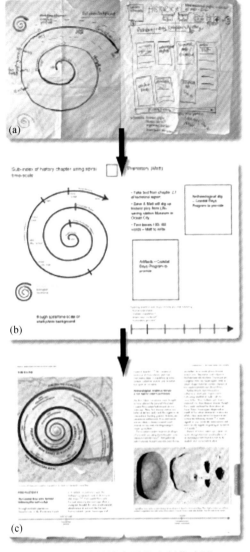

图 2-8　流域健康报告卡制作步骤

(a) 制作手绘稿；(b) 初步形成电子格式初稿；(c) 形成终稿

　　报告卡的另一特点就是可以体现评价对象时间尺度的变化。由于报告卡是每年或每几年发布一次，周期性的评价可以反映出评价对象健康水平的变化趋势，为未来的评价目标和评价优先顺序提供基础。同时用于评价的数据往往会是前一年的数据，会与现状存在少许差别。

　　在设计报告卡时，评价指标和评价标准不可忽略。不同评价指标反映的环境问题各异，要让读者明确针对哪些环境问题使用哪些环境指标。在评价指标的选择上，可以直接使用单一的环境指标，也可以使用合成的环境指标（如总氮、总磷、氨氮 3 个单一的环境指标可以合成为营养盐指标）。

　　每个评价指标的标准也需要明确，评价标准与水生态区自然环境特征密不可分，在制订评价标准时还要参考相应的研究文献、国家标准和数据分析结果。

2.3.2.3　流域健康报告卡格式与颜色

报告卡是将复杂的评价过程以简单可视的形式呈现，报告卡通常为简短的文档形式，4~6页。为了满足可视化的需求，在格式表达上会选用图、表、照片、文字等元素，按一定比例搭配。结果常以图的形式展现空间点位的健康得分，居于报告卡的中央位置。

评价结果使用恰当的颜色选择会加快信息的传递，选择颜色时要注意选择那些被人们广泛接受的，如红色会反映很强烈的情绪，绿色经常和植物、自然等联系在一起。在报告卡中，红色可反映有问题存在需要注意，绿色可反映一切正常很健康。对于评价结果，可使用红色代表极差、橘黄色代表差，黄色代表一般，绿色代表好，深绿色代表极好（图2-9）。

图2-9　流域健康报告卡评价结果建议使用的颜色

2.3.2.4　流域健康报告卡发布

报告卡发布应该根据读者的不同来选择，读者范围包括资源的所有者、科学家、决策制定部门及社会公众，发布形式可为纸质版和电子版。

2.4　小　　结

本章节提出了适合我国国情的流域水生态系统健康评价体系框架，这个评价体系涵盖了化学完整性、物理完整性和生物完整性3个部分。化学完整性从基本水体理化和营养盐进行考量，物理完整性包括河岸带生境质量状况和水文条件，生物完整性重点考虑着生藻类、大型底栖动物、鱼类等类群特征。整个流域水水生态系统健康评价的技术步骤包括水体类型划分、概念模型建立、水生态系统调查、评价指标筛选、评价临界值确定与标准化、综合得分计算与健康等级划分等。

本章节流域水生态系统健康评价技术步骤的建立以辽河流域为例进行建立。目前，这套方法在全国十大重点流域都进行了应用，已构建了适合于各个流域的水生态系统健康评价指标体系和评价标准。依据辽河流域海拔特征和降水特征，将其划分为3种河流类型，从上游至下游依次为山地溪流类型、丘陵河流类型和冲积平原河流类型。评价指标包括化学、物理和生物3个方面的指标。评价指标筛选从技术角度上讲主要包括候选评价指标建立、评价指标数据获取、评价指标分析与筛选等技术环节。

评价指标筛选之后，需要对每个评价指标设定一个参比标准。这个标准包括一个最高标准和一个最低标准，即参照值和临界值。参照值是指河流在未受到人为干扰活动下，评价参数的取值，指代的流域健康状况为最佳。临界值是指流域在受到人为活动干扰后，流域水生态系统濒临崩溃的评价参数取值，此时的流域健康状况为最差。流域水生态系统健康评价综合得分采用分级指标评分法，逐级加权，综合评分。包括样点上分项评价指标综合得分计算、样点上总评价综合得分计算、流域上分项评价指标综合得分计算、流域上总评价综合得分计算。流域健康综合得分的范围为0~1，根据流域健康综合得分平均设定5个健康等级标准，包括"极好""好""一般""差"和"极差"。

十大重点流域水生态系统健康评价

3.1 松花江流域水生态系统健康评价

3.1.1 流域基本概况

松花江流域是仅次于我国长江流域和黄河流域的第三大流域，也是黑龙江右岸最大的支流，分布在119°52′E~132°31′E，41°42′N~51°38′N。松花江全长为2328km，流域面积约55.7万 km²，径流总量为759亿 m³，流经黑龙江、内蒙古、吉林、辽宁四省（自治区）。松花江流域水系发达，支流众多，全流域面积大于1000km²的河流有86条。松花江有南北两源，北源嫩江，南源西流松花江，南北二源在黑龙江省和吉林省交界的三岔河附近汇合后为松花江干流。

松花江流域地势南北高，中间和东部低平，绝对高程相差极大。西部以大兴安岭与额尔古讷河（黑龙江的南源）为界，海拔为700~1700m；北部以小兴安岭与黑龙江为界，海拔为1000~2000m；东南部以张广才岭、老爷岭、完达山脉与乌苏里江、绥芬河、图们江和鸭绿江等为界，海拔为200~2700m；西南部是松花江和辽河的分水岭，海拔为140~250m，是东西向横亘的条状沙丘和内陆湿洼地组成的丘陵区；流域中部是松嫩平原，海拔为50~200m，是流域内的主要农业区。

松花江流域地处北温带季风气候区，大陆性气候特点非常明显，冬季寒冷漫长，夏季炎热多雨，春季干燥多风，秋季很短，年内温差较大，多年平均气温在3~5℃。

松花江流域位于长白植物区系、大兴安岭植物区系和蒙古植物区系汇合处，植物区系和植被类型较复杂，并具有过渡性特征，可大致划分为大兴安岭植物区、小兴安岭-老爷岭植物区和松嫩平原植物区、长白山植物区。流域内土壤类型的分布为从东部和东北部的森林草甸土到中北部的黑土再到中部的黑钙土。

松花江流域2010年总人口为7304.4万，平均人口密度为131人/km²，人口空间分布以流域中部和东部平原以及丘陵过渡地区最为密集，流域边缘山区人口稀少。松花江流域是全国重要的重工业基地和商品粮生产基地，其中下游经济发达，工农业发达。松嫩平原、三江平原是全国重要的商品粮生产基地，长春、哈尔滨是全国的重工业基地。经济发达的地区集中体现在哈尔滨、长春、齐齐哈尔、吉林、佳木斯、大庆、鹤岗等几个地级市，人均GDP远高于其他地区。工农业及人们日常的生产活动排放大量的废水进入河流湖泊水体。人均GDP较高的黑龙江省哈尔滨市、齐齐哈尔市、大庆市、牡丹江市、佳木斯市、鹤岗市、伊春市、绥化市和吉林省长春市、吉林市废水排放量占全流域的80%左右，其中化学需氧量（COD）排放量超过万吨的有哈尔滨市、长春市、吉林市、齐齐哈尔市、白城市、佳木斯市、大庆市、牡丹江市、绥化市、兴安盟、鹤岗市、七台河市、伊春市、通化市、松原市、黑河市、双鸭山市等。废水排放量大于 1.0 亿 t/a 的城市包括哈尔滨市、吉林市、长春市、牡丹江市、齐齐哈尔市、大庆市和佳木斯市等 7 个城市，是流域经济发达的区域，也是流域污染控制的重点区域。

3.1.2 评价数据来源

松花江流域水生态系统调查在 2013 年及 2014 年 6～7 月进行，松花江流域内干流和支流上设置 250 个样区，在吉林、黑龙江设置示范区，在样区和示范区内根据研究实际需要设置样点（图 3-1），在调查实践过程中进行合理化调整。采集样品为水化学样品、藻类、大型底栖动物和鱼类。

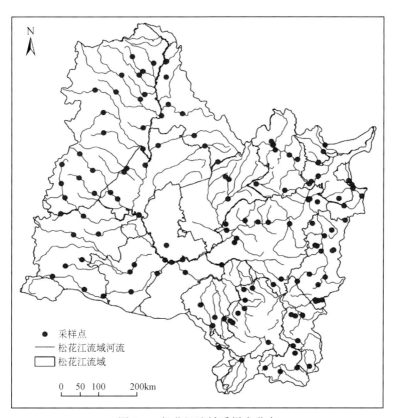

图 3-1 松花江流域采样点分布

（1）基本水体理化

监测期内，松花江流域 COD 含量为 0～144.0mg/L，平均含量为 45.6mg/L，如图 3-2 所示，水质处于Ⅴ类水水平；溶解氧（DO）含量介于 3.9～23.2mg/L，平均含量为 8.9mg/L，水质处于Ⅰ类水水平。

（2）营养盐

监测期内，松花江流域总氮（TN）含量介于 0.30～4.60mg/L，平均含量为 1.69mg/L，如

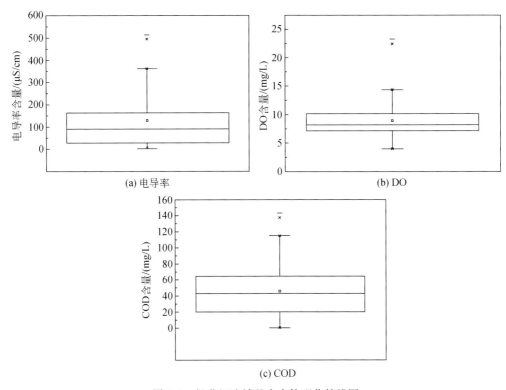

(a) 电导率

(b) DO

(c) COD

图 3-2 松花江流域基本水体理化箱线图

注：□表示各环境要素平均值，"–" 表示最值，箱体为 25% ~ 75% 分位数分布范围。后同

图 3-3 所示，处于Ⅳ类水水平；总磷（TP）含量介于 0.01 ~ 1.17mg/L，平均含量为 0.14mg/L，处于Ⅱ类水水平；氨氮（NH_3-N）含量介于 0.18 ~ 2.68mg/L，平均含量为 0.90mg/L，处于Ⅲ类水水平。

（3）藻类

因着生藻类生长条件限制，松花江流域只有部分样点检测出着生藻类。共鉴定出藻类 4 个门、6 个纲、13 个目、22 个科、42 个属，每个样点检出的种类数目不一。其中硅藻门种类最多，以羽纹纲硅藻为主，其次是黄藻门、蓝藻门和绿藻门。藻类分类单元数介于 0 ~ 18，香农–威纳多样性指数介于 0 ~ 4，伯杰–帕克优势度指数介于 0.15 ~ 1（图 3-4）。

（4）大型底栖动物

大型底栖动物门类有三大类：节肢动物门、环节动物门和软体动物门。纲类包括腹足纲、寡毛纲、甲壳纲、昆虫纲、蛭纲、蛛形纲。目类总数为 16，科类总数为 35。大型底栖动物以节肢动物门居多，以昆虫纲为主，软体动物门最少。大型底栖动物 EPTr-F（EPT 科级分类单元比）指数介于 0 ~ 0.5，伯杰–帕克优势度指数介于 0.15 ~ 0.47，大型底栖动物分类单元数介于 8 ~ 18，BMWP 指数介于 10 ~ 80（图 3-5）。

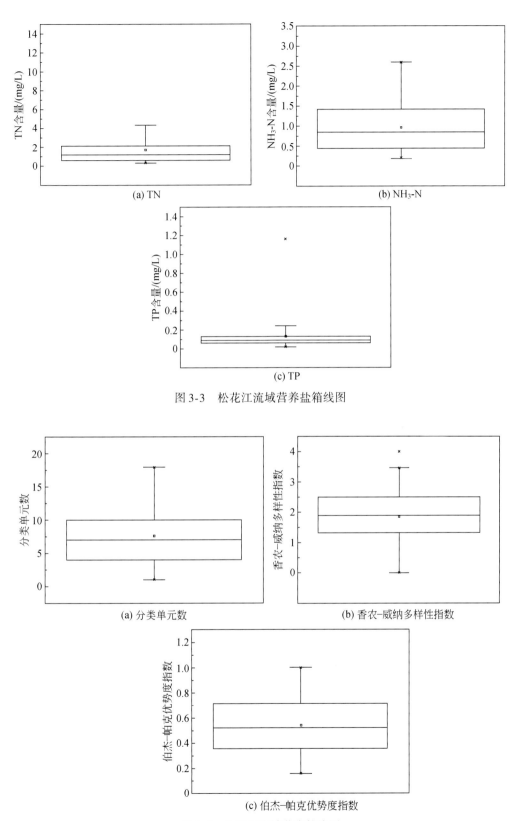

(a) TN

(b) NH₃-N

(c) TP

图 3-3　松花江流域营养盐箱线图

(a) 分类单元数

(b) 香农-威纳多样性指数

(c) 伯杰-帕克优势度指数

图 3-4　松花江流域藻类箱线图

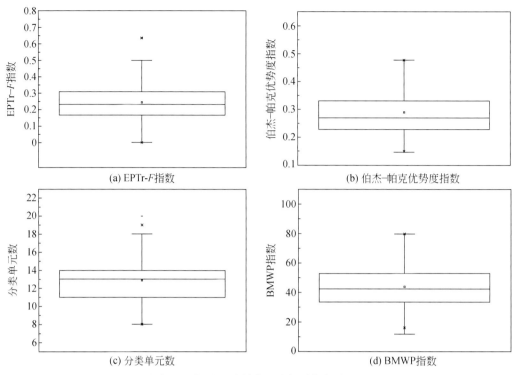

(a) EPTr-*F*指数

(b) 伯杰-帕克优势度指数

(c) 分类单元数

(d) BMWP指数

图 3-5　松花江流域大型底栖动物箱线图

（5）鱼类

调查发现，松花江鱼类分属 8 目 16 科。硬骨鱼纲占较高比例，圆口纲最少。根据鱼类的生活习性，溯河洄游型鱼类占鱼类总类数的 3.30%，主要为大麻哈鱼和日本七鳃鳗；江湖洄游型 19 种，占鱼类总种类数的 31.70%；定居型鱼类 39 种，占鱼类总种类数的 65%。按营养结构（食性）类型划分，松花江鱼类分为滤食性、植食性、肉食性及杂食性 4 种生态类型，分别占所采集鱼类总类数的 3.39%、6.78%、49.15% 和 40.68%。按产卵类型划分，松花江鱼类产卵类型可分为产沉性卵、漂流性卵（半浮性卵）、浮性卵和黏性卵 4 类，种类比例黏性卵（52.54%）>漂流性卵（23.73%）>沉性卵（18.64%）>浮性卵（5.08%）。鱼类分类单元数介于 0.5 ~ 32.00，鱼类香农-威纳多样性指数介于 0 ~ 4.70，伯杰-帕克优势度指数介于 0.10 ~ 0.98（图 3-6）。

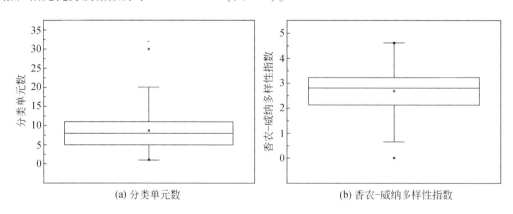

(a) 分类单元数

(b) 香农-威纳多样性指数

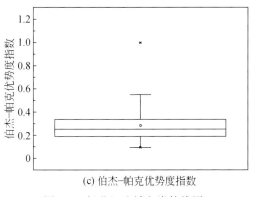

(c) 伯杰-帕克优势度指数

图 3-6　松花江流域鱼类箱线图

3.1.3　评价方法

按照制订的流域水生态系统健康评价导则，结合松花江流域水生态调查结果，确定松花江流域的水生态健康评价指标包括水体化学指标和水生生物指标。其中水体化学指标包括基本水体理化指标和营养盐指标；水生生物指标包括藻类指标、大型底栖动物指标和鱼类指标。水质分析方法参照《水和废水监测分析方法》。基本水体理化指标包括电导率（EC）、DO 和 COD；营养盐指标包括氨氮、总氮和总磷；藻类指标包括分类单元数，香农-威纳多样性指数和伯杰-帕克优势度指数；大型底栖动物指标包括分类单元数，EPT 科级分类单元比，BMWP 指数和伯杰-帕克优势度指数；鱼类指标包括分类单元数，香农-威纳多样性指数和伯杰-帕克优势度指数。基本水体理化指标和营养盐指标参照《地表水环境质量标准》（GB 3838—2002），参照值参照地表水Ⅰ类标准，临界值参照地表水Ⅳ类标准，其中电导率参照的是辽河流域评价标准。在生物评价指标中，具体对策是以95%分位数为分类单元数参照值，以5%分位数为临界值。伯杰-帕克优势度指数则以5%及95%分位数进行标准化。大型底栖动物 EPTr-F 指数及 BMWP 指数的参照值和临界值见表3-1。

表3-1　松花江流域水生态系统健康评价指标参照值与临界值

指标类别	评价指标	适用性范围	参照值	临界值
基本水体理化	DO	所有样点	7.5mg/L	3mg/L
	EC	所有样点	400μS/cm	1500μS/cm
	COD_{Mn}	所有样点	15mg/L	30mg/L
营养盐	TP	所有样点	0.02mg/L	0.30mg/L
	TN	所有样点	0.20mg/L	1.50mg/L
	NH_3-N	所有样点	0.15mg/L	2.00mg/L
藻类	分类单元数	所有样点	16	2
	香农-威纳多样性指数	所有样点	3	0
	伯杰-帕克优势度指数	所有样点	5%分位数	95%分位数

指标类别	评价指标	适用性范围	参照值	临界值
大型底栖生物	分类单元数	山区	17	9
		平原	17	9
	EPTr-F 指数	山区	0.48	0
		平原	0.17	0
	BNWP 指数	山区	131	0
		平原	81	0
	伯杰–帕克优势度指数	所有样点	5% 分位数	95% 分位数

3.1.4 评价结果

(1) 基本水体理化评价结果

整体来说，松花江流域的基本水体理化得分为 0.70，其健康状态处于好的水平。健康状况处于极好、好、一般、差、极差 5 种状态所占比例分别为 27%、59%、7%、7%、0（图 3-7），说明松花江整体水质较好，污染较轻，没有水质处于极差的河流。

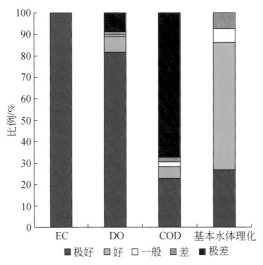

图 3-7 松花江流域基本水体理化评价等级比例

松花江流域基本水体理化指标从 DO 得分（图 3-8）来看，松花江流域除哈尔滨市周边有极差外，其他大部分区域为极好；从 EC 得分来看，松花江流域都为极好；从 COD 得分来看，松花江流域西部和东部少数为极好外，其余区域大多为极差；从基本水体理化得分来看，松花江流域西部大多区域为极好，东部大多区域为一般和好，整体花江流域基本水体理化得分没有极差。

(2) 营养盐评价结果

整体来说，松花江流域的营养盐得分为 0.5，其健康状态处于一般水平。营养盐健康状况处于极好、好、一般、差、极差 5 种状态所占比例分别为 14%、21%、27%、30%、

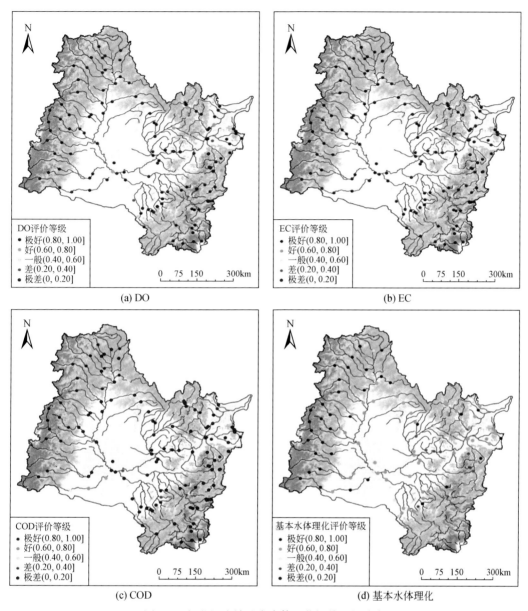

(a) DO

(b) EC

(c) COD

(d) 基本水体理化

图 3-8　松花江流域基本水体理化评价空间分布

8%（图 3-9）。说明营养盐指标很不乐观，有 8% 的样点处于极差的水平，30% 的样点处于差的水平，可见沿岸工厂营养盐的排放量已超过了松花江本身的容纳水平。

松花江流域营养盐指标从 NH$_3$-N 得分（图 3-10）来看，松花江流域西部多数区域为极好外，其余区域大多为极差；从 TN 得分来看，松花江流域西部大多区域为极好，东部大多区域为极差；从 TP 得分来看，松花江流域大多区域为极好，极少数地区存在少数极差；从营养盐得分来看，松花江流域西部区域得分状况极好占多数，东部地区存在少数极差，大多区域为一般。

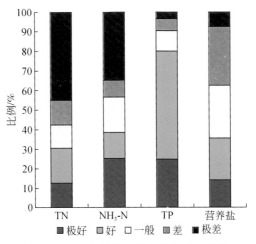

图 3-9　松花江流域营养盐评价等级比例

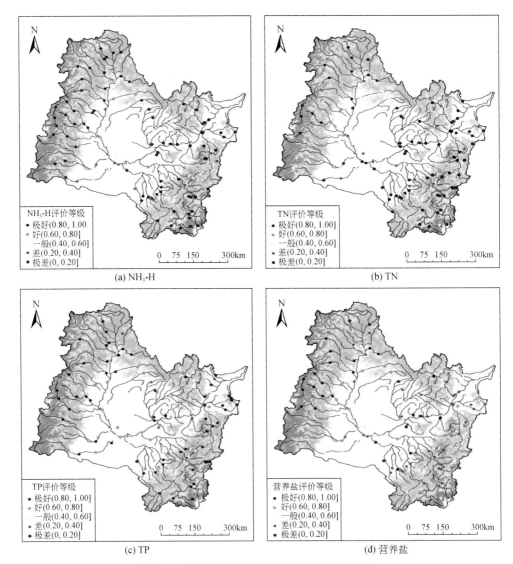

图 3-10　松花江流域营养盐评价等级空间分布

（3）藻类评价结果

藻类指标中，松花江流域的藻类得分为 0.56，其健康状态处于一般水平。健康状况处于极好、好、一般、差、极差 5 种状态所占比例分别为 10%、41%、27%、15%、7%（图 3-11）。

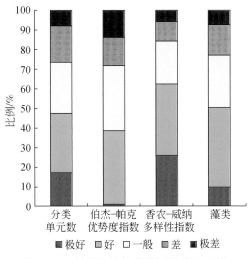

图 3-11　松花江流域藻类评价等级比例

松花江流域藻类指标从分类单元数得分（图 3-12）来看，松花江流域整体区域存在少数极好，少数极差，大多区域为一般；从香农-威纳多样性指数得分来看，松花江流域西部大多区域存在极好，东部区域存在少数极差；从伯杰-帕克优势度指数得分来看，松花江流域大多区域为一般，北部和东部地区存在少数极差，整体区域几乎没有极好；从藻类得分来看，松花江流域东南部区域有少量极好和少量的极差，大多区域为好和一般。

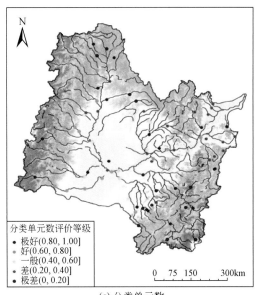

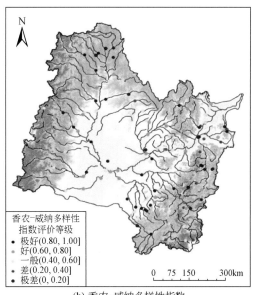

(a) 分类单元数　　　　　　　　　　　　　　　(b) 香农-威纳多样性指数

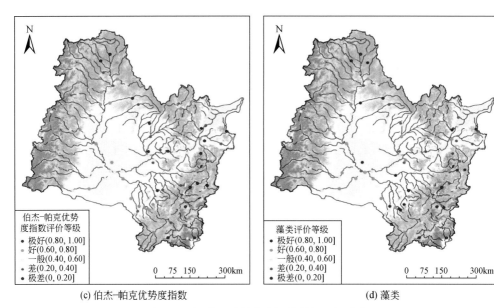

(c) 伯杰-帕克优势度指数

(d) 藻类

图 3-12　松花江流域藻类评价等级空间分布

（4）大型底栖动物评价结果

依照对大型底栖动物指标的评价，松花江流域的大型底栖动物得分为 0.51，其健康状态处于一般的水平。健康状况处于极好、好、一般、差、极差 5 种状态所占比例分别为 8%、24%、42%、22%、4%（图 3-13）。

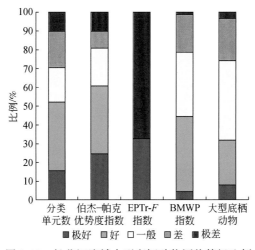

图 3-13　松花江流域大型底栖动物评价等级比例

松花江流域大型底栖动物指标从分类单元数得分来看，松花江流域整体区域存在少数极好和少数极差；从伯杰–帕克优势度指数得分来看，松花江流域整体区域存在极少极差，其余大多数区域状态为好和极好；从 EPTr-F 指数得分来看，松花江流域整体区域存在少数极好，大多区域为极差；从 BMWP 指数得分来看，松花江流域北部存在极少极好，其余区域好和一般占较大比例；从大型底栖动物得分来看，松花江流域西部和东部存在少数极好，东部地区存在少数极差，其余区域以好和一般为主（图 3-14）。

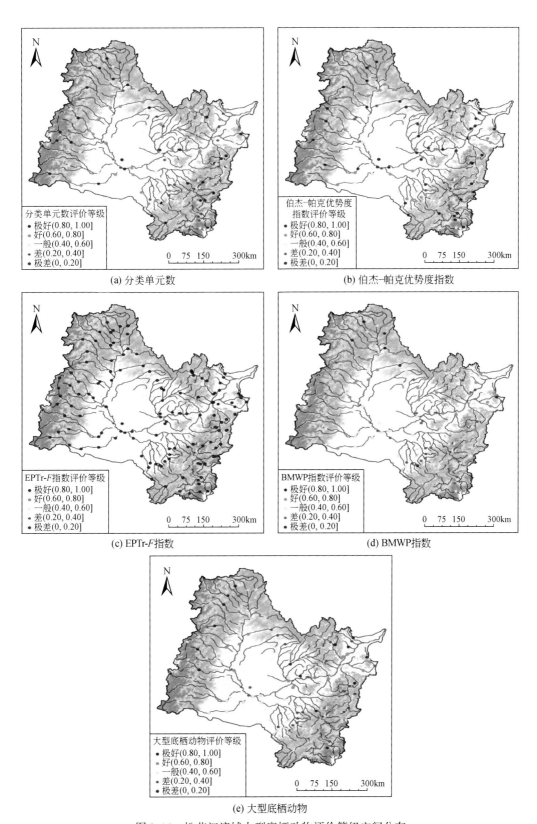

(a) 分类单元数   (b) 伯杰-帕克优势度指数

(c) EPTr-F指数   (d) BMWP指数

(e) 大型底栖动物

图 3-14 松花江流域大型底栖动物评价等级空间分布

（5）鱼类评价结果

依照对鱼类指标的评价，松花江流域的鱼类得分为0.65，其健康状态处于好的水平。健康状况处于极好、好、一般、差、极差5种状态所占比例分别为19%、49%、18%、12%、2%（图3-15）。

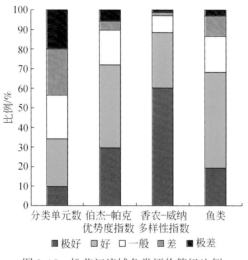

图3-15　松花江流域鱼类评价等级比例

松花江流域鱼类指标（图3-16）从分类单元数得分来看，西部区域存在少数极好，东部区域存在大量极差；从伯杰-帕克优势度指数得分来看，松花江流域南部区域存在极少极差，其余区域好与极好占大多数；从香农-威纳多样性指数得分来看，松花江流域南部区域存在少数极差，大多区域为极好；从鱼类得分来看，松花江流域南部存在极少极差，其余区域极好和好占大多数。

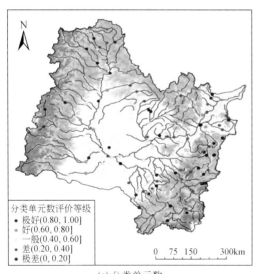

(a) 分类单元数

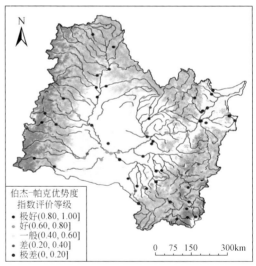

(b) 伯杰-帕克优势度指数

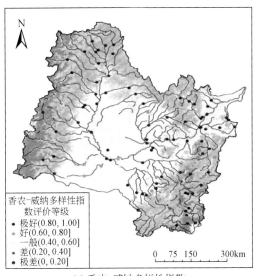
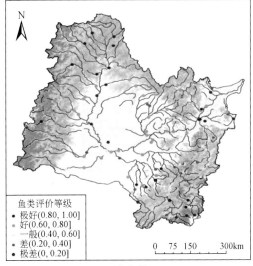

(c) 香农–威纳多样性指数   (d) 鱼类

图 3-16　松花江流域鱼类评价结果空间分布

(6) 综合评价结果

通过对松花江流域基本水体理化、营养盐、浮游藻类、底栖动物和鱼类的综合评价得出：全流域综合评价平均得分为 0.58，健康状态处于一般偏好的水平。极好和好的比例分别为 6% 和 39%，接近全部样点的一半，一般的比例为 52%，差的比例仅占 3%，说明松花江流域水生态系统健康整体呈好状态（图 3-17）。松花江流域西部和东部存在少数极好，东部地区存在少数差，其余区域以好和一般为主（图 3-18）。

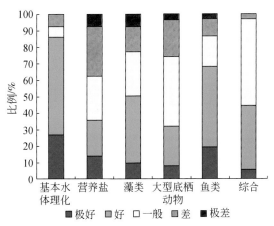

图 3-17　松花江流域水生态系统综合评价等级比例

3.1.5　问题分析与建议

生态系统受到外界压力即胁迫的情况下将会产生健康风险，对于河流生态系统，主要受到自然因素和人为因素两方面的制约。与自然因素相比，各种形式的人类活动是影响松

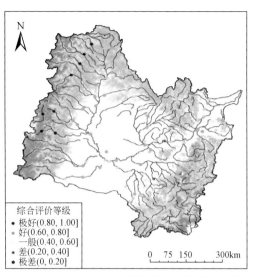

图 3-18 松花江流域水生态系统综合评价等级空间分布

花江流域河流健康最主要的原因。与 20 世纪 80 年代历史调查记录相比，松花江流域生物多样性以及鱼类产量大大减少，针对松花江流域实地调查，可将松花江流域水生态系统健康保护对策总结如下。

(1) 减少和规范采沙行为

在调查的河流中，接近 1/3 的河流中有大小不同的采沙场。受采沙行为的影响，很多河流的底质丧失了原有的结构，充满了细沙和泥浆。如果河道采沙过度，超出了河流系统的承载能力，会对河流的水体水质、自然演变和健康发育造成巨大的负面影响，还会改变水体的运移平衡，直接影响水库行洪安全，同时会造成水库水质污染，对水生态系统产生不利影响。采沙对河流水库消落区湿地造成破坏，从而导致湿生植被随其生境面积减少或丧失，减弱了水域生态系统的自我净化和富集污染物质的能力。此外，采沙对水库水质及生物多样性也会造成严重威胁，应减少和规范采沙行为。图 3-19 为松花江流域非法采沙现象。

图 3-19 松花江流域非法采沙现象

（2）禁止生活生产废弃物排入河流

松花江流域是中国重要的食用菌生产基地，食用菌生产对河流的污染十分严重。在我们调查的木耳栽种地区，几乎都存在废弃菌渣随意抛弃在河岸带的现象。如图 3-20 所示，食用菌废弃物直接排入河流，对水质会造成很大的影响，尤其是东北地区广泛采用地下水，饮用地下水，河流的污染会严重影响居民的健康问题。因此，作为重要的粮食生产基地，保护松花江流域的水生态健康，必须杜绝水污染尤其是农业对河流的污染。

图 3-20　松花江流域菌渣堆弃现象

（3）河岸带退耕还林还草

松花江流域是中国的重要的商品粮生产基地，在过去的几十年里，有大量的天然森林和草地被开垦为农田，河流的天然屏障被农田所代替。如图 3-21 所示，河岸带天然用地开发比例所占比例超过 75%。松花江流域河岸带大量农田的开垦对河流的物理生境造成了损坏。此外，河岸带具有降低非点源污染的作用，如减少氮磷等营养元素进入河流。农田代替河岸带天然植被会造成水质的下降。

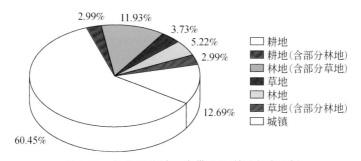

图 3-21　松花江流域河岸带土地利用方式比例

（4）谨慎建设水利工程

据调查，黑龙江省共有大型水库 23 座，省内属于松花江水系的大小水库共有 65 座，过多的水库建设影响河流的水动力过程以及河流的生态系统。此外，松花江流域位于城镇的河流段几乎都有大坝的建设，大坝使河水从流动状态变为静水系统，导致水、泥沙和养分进入下游，使河流和冲积平原、岸带和附近湿地断开。此外，大坝阻塞河流生态系统中生物的迁徙路线，栖息地的分裂使生物多样性下降，食物链和食物网破坏。因此，水利工程的建设对松花江流域河流健康状况的威胁值得引起高度重视，建设水利工程需谨慎。

松花江流域面临的水生态与水环境问题，无论是松花江断流、生态退化、湖泊萎缩、湿地干涸、水质恶化等现象，还是水利工程对环境造成的负面影响等，都是多种生态胁迫对松花江水环境造成的累计效应。然而，由于全面开展松花江流域河流生物的调查只有这一次，所以还未能形成健全的评价体系；不同生态区（亚区）应该有不同的生物区系组成，但是此次调查还不能概括出不同区域的异同；多种生态胁迫对松花江水环境造成的累计效应也需要进一步的研究。

3.2 辽河流域水生态系统健康评价

3.2.1 流域基本概况

辽河流域地处我国东北地区西南部，位于 $116°54'E \sim 125°32'E$，$40°30'N \sim 45°17'N$，是我国七大江河之一。流域北与松花江流域接壤，南与渤海湾相接，包括吉林省、辽宁省、河北省和内蒙古自治区部分地域的 65 个市、县（旗）。辽河全长为 1345km，流域面积为 219 571km^2，南北长约 7.6km，东西宽约 490km，整个流域呈树枝状，东西宽、南北窄，山地主要分布在流域的东西两侧，成为辽河平原的东西屏障。辽河流域在辽宁省内自东北向西南流经铁岭、沈阳、鞍山、盘锦、本溪、抚顺、辽阳、营口、阜新、锦州、朝阳 11 个市的 36 个县（市、区）。

辽宁省辽河流域多年平均地表水资源量为 96.49 亿 m^3，地下水资源量为 73.23 亿 m^3，水资源总量为 130.47 亿 m^3，重复水量为 39.25 亿 m^3。辽河流域主要由浑太河、西辽河、东辽河、辽河干流及其支流，以及分布在各流域的各种人工水库构成。其中，全流域内有大中型水库 90 座。

辽河流域地貌类型分为山地、丘陵、平原及低湿地和沙丘四类。其中，山地面积居多，面积约为 78 506km^2，占 35.7%；平原及低湿地次之，面积约为 75 840km^2，占 34.5%；再次为丘陵，面积约为 51 514km^2，占 23.5%；沙丘面积最少，为 13 711km^2，占 6.3%。

辽河流域多年平均降水量为 300 ~ 950mm。地势大体呈东高西低，东部海拔为 300 ~ 800m，西部海拔为 140 ~ 200m，南部海拔为 60 ~ 90m，辽河下游海拔平均约为 50m，坡降很小。辽河流域年平均径流深度分布亦由东南向西北逐渐减小。例如，东辽河二龙山水库以上 100 ~ 150mm，并向下游递减。西辽河上游的老哈河和西拉木伦河的上游山区为 50 ~ 75mm，西辽河地区的乌力吉木伦内陆河流域仅为 25 ~ 50mm。

在土地类型中，大致可分为耕地、园林、林地、牧草地、居民点及工矿用地、交通用地、水域及未利用地八大类。其中林地占 30% ~ 40%，耕地占 20% ~ 30%，水域、居民点及工矿用地、未利用地面积相对较大，各占 5% 以上，园林、牧草地、交通用地面积较小，各占 1% 左右。

辽河流域的土壤类型随着纬度和经度的改变呈现出很大差异，主要土壤类型有 7 种，分别为棕壤、草甸土、水稻土、潮土、栗钙土、粗骨土和草原风沙土。

流域内共有 25 种植被类型，如桦、椴、榆等，植被类型复杂多样。辽河流域东部地区主要植被为榛子、胡枝子、蒙古栎灌丛，其次是温带、亚热带落叶灌丛、矮林和落叶栎林；辽河流域中部的东南部地区以冬小麦、杂粮、两年三熟的棉花、枣、苹果、梨、葡萄、柿子、板栗和核桃为主；辽河流域中部的其他地区则是以榆树林结合沙生灌丛，以及春小麦、大豆、玉米、高粱、甜菜、亚麻、李、杏和小苹果为主；辽河流域西部地区以草原和稀疏灌木为主，主要的植被类型是贝加尔针茅草原和大针茅、克氏针茅草原；辽河流域西南部地区以本氏针茅和短花针茅草原为主。随着海拔的上升，植被类型主要是草原沙地锦鸡儿、柳和蒿灌丛。

根据《辽宁统计年鉴 2011》，截至 2010 年年末，辽宁省总人口为 4251.7 万人，国内生产总值为 18 457.3 亿元，其中第一产业增加值为 1631.1 亿元，第二产业增加值为 9976.8 亿元，第三产业增加值为 6849.4 亿元。

辽河流域部分河流水质污染严重，已丧失使用功能，严重污染的河水又污染了两岸的浅层地下水，使地下水受到不同程度污染。辽河流域水质污染十分严重，多年水质监测结果表明，4 条干流河流城市段水质均劣于国家地表水 V 类水质标准，部分支流完全成为城市纳污河渠，浑河沿岸地下水氨氮超标，太子河辽阳段地下饮用水出现亚硝酸盐氮超标等现象。由于长期持续排污，辽河流域部分河流底质受到严重污染，发黑、发臭，有机质含量高，即使河水治理成功，水质得到改善，底质将成为新的污染源，使污染治理不能达到预期效果。

辽河流域各河流多是典型的季节性受控河流，大量修建的水利工程破坏了原有的生态面貌。河流上游多修建水库，导致下游河道内无径流，地下水水位下降，河床变成了新的沙地，风沙和干旱不断发生，严重破坏了生态平衡。枯水期由于缺少天然径流，河道内堆积了大量城市排放的污水，每逢灌溉季节，水库放水，将这些堆积在河道内的污染物集中冲入下游，时有对农作物造成毁灭性危害的事件发生，进一步加大了水资源短缺的矛盾。

根据辽宁省第三次河流遥感调查数据，辽河流域辽宁省部分水土流失面积为 10 331km^2，占辽河流域辽宁省部分总面积的 23.6%。辽河流域上游地区地处松辽沉降带的南沿，属科尔沁大沙带的东端。辽宁北部漫岗丘陵地区分布冲积洪积物，质地多为轻壤，目前多为农田，易造成水土流失。西辽河大部分流域地处科尔沁沙地，植被盖度偏低，因此辽河流域上游地区土壤侵蚀、水土流失严重，造成下游水库、河闸及河道淤积成灾，河道逐渐淤高、展宽、改道，侵蚀面积和风蚀面积有逐年加重态势。辽河干流河水含沙量通常为每升数百至数千毫克。

3.2.2 评价数据来源

辽河流域水生态系统调查在 2012 年 8 月~2014 年 10 月进行，设置采样点 453 个（图 3-22），采集样品为水化学样品、藻类、大型底栖动物、鱼类。

（1）基本水体理化

辽河流域的高锰酸盐指数（COD_{Mn}）的含量介于 0.29~35.00mg/L，平均含量为 7.80mg/L，处于 Ⅳ 类水水平。辽河流域大部分采样点的 COD_{Mn} 含量较低，仅辽河干流下游及太子河支

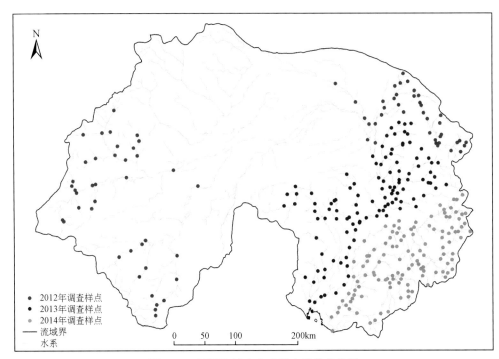

图 3-22　辽河流域水生态调查采样点位置

流的个别采样点 COD_{Mn} 含量较高，在 10mg/L 以上，表明辽河流域的有机污染情况相对较轻。辽河流域的溶解氧（DO）含量介于 0 ～ 15mg/L，平均含量为 9.51mg/L，处于 I 类水水平。其中 DO 含量较高的采样点多分布在太子河南支、太子河北支、海城河、细河、兰河、浑河上中游、汤河和小汤河，DO 含量较低的采样点多分布在太子河下游和南沙河，其采样点的 DO 含量多在 5mg/L 以下。

辽河流域的电导率（EC）值介于 3.9 ～ 1888μS/cm，平均值为 353μS/cm。其中电导率值较低的采样点多分布在太子河上中游、太子河南支、太子河北支、兰河、浑河上中游和汤河，电导率值较高的采样点多分布在鞍山市的太子河下游段，其采样点的电导率值多在 750μS/cm 以上。辽河流域的挥发酚含量介于 0 ～ 0.005mg/L，处于 II ～ III 类水水平。整个流域采样点挥发酚含量均很低，仅浑河下游的一个采样点含量为 0.005mg/L。五日生化需氧量（BOD_5）的含量介于 0 ～ 117.5mg/L，平均含量为 4.83mg/L，处于 III ～ IV 类水水平。其中五日生化需氧量含量较低的采样点多分布在太子河上游、浑河、汤河和小汤河，五日生化需氧量含量较高的采样点多分布在鞍山市的太子河中下游段、西辽河、东辽河，其采样点的五日生化需氧量多在 6.0mg/L，如图 3-23 所示。

（2）营养盐

辽河流域的总氮（TN）含量介于 0.36 ～ 22.6mg/L，平均值为 4.37mg/L，处于重污染水平。其中总氮含量较高的采样点多分布在南沙河和北沙河两条河流，其采样点的总氮含量多在 10mg/L 以上。仅有 22 个采样点的总氮含量在 1mg/L 以下，说明辽河流域的总氮污染较为严重。辽河流域总磷（TP）的含量介于 0 ～ 10mg/L，平均值为 0.26mg/L，处于 III ～ IV 类水水平。其中总磷含量高于 0.6mg/L 的采样点仅有 15 个，其余采样点总磷含量均较低。辽河流域氨氮（NH_3-N）的含量介于 0 ～ 22.65mg/L，平均值为 1.2mg/L，处于

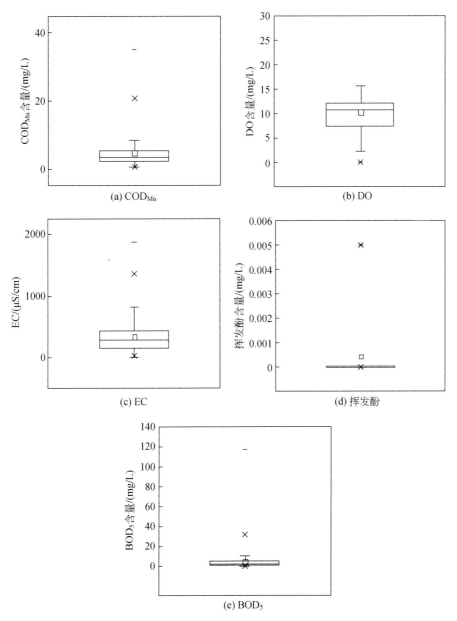

图 3-23　辽河流域基本水体理化箱线图

Ⅲ～Ⅳ类水水平。其中氨氮含量较高的采样点多分布在太子河下游、兰河、浑河中下游、北沙河和南沙河，其采样点的总氮含量多在2mg/L以上。氨氮含量较低的采样点多分布在太子河上中游、太子河南支、太子河北支、海城河、细河、浑河上中游以及小汤河，如图3-24所示。

（3）藻类

目前辽河流域已被鉴定发现的藻类达229种，其中硅藻门142种，占62.0%；绿藻门47种，占20.5%；蓝藻门21种，占9.2%；其他门7种，占3.1%。其中普生种类包括变异直链藻、扭曲小环藻和普通等片藻等。密度优势种主要有变异直链藻、普通等片藻、普

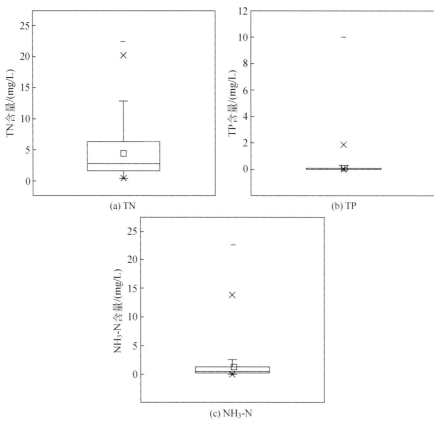

(a) TN

(b) TP

(c) NH₃-N

图 3-24 辽河流域营养盐箱线图

通等片藻线形变种、偏肿桥弯藻和胡斯特桥弯藻。根据以上数据，计算藻类的伯杰–帕克优势度指数和生物完整性指数。经计算，辽河流域浮游藻类的伯杰–帕克优势度指数的平均值为0.39，生物完整性指数的平均值为4.97（图3-25）。

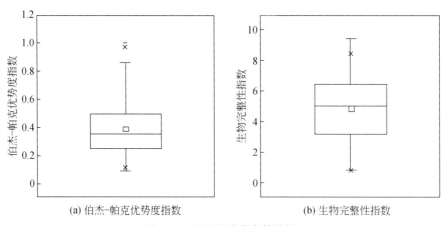

(a) 伯杰-帕克优势度指数

(b) 生物完整性指数

图 3-25 辽河流域藻类箱线图

（4）大型底栖动物

经鉴定，辽河流域自然分布大型底栖动物有372属（种），隶属于5门10纲28目128科，其中水生昆虫为主要类群，共306属（种），占82%；其次为软体动物，共39属（种），占10%；环节动物，共24属（种），占7%；其他物种1%。根据以上数据计算大型底栖动物的分类单元数、EPTr-F指数、BMWP指数。经计算，辽河流域大型底栖动物分类单元数的平均值为10.78，EPTr-F指数的平均值为3.96，BMWP指数的平均值为42.94（图3-26）。

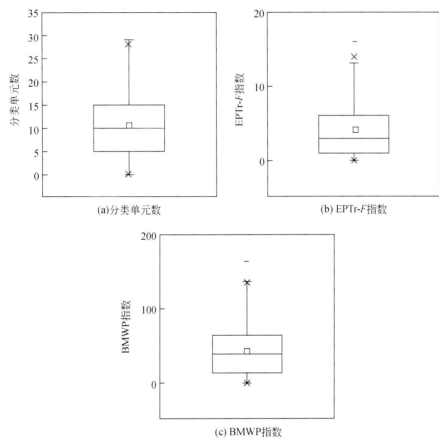

图3-26　辽河流域大型底栖动物箱线图

（5）鱼类

经鉴定，辽河流域的鱼类物种组成为：鲤形目构成该区域鱼类区系的主体，共39种（占65%）；其次是鲈形目，共10种（占17%）；鲇形目、鲟形目和鲑形目各有2种，刺鱼目、鲀形目、鲻形目、合鳃目和鲱形目各有1种。鲤科鱼类最为丰富，有32种（占53%）；其次为鳅科鱼类，共有7种（占12%），鲇科、鳠科、鰕虎鱼科、塘鳢科、丽鱼科、鳢科、刺鱼科、青鳉科、鱵鱼科、银鱼科、胡瓜鱼科、杜父鱼科、鲻科、鲱科和合鳃鱼科物种数目较少。根据以上数据计算鱼类的分类单元数、生物完整性指数和伯杰–帕克优势度指数。经计算，辽河流域鱼类的分类单元数的平均值为6.17，生物完整性指数的平均值为14.86，伯杰–帕克优势度指数的平均值为0.59（图3-27）。

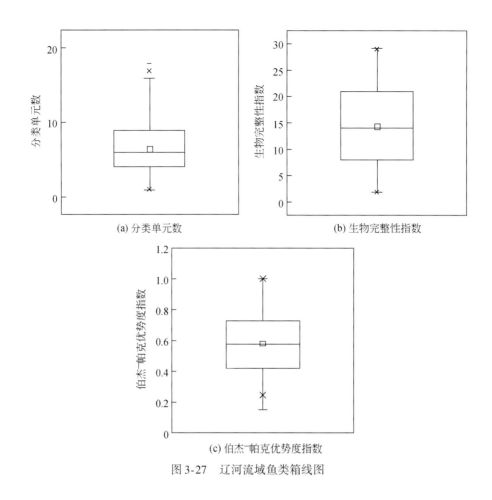

(a) 分类单元数　　　　　　　　　　(b) 生物完整性指数

(c) 伯杰-帕克优势度指数

图 3-27　辽河流域鱼类箱线图

3.2.3　评价方法

　　按照制订的流域水生态系统健康评价导则，结合辽河流域水生态调查结果，确定辽河流域的水生态健康评价指标包括水体化学指标和水生生物指标。其中，水体化学指标包括水体理化指标和水质营养盐指标，水生生物指标包括藻类指标、大型底栖动物指标和鱼类指标。

　　参与水生态健康评价的水质数据，按照《地表水环境质量标准》（GB 3838—2002），确定临界值为地表水Ⅴ类标准，参照值为地表水Ⅰ类标准。参与水生态健康评价的生物数据均参考刘保元等（1984）、Penrose（1985）、Lenat（1988）等所提及的方法，分别确定相应的参照值和临界值。除了藻类和鱼类的香农–威纳多样性指数及 BMWP 指数外，其余指数均以 95% 分位数作为参照值，以 5% 分位数作为其临界值。据刘保元等（1984）所提及的方法并结合辽河流域的具体情况，确定藻类和鱼类的香农–威纳多样性指数参照值为3，临界值为0。BMWP 指数的参照值和临界值的确定按照 Hellawell（1986）所提及的方法，确定山区及丘陵型河流的参照值是 131，临界值是 0；平原型河流的参照值是 81，临界值是 0。具体指标的参照值和临界值见表 3-2。

表 3-2　辽河流域水生态系统健康评价指标参照值与临界值

指标类型	评价指标	适用性范围	参照值	临界值
基本水体理化	EC	全部	400mg/L	1500mg/L
	DO	全部	7.5μS/cm	2μS/cm
	挥发酚	全部	0.002mg/L	1mg/L
	BOD_5	全部	3mg/L	10mg/L
	COD_{Mn}	全部	2mg/L	15mg/L
营养盐	TN	全部	0.2mg/L	2mg/L
	TP	全部	0.02mg/L	0.04mg/L
	NH_3-N	全部	0.15mg/L	2mg/L
藻类	分类单元数	全部	95%分位数	5%分位数
	香农-威纳多样性指数	全部	3	0
	伯杰-帕克优势度指数	全部	5%分位数	95%分位数
	生物完整性指数	全部	95%分位数	5%分位数
大型底栖动物	分类单元数	全部	95%分位数	5%分位数
	EPTr-F 指数	山区型河流	0.48	0
		丘陵型河流	0.36	0
		平原型河流	0.17	0
	伯杰-帕克优势度指数	全部	1	0
	BMWP 指数	山区及丘陵型河流	131	0
		平原型河流	81	0
鱼类	分类单元数	全部	95%分位数	5%分位数
	香农-威纳多样性指数	全部	3	0
	伯杰-帕克优势度指数	全部	5%分位数	95%分位数
	生物完整性指数	全部	95%分位数	5%分位数

根据确定的参照值和临界值，计算各指标数据值，然后按照相应的标准化方法进行标准化，各类指标得分均按等权重相加，计算得到各指标得分，样点总得分＝（2×基本水体理化得分+2×营养盐得分+3×藻类得分+4×大型底栖动物得分+4×鱼类得分）/15。

3.2.4　评价结果

（1）基本水体理化评价结果

整体来说，辽河流域的基本水体理化得分为0.64，其健康状态处于好水平。其中极好和好的比例分别为30.70%和15.90%，超过样点总数的45%，一般、差和极差的比例分别为44.30%、8%和1.10%。主要特征是浑河流域的水质理化健康状态较好，受人类活动干扰较大的太子河下游水质理化健康状态较差。

EC平均得分为0.82，其中极好和好的比例分别为61%和33%，超过样点总数的90%。一般、差和极差的比例分别为2.80%、2.15%和1.05%，表明辽河流域由于人类活动干扰而导致水体中溶解性离子较少。从其空间分布特征来看，太子河下游、海城河和南沙河部分点位的溶解盐的含量较高。

DO平均得分为0.45，其中极好和好的比例分别为16.20%和21.30%，仅占样点总数的 37.50%。一般、差和极差的比例分别为 17.90%、17.10% 和 27.50%，表明辽河流域水体溶解氧含量较低。从其空间分布特征来看，DO 含量较低的区域主要集中在辽河东南部的太子河流域。

挥发酚平均得分为 0.98，其中极好和好的比例分别为 98.50% 和 1.50%，无一般、差和极差的点位，说明整个辽河流域挥发酚的含量普遍较低。

BOD_5 的平均得分为 0.65，其中极好和好的比例分别为 33.90% 和 37.60%，超过总样点的 70%。而一般、差和极差的比例分别为 12.5%、6.0% 和 10.0%，说明辽河流域的有机污染情况相对较轻。从其空间分布来看，太子河上中游的 BOD_5 的健康等级为极好；太子河下游 BOD_5 的健康等级为极差。

COD_{Mn} 的平均得分 0.71，其中极好和好的比例分别为 58.50% 和 17.80%，超过总样点的 70%，而一般、差和极差的比例分别为 5.30%、3.40% 和 15%。从其空间分布来看，太子河上中游、太子河南支、兰河、浑河、汤河及小汤河 COD_{Mn} 的健康等级为极好；太子河下游、西辽河及太子河支流上少数点位 COD_{Mn} 的健康等级为极差。

基本水体理化评价结果如图 3-28 和图 3-29 所示。

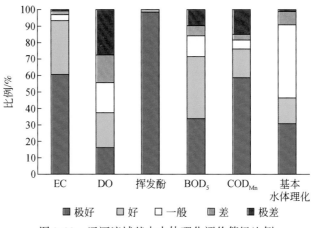

图 3-28　辽河流域基本水体理化评价等级比例

（2）营养盐评价结果

整体来说，辽河流域的营养盐健康评价综合得分为 0.43，其中极好及好的比例分别为 6.80% 和 22.70%，而一般、差和极差的比例分别为 29.60%、19.90% 和 21%，健康水平处于一般水平。主要特征是流域内太子河上游营养盐的健康状态较好，浑河下游的营养盐健康水平较低。

TN 健康评价平均得分为 0.12，其中极好和好的比例分别为 1.50% 和 3.90%，一般、差和极差的比例分别为 9.40%、8.30% 和 76.90%。总的来说，辽河流域河流水体 TN 含量较高，受到较强的农业、工业污染。从其空间分布特征来看，TN 健康评价得分较高的区域只有本溪源头水源保护区，其他地区的 TN 含量均严重超标。

TP 健康评价平均得分为 0.17，其中极好和好的比例分别为 6.10% 和 2%，一般、差和极差的比例分别为 16.10%、4.10% 和 71.70%。总的来说，辽河流域 TP 污染十分严重，健康水平较差。从其空间分布来看，TP 健康评价得分较高的区域主要集中在本溪源头水源保护区和小汤河，健康评价得分较低的区域主要集中在南沙河及北沙河。

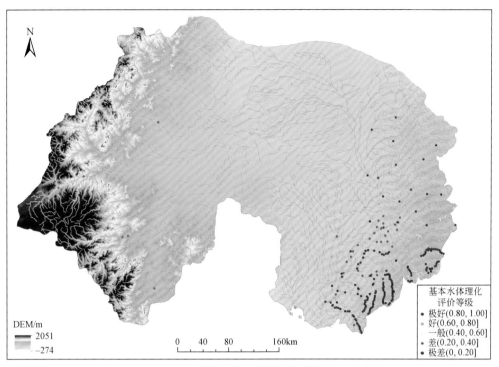

图 3-29　辽河流域水基本理化指标评价等级空间分布

NH$_3$-N 平均得分为 0.69，其中极好和好的比例分别为 58.40% 和 11.80%，超过总点位数的 70%，一般、差和极差的比例分别为 9.60%、4.10% 和 16.10%。总的来说，辽河流域河流水体的 NH$_3$-N 含量较低，污染情况相对较轻。从其空间分布来看，NH$_3$-N 健康评价得分较高的区域主要集中在太子河中游、兰河、浑河中游、北沙河、南沙河及部分汤河区域，NH$_3$-N 健康评价得分较低的区域主要集中在太子河下游、细河及辽河干流。

营养盐评价结果如图 3-30 和图 3-31 所示。

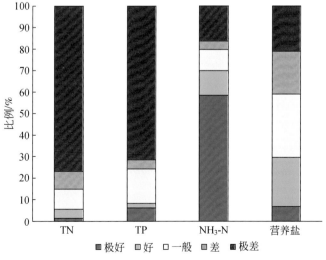

图 3-30　辽河流域营养盐评价等级比例

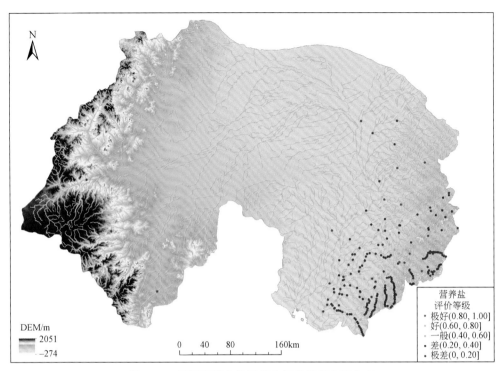

图 3-31　辽河流域水体营养盐评价等级空间分布

（3）藻类评价结果

辽河流域的着生藻类健康评价得分为 0.74，其中极好和好的比例分别为 42.40% 和 37.90%，超过总样点的 80%，一般、差和极差的比例分别为 14.40%、4.50% 和 0.80%，藻类评价健康状态处于好水平。主要特征是太子河上中游和浑河上中游的着生藻类健康状态为极好，仅太子河流域上一个点位的着生藻类健康状态较差。

河流着生藻类生物完整性指数平均得分为 0.29，其中极好和好的比例分别为 14.20% 和 7.67%，一般、差和极差的比例分别为 13.92%、14.77% 和 49.43%，超过样点的 70%，说明辽河流域藻类群落的种类组成较少、多样性较低且维持自身平衡、保持结构完整和适应环境变化的能力较弱。从其空间特征来看，藻类生物完整性健康评价得分较高的区域主要集中在本溪市段的太子河流域，评价得分较低的区域主要集中在太子河北支、海城河下游、细河、兰河、浑河上中游和南沙河。

着生藻类伯杰-帕克优势度指数平均得分为 0.31，其极好和好的比例分别为 15.50% 和 13.30%，一般、差和极差的比例分别为 9.60%、6.60% 和 55%，表明辽河流域的藻类优势种地位不突出，物种分布相对均匀，整个流域优势度的空间差异性较弱。从其空间分布来看，辽河流域仅少数点位着生藻类伯杰-帕克优势度健康评价得分较高，评估得分较低的区域主要集中在太子河中下游、太子河南支、细河、兰河、北沙河、南沙河。

着生藻类评价结果如图 3-32 和图 3-33 所示。

（4）大型底栖动物评价结果

辽河流域大型底栖动物健康评价得分为 0.30，健康状态处于差的水平。其中极好和好的比例分别为 3.40% 和 10.80%，一般、差和极差的比例分别为 17.60%、25% 和

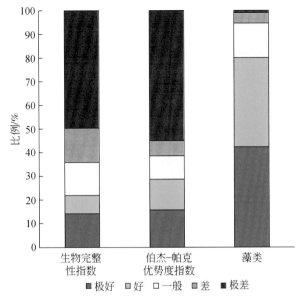

图 3-32 辽河流域藻类评价等级比例

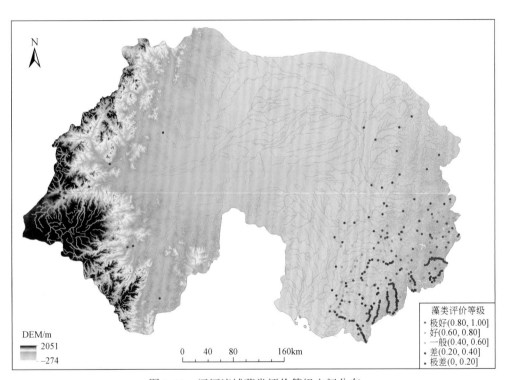

图 3-33 辽河流域藻类评价等级空间分布

43.20%，说明流域内大型底栖动物的种类少、数量少，且整个流域大型底栖动物的耐污能力差。从其空间分布来看，大型底栖动物评价得分较高的区域主要集中在山地溪流型的太子河流域，其他地区普遍较差。

大型底栖动物分类单元数平均得分为 0.24，说明辽河流域的大型底栖动物分类单元数较少。其中极好和好的比例分别为 4.96% 和 5.54%，一般、差和极差的比例分别为

12.86%、22.74% 和 53.90%。从其空间分布来看，大型底栖动物分类单元数健康评价得分较高的区域主要集中在太子河北支，其他地区分类单元数得分普遍较低。

大型底栖动物 EPTr-F 指数平均得分为 0.28，其极好和好的比例分别为 8.50% 和 8.70%，一般、差和极差的比例分别为 21.10%、11% 和 50.70%，超过总点位数的 80%，说明辽河流域 EPTr-F 指数低，敏感物种种类少。从空间分布来看，整个流域 EPTr-F 指数健康评价得分普遍较低。

大型底栖动物 BMWP 指数平均得分为 0.29，其中极好和好的比例分别为 11.05% 和 10.76%，一般、差和极差的比例分别为 11.91%、13.66% 和 52.62%，超过总点位数的 70%，表明辽河流域物种的耐污能力较差。从其空间分布来看，大型底栖动物 BMWP 指数健康评价得分较高的区域主要集中在海城河、细河部分点位，其他区域的得分都较低。

大型底栖动物指评价结果如图 3-34 和图 3-35 所示。

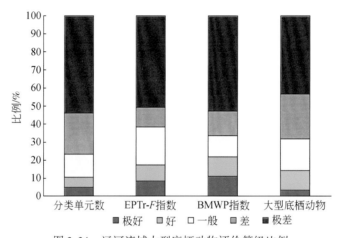

图 3-34　辽河流域大型底栖动物评价等级比例

（5）鱼类评价结果

辽河流域鱼类健康评价平均得分为 0.25，其健康状态处于差的水平。其极好和好的比例分别为 0 和 4.50%，一般、差和极差的比例分别为 37.50%、39.80% 和 18.20%，说明流域鱼类物种较少，且数量较少。同时整个流域维持自身平衡、保持结构完整和适应环境变化的能力较差。从其空间分布来看，鱼类健康评价得分较高的区域主要集中在属山地型溪流的太子河流域，其余区域得分普遍较低。

鱼类分类单元数平均得分为 0.37，其极好和好的比例分别为 9% 和 13%，一般、差和极差的比例分别为 19.34%、21.88% 和 36.78%，说明辽河流域的鱼类分类单元数相对较少，物种种类较少。从其空间分布来看，整个鱼类分类单元数评价得分普遍较低。

鱼类生物完整性指数健康评价平均得分为 0.20，其中极好和好的比例分别为 6.52% 和 19.57%，一般、差和极差的比例分别为 1.30%、10.87% 和 61.74%，超过总点位数的 70%。说明辽河流域鱼类群落的种类组成较少，多样性较低且维持自身平衡、保持结构完整和适应环境变化的能力差。从其空间分布来看，整个流域鱼类生物完整性指数健康评价得分较低，尤其是位于辽阳和鞍山市段的太子河流域。

鱼类伯杰-帕克优势度指数健康评价平均得分为 0.22，其极好和好的比例分别为 5.80% 和 10.30%，一般、差和极差的比例分别为 11.50%、12.50% 和 59.90%，超过总

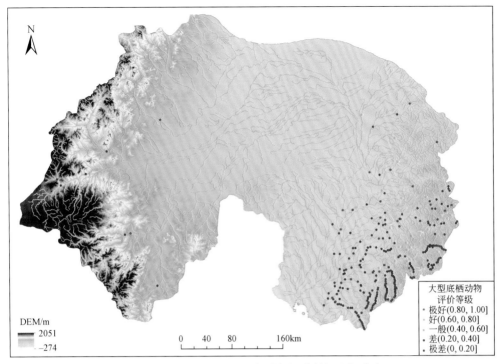

图 3-35　辽河流域大型底栖动物评价等级空间分布

点位数的 80%。这说明辽河流域优势种地位不突出，物种分布均匀，整个流域的空间差异性较弱。从其空间分布来看，整个流域鱼类伯杰–帕克优势度健康评价得分较低。

鱼类评价结果如图 3-36 和图 3-37 所示。

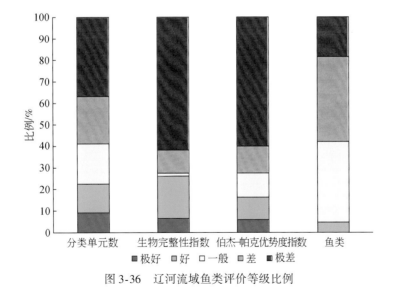

图 3-36　辽河流域鱼类评价等级比例

（6）综合评价结果

通过对辽河流域基本水体理化、营养盐、藻类、大型底栖动物和鱼类的综合评价得出：辽河流域综合评价平均得分为 0.46，极好的比例为 0，好和一般的比例为 16.5% 和

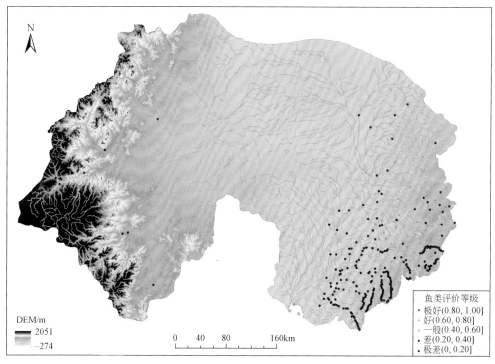

图 3-37　辽河流域鱼类评价等级空间分布

46.6%，差和极差的比例分别占 34.6% 和 2.3%，如图 3-37 所示，说明辽河流域水生态系统健康整体呈一般状态。

从评价结果的空间分布特征来看，好的点位主要分布于本溪和辽阳段的太子河流域，一般状况主要分布于太子河的中游及浑河上中游区域。差和较差的样点主要集中在太子河下游及浑河下游。

辽河流域水生态系统综合评价结果如图 3-38 和图 3-39 所示。

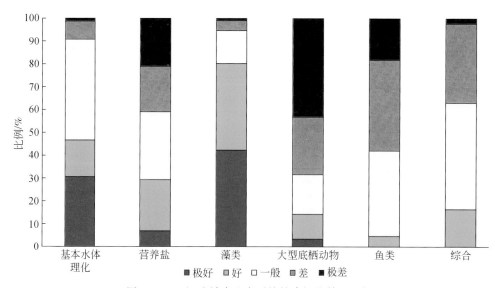

图 3-38　辽河流域水生态系统综合评价等级比例

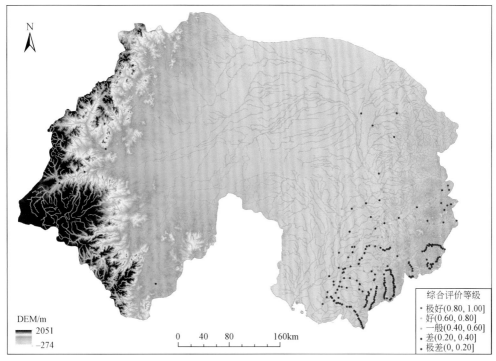

图 3-39　辽河流域水生态系统综合评价等级空间分布

3.2.5　问题分析与建议

　　目前，国家和地方已经对辽河流域水生态系统进行了综合治理和科技投入，但局部地区的水体污染问题依然严重，如氮磷含量居高不下、生物多样性显著下降等。由于辽河流域的健康状态具有较大的空间异质性，因此，针对处于不同健康状态的区域需采取不同的管理措施。基于以上评估对比结果，提出以下存在问题及相应的建议。

　　辽河流域的东北部地区，植被盖度高，树林茂密，多为高山和丘陵，降水量大，是浑河、太子河等许多河流的源头和上游，也是天然的水源涵养林区。该区地域广阔，人口较少，人们生产生活以农牧业为主，对环境的破坏较小。针对该区域，应继续加以保护，维护现有的生态健康水平，禁止乱砍滥伐、开垦荒地，发展生态农业，保持现有生态系统的完整性。

　　辽河流域的西北部地区，地形以沙丘、丘陵为主，降水量小，植被盖度低，以灌木和草地为主，有少量的林地，生态系统稳定性较差。河流生态系统的河流水量小，底质多为泥沙，两岸农田密布，受到不同程度的农业非点源污染，生物多样性较低。因此，该区域在保护生物提高生物多样性的同时，还应鼓励植树造林，提高森林覆盖率。严禁采矿和挖沙等行为，防止土地荒漠化进一步恶化。

　　下游到入海口之间的流域，地貌主要是平原和湿地，气候温暖湿润，是很多珍稀动植物的栖息地，此处建立了很多自然保护区。同时该区域也是主要的水产品生产和提供地区。此外，该区域城市发展程度和人口密度相对较高，且河流水量大，两岸沼泽和湿地密布，环境自身的自净和恢复能力强，河流水产养殖业发达，总体来看，河流生态系统的健康状况良好。针对该区域的情况，应保持现有的生态系统完整性。

辽河入海口生态健康状况评价结果为极差，其他区域表现为自河口入海口至河口上游逐渐恶化的趋势，造成这一评价结果的原因是入海口附近存在污水处理厂的排污口，大量有机污染物和营养物质被排入河流。河口上游段已总体呈现极差的健康状态，主要是由于上游农业灌溉区农药、化肥等营养盐的大量输入，严重水环境污染的同时造成了生物多样性的明显减少，从而导致较差的健康状况。上游段营养盐含量高，故应提高水体对污染物的自净能力，宜采取内源外源污染物同时控制的思路。一方面，内源控制通过提高生物多样性来实现，将水体中的营养盐转化为自身所需的物质。另一方面，减少外源性营养物质的输入，如减少 N、P 化肥的使用量，发展生态农业；减少上游排污口营养盐的排放，实现营养盐的循环利用。

3.3 海河流域水生态系统健康评价

3.3.1 流域基本概况

海河流域位于 112°E ~ 120°E、35°N ~ 43°N，涉及北京、天津、河北、山西、山东、河南、内蒙古和辽宁 8 个省（自治区、直辖市），由滦河水系、海河水系和徒骇马颊河水系 3 个水系构成，众多河流均汇入渤海湾，流域海岸线长为 920km。流域总面积为 31.8 万 km²。流域多年平均水资源总量为 370 亿 m³，属于资源型严重缺水地区，全流域共建成各类水库 1900 余座，流域水资源开发利用率达到了 98%，耗水率达 70%。

流域大致可分为高原、山地和平原三大类地貌。西部为黄土高原，西北部为内蒙古高原，它们处于我国第二级地形阶梯上，海拔在 1000m 以上。北部和中南部分别是燕山山脉和太行山山脉，呈东北—西南弧形分布，地形起伏较大，海拔一般在 500 ~ 3000m。东部和南部是广阔的海河平原，海拔一般低于 100m。东部平原面积约 12.9 万 km²，占海河流域总面积 41%。海河流域从东到西地带性植被依次为森林、灌丛、稀疏灌草丛等。

流域年均降水量为 350 ~ 830mm，平均年径流量为 62mm，年均气温空间差异达 20℃。海河流域土壤分为 7 个类型（钙层土、淋溶土、半淋溶土、初育土、水成土、半水成土、滨海盐碱土），从东到西地带性植被依次为森林、灌丛、稀疏灌草丛等。近 30 年来海河流域土地利用结构一直是以耕地和林地为主导的土地覆盖格局，目前海河流域正处于快速城市化阶段，生产性用地快速增长，耕地面积迅速减少，林地面积变化不大，园地、工业用地、住宅用地显著增加（陈利顶等，2013）。

2012 年，流域内总人口 13 700 万人，GDP 约 67 500 亿元，社会经济发展对生态系统的干扰十分严重，海河产业结构第一产业 GDP 所占比例明显下降，第二产业和第三产业 GDP 所占比例上升。

海河流域人口密度大、工业化程度高、发展速度快，生产生活用水和农田耗水已成为导致海河流域水资源日益缺乏的重要诱因。历史上的三大淀洼群（大陆泽-宁晋泊淀洼群、白洋淀-文安洼淀群、黄庄洼-七里海淀洼群）正在面临干涸的危险。流域内多数河流受到围垦、筑坝、河网改造、岸边工程等影响，季节性淹没区域减少，天然湿地和植被大量丧失，洄游通道不畅，生物栖息地被大量压缩，致使许多河流生态系统退化。

流域矿产资源丰富，煤炭、石油、钢铁、化工等产业的发展产生了大量工业三废（废水、废气、固体废弃物），使众多河流遭受严重污染。同时，由于流域水资源禀赋不足，河流大多呈现非常规水源补给的特点，河流平均污径比为 0.14，部分河流甚至超过 2.0，这种补给方式造成了严重的河流污染问题。流域 72% 的河流水质劣于Ⅱ类，49 条河流严重污染，有 76% 浅层地下水水质劣于Ⅲ类。对河流水质和沉积物中有机物、重金属污染等方面的调查结果显示，流域河流整体以耗氧型污染为主，营养盐污染和毒害污染并存。

3.3.2 评价数据来源

2013 年 5 月至 2014 年 5 月对海河流域进行了全面调查，共调查了 164 个有水点位（图 3-40），调查指标为水化学样品、浮游藻类、底栖动物和鱼类。

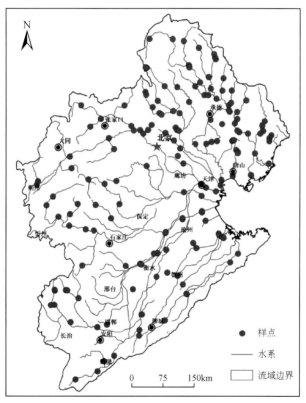

图 3-40 海河流域春季采样点分布

（1）基本水体理化

如图 3-41 所示，全流域 DO 含量在 0.27 ~ 19.57mg/L，平均含量为 8.84mg/L，处于Ⅰ类水质水平，流域北部和环渤海区域 DO 含量较高，流域中南部平原区 DO 含量较低；EC 在 200 ~ 17 900μS/cm，平均为 1760μS/cm，东南部和西南部平原区域与环渤海近海区域

EC 较高，部分沿海地区 EC 超过 10 000μS/cm；EC 较低的区域分布在西北部、西部和东北部山区区域；COD_{Cr}含量在 5.00~275.00mg/L，平均含量为 51.37mg/L，处于劣 V 类水水平，COD_{Cr}含量较高的地区分布在流域的中部和东南部平原区域，这些区域有机污染较重，COD_{Cr}含量较高的地区分布在流域的西北部和东北部山区地带，区域人口较少，污染较轻。

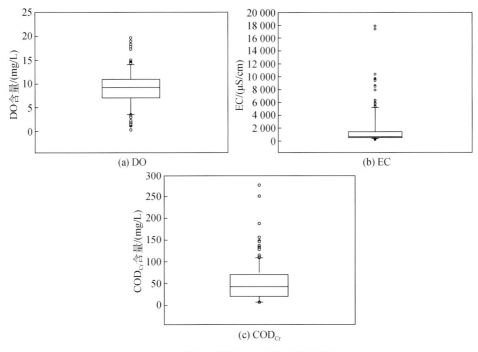

图 3-41　海河流域基本水体理化箱线图

（2）营养盐

如图 3-42 所示，全流域 TN 含量在 0.30~23.70mg/L，平均含量为 6.49mg/L，处于劣 V 类水水平。TP 含量在 0.08~5.23mg/L，平均含量为 2.87mg/L，处于劣 V 类水水平。流域整体 TP 和 TN 都表现为超标严重，特别是流域的中部和东部、南部平原地区，西部山区含量也较高，仅北部山区个别点位含量较低，流域整体富营养化严重。NH_3-N 含量在 0.03~3.28mg/L，平均含量为 0.88mg/L，处于Ⅲ类水质水平；NH_3-N 含量较高的点位集中在东南部区域，NH_3-N 含量较低的点位分布在东北部和西北部山区，含量多在 0.10mg/L 以下，其他区域分布较为均匀。

（3）藻类

参考涉及区域的藻类志（朱浩然，2007；胡鸿钧和魏印心，2006），经鉴定，海河流域春季调查浮游藻类有 5 门 7 纲 14 目 25 科 54 属 130 种。其中，绿藻门 9 科 24 属，占总属数的 44.44%；其次为硅藻门 8 科 17 属，占总属数的 31.48%；再次为蓝藻门 6 科 8 属，占总属数的 14.81%；裸藻门 1 科 4 属，占总属数的 7.41%；甲藻门 1 科 1 属，占总属数的 1.85%。以硅藻门的舟形藻属为优势属。浮游藻类分类单元数在 1~37，平均值为 9（图 3-43），藻类分类单元数除中南部平原地区外，总体来说分布较均匀。香农–威纳多样性指数范围在 0~2.80，平均值为 1.30，空间分布异质性较强，较高的区域分布在流域的西部

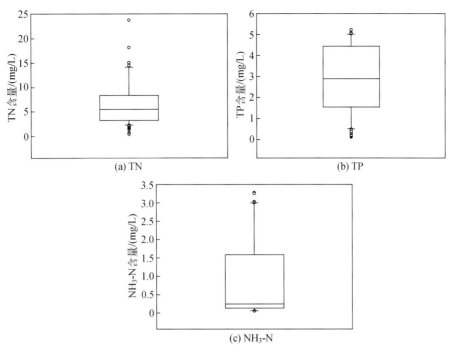

(a) TN

(b) TP

(c) NH₃-N

图 3-42　海河流域营养盐箱线图

山区和东部平原沿海区域，较低的区域集中在西北部山区和中南部平原区域。伯杰-帕克优势度指数的范围在 0.15 ~ 1.00，平均值为 0.52。由于伯杰-帕克优势度指数和香农-威纳多样性指数负相关，伯杰-帕克优势度指数分布情况和香农-威纳多样性指数的分布相反。

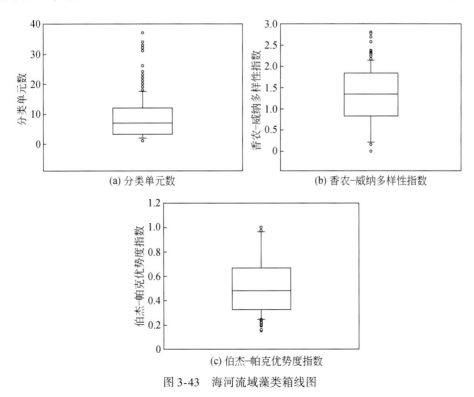

(a) 分类单元数

(b) 香农-威纳多样性指数

(c) 伯杰-帕克优势度指数

图 3-43　海河流域藻类箱线图

（4）大型底栖动物

参考涉及区域动物志（刘月英等，1979；王俊才和王新华，1995；宋大祥和杨思谅，2009），海河流域春季共鉴定底栖动物3门8纲25目102科227属种。其中，节肢动物门2纲79科184属，占81.06%；其次为软体动物门2纲13科30属，占13.22%；再次为环节动物门4纲10科13属，占5.72%。海河流域大型底栖动物的群落结构以软体动物门的萝卜螺属为优势属。如图3-44所示，大型底栖动物分类单元数在1~31，平均为9，大型底栖动物分类单元空间分布整体上西部高东部低，中南部和东南部区域污染较重而单元数较低。伯杰–帕克优势度指数在0.17~1.00，均值为0.70。伯杰–帕克优势度指数空间异质性较明显，流域的东北部和西部山区及东部沿海地区伯杰–帕克优势度指数较低，反映水质较好，污染较轻；西北部山区地带底质以沙砾为主，不适于大型底栖动物栖息，种类较为单一，伯杰–帕克优势度指数较高；中南部和东南部平原区域污染较重，水质较差，出现了一些耐污种，伯杰–帕克优势度指数较高。EPTr-F指数在0~1.0，均值为0.14；BMWP指数得分在2.00~154.00，样点间得分差异较大，平均为37.77。EPTr-F指数和BMWP指数两者有很高的正相关性，而和伯杰–帕克优势度指数呈负相关，因此EPTr-F指数和BMWP指数两者空间部分情况同伯杰–帕克优势度指数相反。

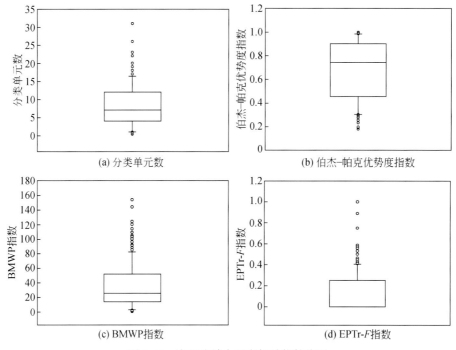

图3-44 海河流域大型底栖动物箱线图

（5）鱼类

参考涉及区域鱼类志（刘蝉馨，1987；李仲辉，1988；朱松泉，1995；孟庆闻等，1995；王所安等，2001；周才武和成庆泰，2001），海河流域春季鱼类调查共鉴定出10目15科43属59种。其中，鲤形目鲤科鱼类最多，达25种，占鱼类种数的42.4%；鳅科12种，占20.3%。鲈形目鰕虎鱼科6种，塘鳢科1种，丝足鲈科1种；刺鱼目刺鱼科1种；刺鳅科1种；鲇形目鲿科2种，鲇科1种；鳉形目鳉科1种；鲻形目鲻科1种；颌针鱼目鳅科 1 种；鲟形目鲟科 1 种；鲑形目银鱼科 1 种；合鳃鱼目合鳃鱼科 1 种。另有 3 种尚未鉴出。鲤科和鳅科是构成海河流域鱼类群的主要类群，主要优势种为达里湖高原鳅（*Triplophysa dalaica*）、鲫鱼（*Carassius auratus*）和铜鱼（*Coreius heterokon*）。如图 3-45 所示，鱼类分类单元数在 2 ~ 19，平均值为 9，鱼类分类单元数与海拔和河流水量有很大关系，在分布上，呈现高海拔（800m 以上）的山区分类单元数较低，如西北部、西部和东北部山区；低海拔（500m 以下）的丘陵和平原区域分类单元数较高，特别是入海口和一些水库，主要集中在东部平原区域。伯杰–帕克优势度指数在 0.17 ~ 1.04，平均值为 0.38，鱼类伯杰–帕克优势度指数受海拔和水量、底质影响较大，西北部、西部和东北部山区地带多为河流源头，底质以沙砾为主，鱼种较为单一，从而伯杰–帕克优势度指数较高；中部、中南部和东南部平原区域，特别是近海区域，水量较大，鱼种丰富从而伯杰–帕克优势度指数较低。香农–威纳多样性指数范围在 0.16 ~ 2.71，平均值为 2.02。香农–威纳多样性指数与伯杰–帕克优势度指数呈负相关，空间分布情况与伯杰–帕克优势度指数相反。

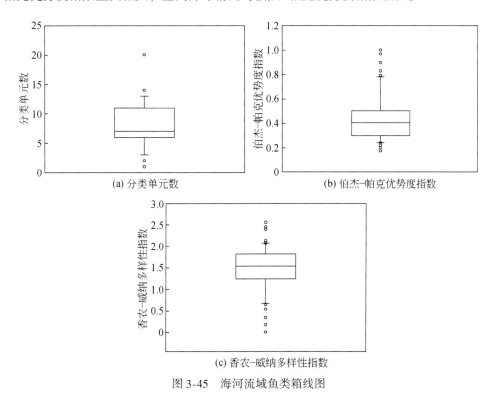

图 3-45　海河流域鱼类箱线图

3.3.3　评价方法

按照制订的流域水生态系统健康评价导则，确定海河流域水生态健康评价主要采用水质评价和生物评价。水质评价分为基本水体理化指标（EC、DO、COD$_{Cr}$）和营养盐指标（TP、TN、NH$_3$-N）。以《地表水环境质量标准》（GB 3838—2002）作为基本的参照标准，选取参照值标准为地表水Ⅰ类标准，临界值标准为地表水Ⅳ类标准，如果需要，可以依据当地生物对水质的需求，提高水质维持的标准。EC 标准没有国家标准可以参考，因此根

．．．．69

第 3 章　十大重点流域水生态系统健康评价

据海河流域水体调查，5月和9月加权平均值为2000，EC分布按前20%和后20%取值，参照值标准和临界值标准分别为500μS/cm和2000μS/cm。

水生生物指标包括浮游生物、大型底栖动物和鱼类。水生态健康评价的生物数据均参考刘保元等（1984）、Lenat（1988）等所提及的方法，分别确定相应的参照值和临界值。除BMWP指数外，均按照河流和湖泊分别进行计算，以95%分位数作为其参照值，以5%分位数作为其临界值。BMWP指数的参照值和临界值的确定，按照Hellawell（1986）所提及的方法，认为山区地区的参照值是131，临界值是1；平原地区的参照值是81，临界值是0。具体指标的参照值和临界值见表3-3。

表3-3　海河流域水生态系统健康评价指标参照值与临界值

指标类型	评价指标	适用性范围	参照值	临界值
基本水体理化	DO	所有样点	7.5mg/L	3mg/L
	EC	所有样点	500μS/cm	2000μS/cm
	COD$_{Cr}$	所有样点	15mg/L	30mg/L
营养盐	TP	河流样点	0.02mg/L	0.3mg/L
	TP	水库样点	0.01mg/L	0.1mg/L
	TN	所有样点	0.2mg/L	1.5mg/L
	NH$_3$-N	所有样点	0.15mg/L	1.5mg/L
藻类	分类单元数	所有样点	95%分位数	5%分位数
	香农–威纳多样性指数	所有样点	3	0
	伯杰–帕克优势度指数	所有样点	5%分位数	95%分位数
大型底栖动物	分类单元数	所有样点	95%分位数	5%分位数
	EPTr-F指数	所有样点	1	0
	BMWP指数	山区	131	1
		平原	81	0
	伯杰–帕克优势度指数	所有样点	5%分位数	95%分位数
鱼类	分类单元数	所有样点	95%分位数	5%分位数
	香农–威纳多样性指数	所有样点	3	0
	伯杰–帕克优势度指数	所有样点	5%分位数	95%分位数

根据确定的参照值和临界值，计算各评价指标数据值，然后按照相应的标准化方法进行标准化，各评估指标得分均按等权重相加，计算得到各指标得分，最后各指标得分按等权重相加计算综合指标得分。

3.3.4　评价结果

（1）基本水体理化评价结果

海河流域基本水体理化指标平均得分为0.50，其中极好和好的比例加和为53.05%，超过样点总数的50%，一般、差及极差的比例分别为10.37%、8.54%及28.04%（图3-46）。流域水生态健康呈一般状态，区域差异性明显。极好的点位都在西北部山区人口较为稀少的地带，好的点位主要集中在东北部山区河流源头区域，流域东南部水质评价结果为极差（图3-47），仅个别点位能达到好以上。

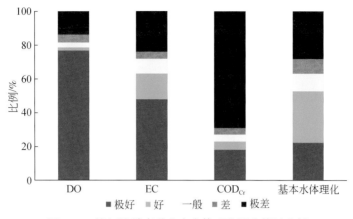

图 3-46　海河流域春季基本水体理化评价等级比例

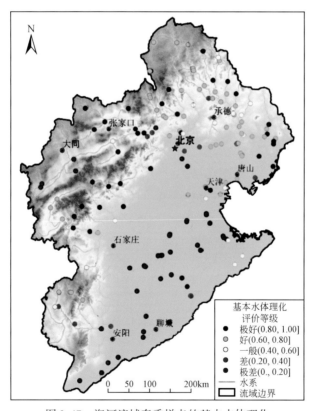

图 3-47　海河流域春季样点的基本水体理化

如图 3-46 所示，海河 COD_{Cr} 平均得分为 0.26，其中极好和好的比例加和为 23.17%，一般和差的比例占 7.93%，极差的比例为 68.90%，受人类活动影响，流域内污染较重造成 COD_{Cr} 严重超标。DO 平均值为 0.81，其中极好和好的比例加和为 78.66%，一般和差的比例均为 7.93%，极差的比例为 13.41%。EC 的平均值为 0.62，其中极好和好的比例加和为 63.41%，而一般、差及极差的比例分别为 8.54%、4.27% 和 23.78%。

(2) 营养盐评价结果

海河流域营养盐指标平均得分为 0.16，其中极好及好的比例加和为 0.61%，一般、差及极差的比例分别为 0.61%、44.51% 和 54.27%（图 3-48），说明水质营养盐性质在流域呈现极差状态，全流域呈现较为严重的富营养化，东北部区域得分大部分都为差，其余区域都为极差（图 3-49）。

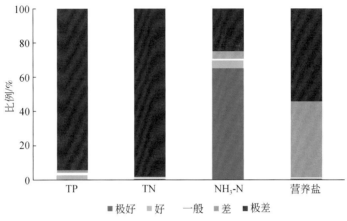

图 3-48 海河流域春季营养盐评价等级比例

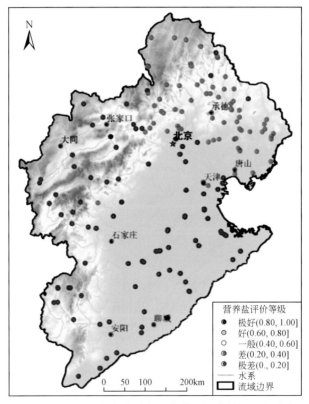

图 3-49 海河流域春季样点的营养盐评价等级空间分布

如图 3-48 所示，海河流域 TN 平均得分为 0.02，其中极好和好的比例为 1.22%，而一般、差的比例为 0.61%，极差的比例为 98.17%。TP 平均得分为 0.03，其中极好和好的比例加和为 2.44%，一般和差的比例为 3.05%，极差的比例为 94.51%。海河流域全流域受工业和农业面源污染较重，TN 和 TP 严重超标。NH_3-N 平均得分为 0.68，其中极好和好的比例分别为 65.24% 和 4.27%，一般、差及极差的比例分别为 1.22%、4.27% 和 25%。NH_3-N 除东北部和西北部山区一些点位得分为极好外，平原区域同样得分较低。

（3）藻类评价结果

海河流域浮游藻类评价平均得分为 0.46，其中极好及好的比例分别为 9.94% 和 22.36%，一般、差及极差的比例分别为 27.33%、25.46% 和 14.91%（图 3-50），浮游藻类的分级评价说明流域水生态健康呈一般状态。藻类得分异质性不明显，各个指标得分在流域分布较为均匀，除北京东部个别点位表现为极好外，整体得分为一般，但是在水质污染较为严重的东南部区域多数点位得分为极差和差；西南部区域漳河上游分类单元数得分和香农–威纳多样性指数得分较高，因此整体得分高，为极好和好（图 3-51）。

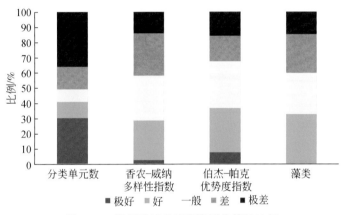

图 3-50　海河流域春季藻类评价等级比例

如图 3-50 所示，浮游藻类分类单元数平均得分为 0.47，其中极好和好的比例分别为 30.43% 和 10.56%，一般的比例为 8.07%，而差和极差的比例分别为 14.91% 和 36.03%，超过样点总数的 50%，藻类分类单元数除中南部平原地区外，总体来说分布较均匀。香农–威纳多样性指数平均得分 0.43，其中极好和好的比例分别为 2.48% 和 26.09%，一般、差及极差的比例分别占 29.19%、27.95% 和 14.29%，香农–威纳多样性指数空间分布异质性较强，较高的区域分布在流域的西部山区和东部平原沿海区域，较低的区域集中在西北部山区和中南部平原区域。伯杰–帕克优势度指数平均得分为 0.49，其中极好和好的比例分别为 7.45% 和 29.19%，接近样点总数的 40%，而一般、差及极差的比例分别为 31.06%、16.15% 和 16.15%，分布情况与香农–威纳多样性指数的分布相反。

（4）大型底栖动物评价结果

如图 3-52 所示，海河流域春季大型底栖动物极好和好的比例加和为 8.33%，差和极差的比例加和为 73.08%。海河流域春季大型底栖生物多样性低，评价结果整体为差，仅东北部少数点位得分为良好，水生态健康整体状态不容乐观，亟待恢复和治理（图 3-53）。

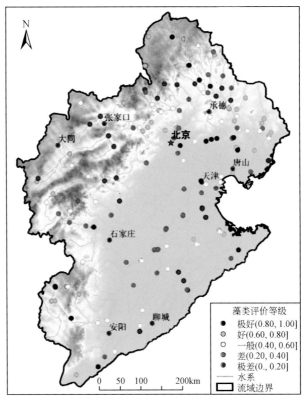

图 3-51 海河流域春季样点的藻类评价等级空间分布

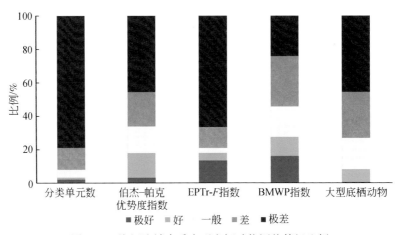

图 3-52 海河流域春季大型底栖动物评价等级比例

各个指标得分均较低, 无论是山区还是平原区域, 清洁指示种少, 种类单一且多为一些耐物种。大型底栖动物各样点分类单元数得分极好和好的比例分别为 1.92% 和 1.28%; 一般和差的比例为 17.95%, 极差的比例达到了 78.85%。全流域各样点伯杰-帕克优势度指数极好和好的比例分别为 3.21% 和 14.74%, 一般和差的比例加和为 36.54%, 极差的比例为 45.51%。全流域 EPTr-F 指数极好比例仅占 13.46%, 好和一般级别比例均为 4.48% 和 3.21%, 差和极差的比例加和为 78.85%, 可见全流域清洁指示种比例较小, 导

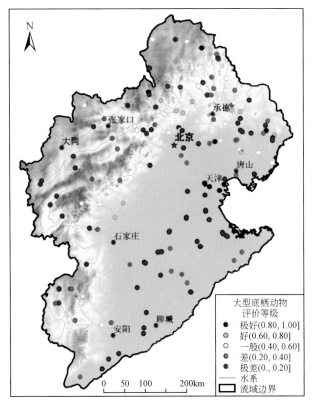

图 3-53　海河流域春季样点的大型底栖动物评价等级空间分布

致该项评估指标总体较差。全流域 BMWP 指数极好和好的比例分别为 16.03% 和 11.54%，一般、差和极差的比例分别为 17.95%、30.13% 和 24.35%，

（5）鱼类评价结果

海河流域鱼类分级评价的结果（图 3-54）显示，鱼类评估平均得分为 0.61，其中极好及好的比例分别为 26.22% 和 29.27%，超过样点总数的一半，一般、差及极差的比例分别为 20.73%、15.85% 和 7.93%，鱼类的分级评价说明流域水生态健康呈好状态。海河流域东南部区域污染较重，而鱼类整体得分较高，因此鱼类健康得分受水质影响较

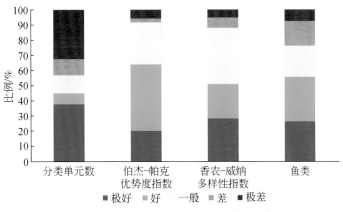

图 3-54　海河流域春季鱼类评价等级比例

小。流域整体表现为东南部平原区域为极好，东北部为好，北部为差，西部多为差和极差（图3-55）。

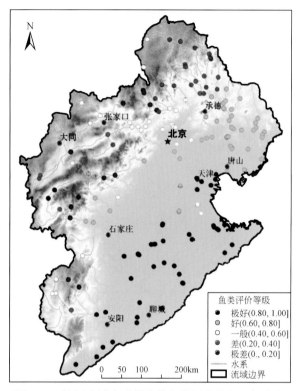

图3-55 海河流域春季样点的鱼类评价等级空间分布

全流域鱼类分类单元数平均得分为0.53，其中极好和好的比例分别为37.80%和7.32%，一般的比例为11.59%，而差及极差的比例分别为10.98%和32.31%。鱼类分类单元数在分布上呈现高海拔（800m以上）的山区分类单元数得分较低，主要在西北部、西部和东北部山区；低海拔（500m以下）的丘陵和平原区域分类单元数得分较高，特别是入海口和一些水库，主要集中在东部平原区域。伯杰-帕克优势度指数平均得分0.64，其中极好和好的比例分别为20.12%和43.90%，而一般、差及极差的比例分别为27.44%、2.44%和6.10%。鱼类伯杰-帕克优势度指数得分受海拔和水量、底质影响较大，西北部、西部和东北部山区地带多为河流源头，底质以沙砾为主，鱼种较为单一从而优势度得分较低。中部、中南部和东南部平原区域，特别是近海区域，水量较大，鱼种丰富从而优势度得分较高。香农-威纳多样性指数平均得分为0.64，其中极好和好的比例分别为28.66%和21.95%，超过样点总数的一半，而一般、差及极差的比例分别仅占37.80%、6.10%和5.49%。香农-威纳多样性得分与伯杰-帕克优势度指数得分呈负相关，空间分布情况与伯杰-帕克优势度指数得分分布相反。

（6）综合评价结果

通过对海河流域春季基本水体理化、营养盐、藻类、大型底栖动物和鱼类的综合评价得出：海河全流域综合评价平均得分为0.40，极好和好的比例分别为0和4.27%，不到样点总数的10%，一般的比例为47.56%，差和极差的比例占48.17%（图3-56），说明海河流域春季水生态系统健康整体呈一般状态。而从评价结果的空间分布特征来看，好的样点主要分布于燕山山地区和北部平原区，一般状况主要分布于太行山山地区，差和极差的样点主要分布于太行山山前平原和南部平原区（图 3-57）。

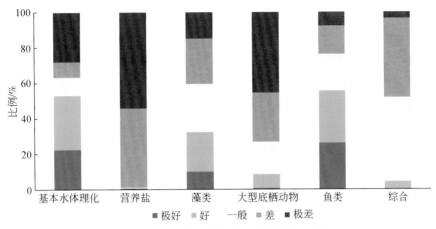

图 3-56 海河流域春季综合评价等级比例

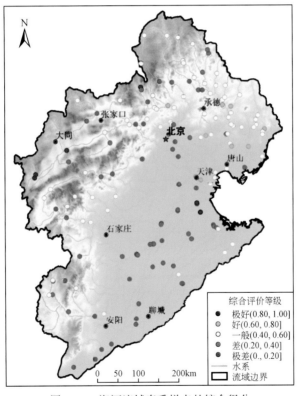

图 3-57 海河流域春季样点的综合得分

3.3.5 问题分析与建议

海河流域范围广，污染原因复杂，必须改变以往单一治水、管水，单一考虑某一功能的思路和做法，要集防洪、供水、环保、生态修复、景观、交通等多功能为一体综合考虑，从流域整体入手，站在提高生态系统整体服务功能的角度，构建水生态系统健康保护对策（Sun et al.，2013）。

（1）海河平原区水环境污染的"源控制"策略

海河流域水生态系统综合分析结果显示，东部平原地区的水生态系统健康指数较低，主要反映在水质污染严重，区域富营养化程度严重，导致部分水资源无法利用，且鱼类受污染影响严重，污染报道屡见不鲜，并引发多次水生态问题，如生物多样性降低。针对平原地区水质污染严重的问题，建议采取以下保护措施：①建立完善的城市污水、废水处理系统。平原地区城市密集，区域城市化和工业化程度高，产生大量有机污染物质，而建立完善的污水处理系统是减少城市水污染的一项重要措施。②平原区农村或者中小城镇的生活污水需要加以关注，相对于大型都市比较完善的技术、设备和政策等，都需要进一步完善。③改善部分地区的工业、企业废物处理技术。

（2）海河山区的水环境污染"汇控制"策略

虽然西部和西北部山区的水生态系统健康程度较平原区域高，但整个滏阳河系各项指标均较差，主要反映在工业污染方面。西部和北部山区有一些大型煤炭和钢铁企业，这些高污染型企业对水生态环境有重要负面影响，如峰峰矿区和大同矿区，是海河流域西部水生态风险最大的区域。建议采取如下措施：①加强山区矿业、企业排污监督检查，建立应对突发污染风险的紧急处理机制。促进企业技术改造，关闭一些技术落后的重污染企业，减少三废的排放量。②加强矿区复垦和植被恢复工作。对矿业、企业破坏的区域，及时采取植被恢复和复垦。

（3）海河流域的水生态管理机制创新

建议采取如下措施：①建立不同相关主体间的协调管理机制。海河流域水生态管理主体比较多，环保部门、水利部门、农业部门、建设部门都有涉及，即便有统一的协调机制也多在水利方面，环保、生态领域缺乏与水利系统的协调和沟通渠道，在数据共享、信息发布等方面均存在不足。②制订全面的技术规范，提高水生态环境标准。③海河流域水生态健康的保护工作还应靠公众积极参与。水生态健康报告卡即是便捷、有效的途径，需要建立类似的宣传技术和途径，使公众了解流域污染情况以及生态保护和修复进展，促进和监督流域水生态系统的健康发展。

3.4 淮河流域水生态系统健康评价

3.4.1 流域基本概况

淮河流域地处我国东部地区，位于 111°55′E ~ l22°45′E、30°55′N ~ 38°20′N，流域长度为 1000km，流域跨豫、皖、苏、鲁 40 个市（地）163 个县（市），总面积约 27 万 km²，由淮河和沂–沭–泗两大水系组成，废黄河以南为淮河水系，以北为沂–沭–泗水系。

流域山区平均海拔为 300 ~ 3500m，相对高程为 200 ~ 1000m；丘陵区海拔为 50 ~ 300m，相对高程为 50 ~ 100m；平原区平均海拔为 2 ~ 100m，相对高程小于 20m。流域内主要地貌形态是平原和洼地,其次是山区和丘陵,再次为台地(岗地)。流域西、南、东北部为山区和丘陵区,约占总面积的1/3;其余为平原、湖泊和洼地,约占2/3。

流域多年平均降水量约为888mm,年平均气温为11~16℃,年径流量为452万 m^3。多年平均地表水资源量为621亿 m^3,地下水资源量为374亿 m^3,扣除两者之间重复计算量141亿 m^3,水资源总量为854亿 m^3。近年来,淮河流域兴建了大量蓄水、引水、提水等水利工程,为流域工农业生产和人民生活等提供用水。

淮河流域的主要土壤有潮土、砂姜黑土、水稻土、棕壤、粗骨土及褐土6个类型,其中潮土面积最广,为9.776万 km^2,占流域总面积的36.21%。淮河流域植被可分为两个植被地带,淮河以南属北亚热带常绿阔叶与落叶阔叶混交林地带,以北属暖温带落叶阔叶林地带。

在淮河流域,农田在土地利用类型中占主导地位,约占流域面积的67.5%;聚居地次之,占16.2%;林地所占比例分别为9.3%;水体所占面积约为6.9%。此外,还有少量裸地存在,在整个流域中所占面积不足0.1%。

2011年,流域内人口为1.8亿人,人口密度为669人/ km^2,国内生产总值(GDP)为2.81万亿元,三大产业在国内生产总值中分别占24%、45%和31%,产业结构呈现二、三、一排列,具有明显的工业化发展特征。

淮河流域水环境问题突出表现在:①淮河流域水生态系统严重恶化。该流域降水时空分布不均,洪涝灾害频发,生态环境恶劣,环境容量十分有限。流域内水资源量占全国的3.4%,而废水及主要水污染物COD排放量分别占全国的8.4%、7.8%。流域人口密度超过600人/ km^2,是全国平均人口密度的4倍多,居全国七大江河之首。沿淮四省经济技术水平和产业层次都比较低,经济发展需求与有限的环境容量之间矛盾突出。②生态基流严重缺乏。目前,淮河流域有大小水库5700多座(总库容约260亿 m^3),其中大型水库36座(总库容约187亿 m^3)。此外,还建有大小闸坝5000多个。淮河多年平均水资源总量约为800亿 m^3,总用水量为530亿 m^3,水资源开发利用率超过60%。流域内过多的闸坝建设改变了水的时空分布,难以维持生态基流,水体自净能力减弱,汛期泄洪时,闸坝上积蓄的高浓度污水集中下泄,常常引发水污染事故。淮河沿岸农田灌溉多沿用传统方式,灌溉利用系数低。工业用水重复利用率不到30%,利用效率低下,浪费严重。

3.4.2 评价数据来源

淮河流域水生态系统调查在2013年5月进行,设置采样断面221个,调查指标包括水化学样品、藻类、大型底栖动物等(图3-58)。

(1)基本水体理化

淮河流域内各河流水系的 COD_{Mn} 含量差异较大,北部地区水体总体高于南部地区, COD_{Mn} 含量在0~125.4mg/L,平均含量为21.48mg/L(图3-59),达到了Ⅳ类水水平,其中最高含量值出现在淮河流域的贾鲁河子流域。淮河流域全流域DO含量在0.46~11.38mg/L,平均含量为4.99mg/L,介于Ⅲ类水和Ⅳ类水之间。全流域EC在28.4~16 500μS/cm,平均值为1107.74μS/cm。

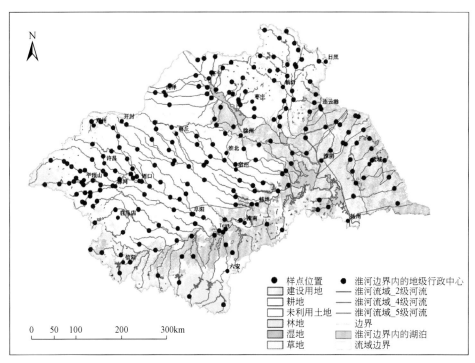

图 3-58　淮河全流域野外调研样点分布

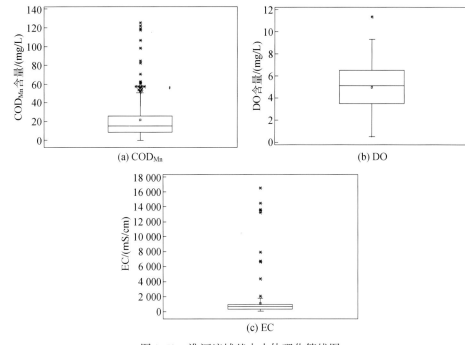

图 3-59　淮河流域基本水体理化箱线图

（2）营养盐

如图 3-60 所示，淮河流域 TN 含量在 0～41.50mg/L，平均含量为 3.97mg/L，其中 TN

的最高值出现在淮河流域东部的连云港地区（达 41.50mg/L），其次是贾鲁河子流域（达 19.40mg/L）。淮河干流 TN 含量从上游至下游逐渐降低，中上游平均含量约为 2.70mg/L，多为 Ⅴ 类～劣 Ⅴ 类水体，下游地区平均含量约为 0.85mg/L，多为Ⅱ类和Ⅲ类水体。NH_3-N 含量在 0～11.99mg/L，平均含量为 0.92mg/L，贾鲁河子流域 NH_3-N 含量总体最高，平均为 2.16mg/L，基本为 Ⅴ 类～劣 Ⅴ 类水体，部分河段 NH_3-N 含量可达 8.69mg/L。淮河干流地区 NH_3-N 含量总体较低，平均含量为 0.45mg/L，多为 Ⅰ 类和 Ⅱ 类水体。淮河流域 TP 含量在 0.02～12.82mg/L，平均含量为 1.30mg/L，流域内最高 TP 含量出现在流域西北部河南境内的贾鲁河子流域，平均含量为 2.98mg/L，部分河段高达 12.82mg/L，为 Ⅴ 类～劣 Ⅴ类水体。

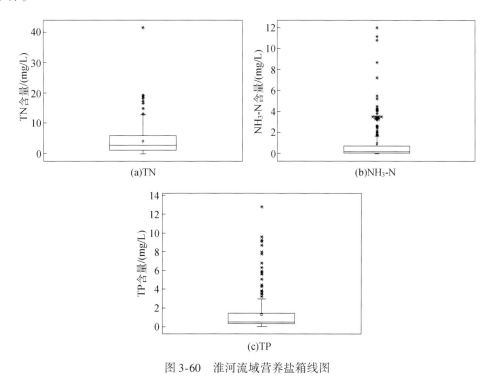

图 3-60　淮河流域营养盐箱线图

（3）藻类

经鉴定着生藻类有 261 种，隶属于 8 门 120 属。其中，绿藻门种类最多，为 49 属 132 种；硅藻门次之，为 36 属 58 种。如图 3-61 所示，着生藻类的分类单元数在 1～53，平均为 21.65；伯杰-帕克优势度指数在 0.15～1.00，平均为 0.39；香农-威纳多样性指数在 0～4.12，平均为 2.74。

（4）大型底栖动物

淮河流域共调查到大型底栖动物 25 分类阶元，隶属于 3 门 5 纲。其中，环节动物 4 种，占总分类阶元的 16%；软体动物 18 种，占总分类阶元的 72%；节肢动物有 3 个分类阶元，占总分类阶元的 12%。如图 3-62 所示，大型底栖动物分类单元数在 1～27，平均为 5.71；伯杰-帕克优势度指数在 0.17～1.00，平均为 0.61；BMWP 指数在 0～50，平均为 4.64。

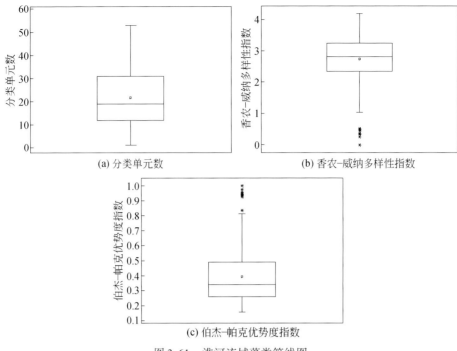

(a) 分类单元数

(b) 香农-威纳多样性指数

(c) 伯杰-帕克优势度指数

图 3-61　淮河流域藻类箱线图

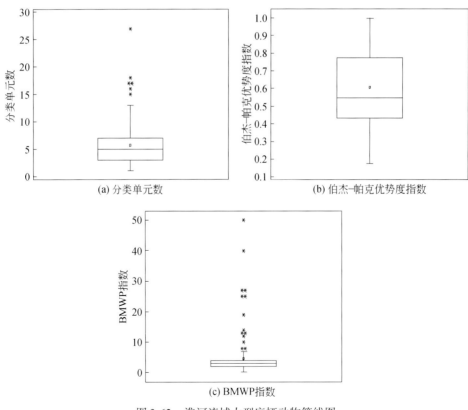

(a) 分类单元数

(b) 伯杰-帕克优势度指数

(c) BMWP指数

图 3-62　淮河流域大型底栖动物箱线图

3.4.3 评价方法

选取能反映水体化学、水生生物等状态的指标作为水生态健康评价的指标。水体理化指标和营养盐指标参照《地表水环境质量标准》（GB 3838—2002），参照值参照地表水 I 类标准，临界值参照地表水 IV 类标准，其中 EC 参照辽河流域评价标准。在水生生物评价指标中，具体对策是以 95% 分位数为分类单元数参照值，以 5% 分位数为临界值，着生藻类计算出的数值分别为 41 和 6.55，而大型底栖动物为 12 和 1。根据我国具体情况，用生物多样性指数评价水质时其标准为：指数值大于 3 为清洁水体；3~2 为轻度污染；2~1 为中度污染；小于 1 为重污染；0 为严重污染（刘保元等，1984），考虑淮河具体情况，确定着生藻类香农–威纳多样性指数参照值为 3，临界值为 0。伯杰–帕克优势度指数则以 95% 及 5% 分位数进行标准化。大型底栖动物 EPTr-F 指数以及 BMWP 指数的参照值和临界值见表 3-4，其具体确定依据参考文献（Penrose，1985；Lenat，1988；Bond et al.，2011；Hellawell，1986）。

表 3-4 淮河流域水生态系统健康评价指标参照值与临界值

指标类型	评价指标	适用性范围	参照值	临界值
基本水体理化	DO	所有样点	7.5mg/L	3mg/L
	EC	所有样点	400μS/cm	1500μS/cm
	COD_{Mn}	所有样点	15mg/L	30mg/L
营养盐	TP	所有样点	0.02mg/L	0.30mg/L
	TN	所有样点	0.20mg/L	1.50mg/L
	NH_3-N	所有样点	0.15mg/L	2.00mg/L
藻类	分类单元数	所有样点	41	6.55
	香农–威纳多样性指数	所有样点	3	0
	伯杰–帕克优势度指数	所有样点	5% 分位数	95% 分位数
大型底栖动物	分类单元数	山区		
		平原	12	1
	EPTr-F 指数	山区	0.48	0
		平原	0.17	0
	BNWP 指数	山区	131	0
		平原	81	0
	伯杰–帕克优势度指数	所有样点	5% 分位数	95% 分位数

根据确定的参照值和临界值，计算各指标数据值，然后按照相应的标准化方法进行标准化，最后各类指标得分均按等权重相加，计算得到各指标得分，最后计算综合指标得分。样点综合得分=（基本水体理化得分+营养盐得分+藻类得分+大型底栖动物得分）/4。鉴于 DO（水质）、NH_3-N（营养盐）在河流健康评价中的重要作用，一旦两者中任一值达到临界值，则该因子所在组总分默认为"极差"。由于鱼类指标数据不全，本次淮河流域水生态健康评价暂不考虑鱼类指标。

3.4.4 评价结果

(1) 基本水体理化评价结果

整体来说，淮河流域的基本水体理化得分为 0.72，其中极好、好、一般、差、极差的比例分别为 43.3%、28.1%、17.5%、6.0%、5.1%（图 3-63），其健康状态处于良好水平。主要特征是淮河流域北部地区的基本水体理化状况要优于南部地区，上游的基本水体理化状况要优于中下游。此外，河南省内淮河各支流的有机污染程度要明显高于安徽省内，其中以贾鲁河子流域和沙颍河子流域最为严重（图 3-64）。

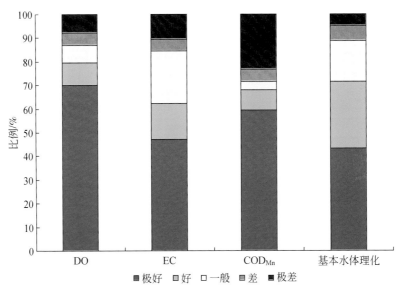

图 3-63 淮河流域基本水体理化评价等级比例

如图 3-63 所示，淮河流域 COD_{Mn} 平均得分为 0.68，其中极好、好、一般、差、极差的比例分别为 59.5%、8.4%、3.7%、5.1%、23.3%，表明淮河流域整体的有机污染情况较轻。从其空间分布来看，各河流水系的 COD_{Mn} 差异很大，北部地区水体总体高于南部地区，其中南四湖子流域和贾鲁河子流域有机污染水平较严重。DO 平均得分为 0.82，其中极好、好、一般、差、极差的比例分别为 70%、9.7%、7.4%、5.1%、7.8%，表明淮河流域的水体具有较强的自净能力。EC 平均得分为 0.69，其中极好、好、一般、差、极差的比例分别为 47.1%、15.4%、22.1%、4.8%、10.6%。

(2) 营养盐评价结果

整体来说，淮河流域的营养盐得分为 0.34，其中极好、好、一般、差、极差的比例分别为 66.0%、8.4%、5.1%、2.3%、18.2%（图 3-65），健康状态处于较差水平。淮河流域各营养盐的空间分布受地质、水文、人类活动强度影响呈不同分布趋势，但各指标在淮河水系的变化趋势有一定相似性。总体而言，淮河流域北部地区的水体营养盐指标总体高于南部地区，上游水体营养盐含量高于中下游（图 3-66）。

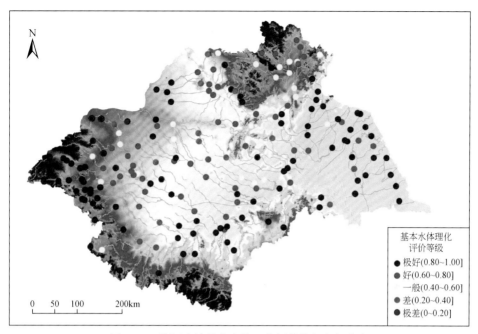

图 3-64　淮河流域基本水体理化评价等级空间分布

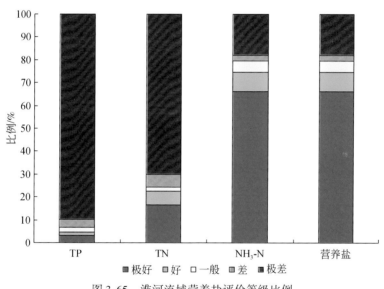

图 3-65　淮河流域营养盐评价等级比例

　　如图 3-65 所示，TP 得分为 0.07，其中极好、好、一般、差、极差的比例分别为 3.3%、1.4%、1.9%、3.7%、89.7%，表明淮河流域的 TP 污染情况较为严重，健康水平极差，具体表现为北面高南部低、西部高东部低。流域内最高 TP 含量出现在位于流域西北部的贾鲁河子流域，与当地人为干扰剧烈、各类污水未经处理直接入河排放有关。TN 的平均得分为 0.23，其中极好、好、一般、差、极差的比例分别为 16.3%、6.1%、1.9%、5.6%、70.1%，表明淮河流域 TN 的污染情况也十分严重，除了下游部分地区污

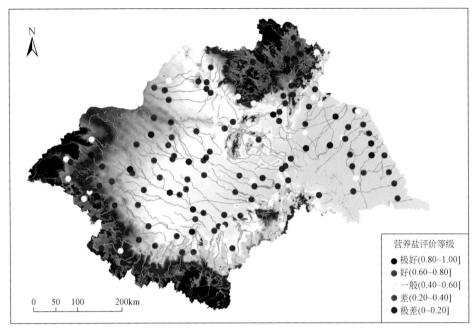

图 3-66　淮河流域营养盐评价等级空间分布

染较轻，其余河段 TN 污染均严重超标。NH$_3$-N 平均得分为 0.74，其中极好、好、一般、差、极差的比例分别为 66.0%、8.4%、5.1%、2.3%、18.2%，污染水平相对较低，污染多集中在贾鲁河子流域。

（3）藻类评价结果

整体来看，淮河流域着生藻类平均得分为 0.64，其中极好、好、一般、差、极差的比例分别为 22.2%、38.2%、30.6%、5.7%、3.3%（图 3-67），其健康状态处于好水平，藻类分类单元数相对不高，但多样性指数较高，表明物种多样性较高（图 3-68）。

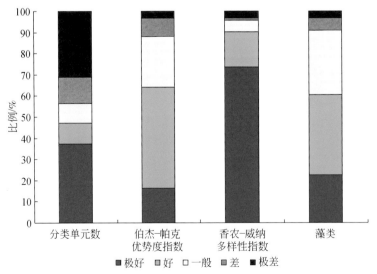

图 3-67　淮河流域藻类评价等级比例

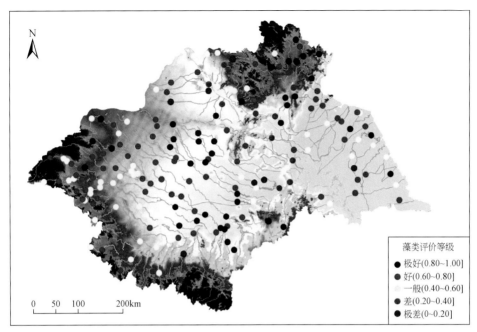

图 3-68　淮河流域藻类评价等级空间分布

如图 3-67 所示，藻类分类单元数平均得分为 0.53，其中极好、好、一般、差、极差的比例分别为 37.3%、9.9%、9.4%、12.3%、31.1%，表明淮河流域藻类分类单元数相对不高，主要是因为强烈的人为干扰导致水体污染严重，不适宜着生藻类生存。伯杰-帕克优势度指数平均得分 0.62，其中极好、好、一般、差、极差的比例分别为 16.0%、48.6%、23.6%、8.5%、3.3%，表明淮河流域藻类优势种地位较为突出，整个流域优势度指数的空间差异性较强。香农-威纳多样性指数分级评价结果显示，香农-威纳多样性指数平均得分为 0.86，其中极好、好、一般、差、极差的比例分别为 73.6%、16.5%、5.7%、0.9%、3.3%，表明淮河流域的藻类数量较为丰富，水体污染程度相对较低。

（4）大型底栖动物评价结果

整体来说，淮河流域的大型底栖动物指标得分为 0.23，其中极好、好、一般、差、极差所占比例分别为 0、3.7%、4.4%、50%、41.9%（图 3-69），其健康状态处于较差水平（图 3-70）。流域大型底栖动物物种较少，生物多样性低，清洁指示种少，水生态健康整体状态不容乐观，亟待恢复和治理。

如图 3-69 所示，大型底栖动物分类单元数平均得分为 0.4，其中极好、好、一般、差、极差所占比例分别为 15.1%、7.9%、23.7%、25.9%、27.4%，表明淮河流域的大型底栖动物分类单元数相对较少，物种种类相对较少。伯杰-帕克优势度指数平均得分为 0.61，其中极好、好、一般、差、极差所占比例分别为 1.4%、16.5%、41.9%、15.7%、24.5%，表明淮河流域大型底栖动物优势种地位较为突出，整个流域优势度指数的空间差异性较强。全流域大型底栖动物 EPTr-F 指数平均得分为 0.02，其中极好、好、一般、差、极差所占比例分别为 1.4%、16.5%、38.9%、18.7%、24.5%，表明 3 个物种的物种数之和占全流域总物种数的比例较小。大型底栖动物的 BMWP 指数平均得分为 0.06，其中

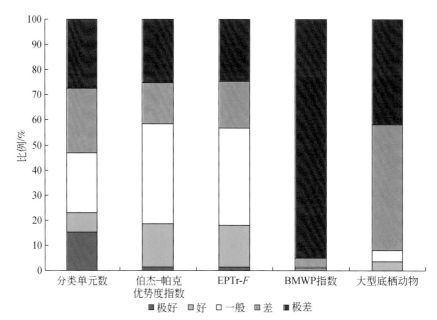

图 3-69　淮河流域大型底栖动物评价等级比例

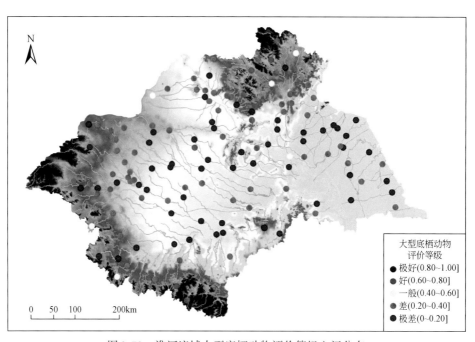

图 3-70　淮河流域大型底栖动物评价等级空间分布

极好、好、一般、差、极差所占比例分别为 0、0.7%、0.7%、3.6%、95%，表明淮河流域的物种耐污能力较差。

（5）综合评价结果

通过对淮河流域基本水体理化、营养盐、藻类、大型底栖动物的综合评价得出，淮河全流域综合评价平均得分为 0.52，极好和好的比例分别为 0.5% 和 29.5%，超过全部样点的 1/4，一般的比例为 49.8%，差和极差的比例占 18.9% 和 1.4%（图 3-71），说明淮河流域水生态系统健康整体呈一般状态。从评价结果的空间分布特征来看，极好和好的样点主要分布于淮河流域西部及南部，一般状况主要分布于淮河主干道，差和极差的样点主要分布于主干道的部分河段（图 3-72）。

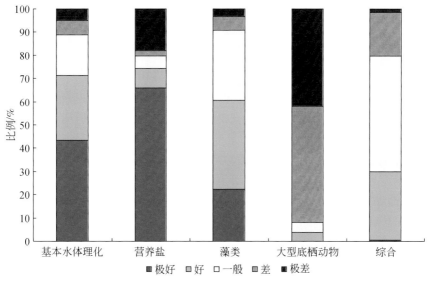

图 3-71　淮河流域水生态系统综合评价等级比例

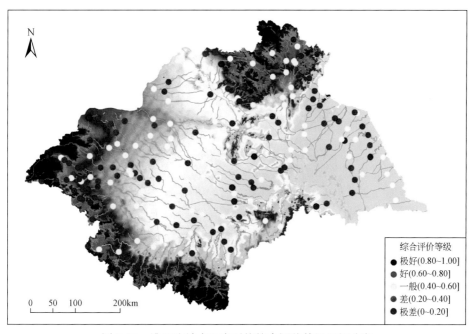

图 3-72　淮河流域水生态系统综合评价等级空间分布

3.4.5 问题分析与建议

由于淮河流域的健康状态具有较大的空间异质性，因此，针对处于不同健康状态的区域需采取不同的管理措施。基于健康评价结果，提出以下存在问题及相应的建议。

1）上游桐柏山-农田-平原河流-水生态亚区（RDⅠ1）主要为平原地区，农业发达，水生态健康评价等级处于一般水平。该区域是淮河流域重要的水源涵养区，区域内的河流主要受到两种类型人类活动的干扰：一是沿淮河干流的采沙活动；二是农业发展和快速城镇化的影响。为保护该区域的水质，有必要清除产生水环境问题的违章建筑、工业污水、生活污水和污水处理厂的排污口，采沙场等，同时适当控制该区域上游地区的居住密度。

2）上游大别山-森林-山区河流-水生态亚区（RDⅠ2）多为山地，水生态健康评价等级较高，达到好水平。但该地区水土流失较为严重，崩塌、滑坡、泥石流偶有发生，同时也是淮河流域酸雨最频繁的地区。因此，该亚区要注意保护天然林地，防止乱砍滥伐。

3）中游淮南平原-农田-山区河流-水生态亚区（RDⅠ3）主要由平原和台地构成，水生态健康评价等级为一般。该地区农业发达，是主要的产业类型，因施用农药化肥造成的面源污染引起该区不同程度的水质污染和水体富营养化。因此，调整该地区的产业结构，控制化肥的使用量和使用效率，是实现该区水生态健康管理的必要途径。

4）上游伏牛山-森林-山区河流-水生态亚区（RDⅡ1）水生态健康评价等级为一般。该区面临的水生态问题较为严峻，大部分河段污染较为严重，包括农业面源污染和工业点源污染。因此，需要控制化肥和农药的施用量，提高使用效率，同时调整产业结构，减少工业点源污染，设立专门的废水和生活垃圾处理站。

5）中游淮北平原-农田-平原河流-水生态亚区（RDⅡ2）主要为平原河流生态系统，水生态健康评价等级较低。该区域水体富营养化程度较严重，河岸带的自然完整性较差，河道大都被人工修整，弯曲度低，农业面源污染严重，故建议开展河道整治工程，推广人工湿地技术，提高河流自净能力，同时控制排入河流污染物的总量，减少人类活动对河流生态系统的干扰。

6）中游洪泽湖-湿地-湖泊/平原河流-水生态亚区（RDⅡ3）水生态健康评价等级为一般。该地区河岸带受人为干扰较大，沿河岸有大量堤坝围堰，不利于鱼类洄游和水体物质能量的交换。建议保护洪泽湖国家湿地公园作为重要水源地的功能，维持其作用，加快退耕还湖、还湿工程，扩大库容，打通阻碍水流的堤坝围堰等，恢复江河、湖、沼一体化的水文格局，保护鱼类洄游河道，并大力推广清洁生产，科学施用化肥和农药。

7）下游里下河-沼泽湿地-平原河流-水生态亚区（RDⅢ1）水生态健康评价等级处于一般水平。该区域是淮河流域重要的物种保护区，近年来由于经济发展加快、人为活动加剧，湿地退化，湖泊面积缩小，水环境健康面临不同程度的退化，因此要保护和维护良好的水生态系统需采取退耕还湖、退渔还湿等措施，改善和恢复高邮湖地区的水生态系统和里下河地区的湿地资源。

8）下游沿海-滨海湿地-平原河流-水生态亚区（RDⅢ2）为平原地区，其水生态健康评价等级为好。该区域河网较多，拥有各类大型沼泽湿地，也是淮河流域重要的物种保护区之一。该地区面临的主要问题及建议：沿海滩涂及毗邻平原土壤盐渍化严重，沿海滩涂、湿地面积日益减少，生物多样性遭到破坏。应在保护水生态系统健康良性发展的基础上，对不同区域采取不同的开发策略。

9）南四湖–湿地–湖泊/平原河流–水生态亚区（RDⅣ1）水生态健康评价等级为一般。该区域覆盖南四湖大部分区域，是淮河流域重要的湿地资源和物种保护区，但该区水质状况较差，主要是受到严重的农业面源污染及日益加剧的工业点源污染影响。因此，应改变产业体制，发展生态农业、有机农业，减少农业面源污染，同时应针对工业污染在其周边地区设立污水处理厂和垃圾处理站，严禁废水未经处理直接偷排入河湖中。

10）沂蒙山–森林–山区河流–水生态亚区（RDⅣ2）水生态健康评价等级处于一般水平。该区域是重要的沂蒙山区水源涵养地和重要的地表水源地，但天然植被被破坏殆尽，是淮河流域水土流失最严重的地区。针对这一系列问题，要大力保护沂蒙山区以森林为主的自然植被，维护该区自然的河流生境对保持水土、维持健康的水源涵养地有重要作用。

11）骆马湖–湿地–湖泊/平原河流–水生态亚区（RDⅣ3）水生态健康评价等级为一般水平。该区域主要为沂沭泗地区的沂河水系，江苏省四大湖之一的骆马湖也在此亚区内，湿地资源较丰富，是淮河流域重要的物种保护区。近年来该亚区水体富营养化程度较高，针对这个问题，首先应严格控制工业点源污染，设立专门的污水处理场所；其次应控制农药用量，提高使用效率，发展生态农业；最后应控制和逐步减少围网养殖的面积。

12）新沂河–农田–平原河流–水生态亚区（RDⅣ4）水生态健康评价等级处于一般水平。该地区面临的主要生态问题及建议措施为：①连云港周边地区的快速发展和城镇化，大量生活和工业污水排入湖中，应在周边设立污水、垃圾处理站，严禁废水未经处理直接偷排入河；②该区是农田集中区，农田施肥后有一部分的氮从农田进入河流，农业面源污染严重，应尽力发展生态农业、有机农业，提高农肥的利用率，减少农业面源对水体的污染。

3.5 黑河流域水生态系统健康评价

3.5.1 流域基本概况

黑河是我国西北地区第二大内陆河，发源于祁连山中段，位于98°E~101°30′E，38°N~42°N，涉及青海、甘肃、内蒙古三省（自治区），流经青海省的祁连县，甘肃省的肃南、山丹、民乐、临泽、高台、金塔等和内蒙古自治区的额济纳旗。黑河流域由东、中、西三个独立的子水系构成，流域面积为14.29万km²。

黑河流域地势南高北低、地形复杂，按海拔和自然地理特点分为上游祁连山地、中游走廊平原和下游阿拉善高原3个地貌类型区。祁连山地位于青藏高原的北缘，地势高峻，山峰海拔在4000m以上，山脚海拔一般在2000m左右。走廊平原位于河西走廊中段，地势平坦开阔，海拔为1000~2000m。黑河干流下游是巨大的弱水洪积冲积扇，分布有古日乃湖、古居延泽、东西居延海等一系列湖盆洼地和广阔的沙漠、戈壁。

黑河流域地处欧亚大陆腹地，远离海洋，属极强大陆性气候。流域气候特点具有明显水平分带的差异，祁连山地属高寒半干旱气候，降水相对较多，是全流域的产流区，气温较低，最低可达-28℃。走廊平原属温带，年均温度为6~8℃，年降水量为110~370mm。阿拉善高原属荒漠干旱区和极端干旱亚区，年降水量极少（40~54mm），年蒸发量极大（2200~2400mm）。黑河流域年平均径流量为36.7亿m³。

黑河流域土地利用总体以未利用地为主，未利用地面积为8.56万km²，占流域面积的67.17%。在未利用地类型中以戈壁为主，面积为4.92万km²；其次为草地，面积为2.63万km²，占流域总面积18.40%。

2011年，流域内人口为344.92万人，总人口密度约为8人/km²，国民生产总值（GDP）为1213.51亿元，三大产业在国民生产总值中分别占50.3%、16.0%和33.7%。

3.5.2 评价数据来源

2013年7月在黑河流域共布置了85个样点进行水生态系统调查（图3-73）。调查指标包括水化学样品、浮游藻类、底栖动物、鱼类等。

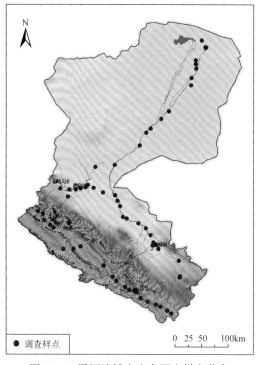

图3-73 黑河流域水生态调查样点分布

（1）基本水体理化

黑河流域 DO 含量在 3.00~15.60mg/L，平均含量为 7.90mg/L。EC 在 0.20~9.70mS/cm，平均值为 1.20mS/cm。COD_{Mn} 含量在 1.10~10.30mg/L，平均含量为 3.83mg/L。全流域盐度含量在 0.20‰~12.30‰，平均含量为 1.00‰。全流域 SS 含量在 0~608.00mg/L，平均含量为 82.30mg/L。

（2）营养盐

黑河流域 TP 含量在 0.01 ~ 0.76mg/L，平均含量为 0.14mg/L；TN 含量在 0 ~ 3.52mg/L，平均含量为 0.95mg/L；NH_3-N 含量在 0 ~ 2.48mg/L，平均含量为 0.27mg/L。

（3）藻类

经鉴定，黑河流域共有浮游藻类 231 种，分属于 8 门 11 纲 23 目 44 科 91 属。其中硅藻门物种种类最多，为 11 科 23 属 98 种，占总种数的 42.42%；绿藻门次之，为 15 科 32 属 55 种，占总种数的 23.81%；蓝藻门为 10 科 21 属 42 种，占总种数的 18.18%；其余各门为：金藻门 2 科 2 属 5 种、黄藻门 3 科 4 属 9 种、甲藻门 1 科 1 属 6 种、裸藻门 1 科 6 属 13 种、隐藻门 1 科 2 属 3 种，分别占总物种数的 2.16%、3.90%、2.60%、5.63% 和 1.30%。全流域浮游藻类分类单元数在 0 ~ 45.00，平均值为 11.07。伯杰–帕克优势度指数为 0.06 ~ 1.00，平均值为 0.32。香农–威纳多样性指数为 0 ~ 4.83，平均值为 2.81。

（4）大型底栖动物

经鉴定，黑河流域大型底栖动物共计 33 种，隶属腹足纲、寡毛纲、环带纲、昆虫纲、软甲纲和蜘蛛纲 6 纲，其中昆虫纲 25 种，占种类总数的 75.76%；腹足纲 2 种，占种类总数的 6.06%；寡毛纲 2 种，占种类总数的 6.06%；软甲纲 2 种，占种类总数的 6.06%；环带纲 1 种，占种类总数的 3.03%；蜘蛛纲 1 种，占种类总数的 3.03%。全流域大型底栖动物分类单元数在 0 ~ 11.00，平均值为 4.38。香农–威纳多样性指数在 0 ~ 1.82，平均值为 0.77。伯杰–帕克优势度指数在 0 ~ 1.00，平均值为 0.68。EPTr-F 指数在 0 ~ 1.00，平均值为 0.24。BMWP 指数在 0 ~ 62.00，平均值为 22.80。

（5）鱼类

经鉴定，在黑河流域共调查到 17 种鱼类，其中 13 种为野生种类，人工养殖的有 6 种。野生种类有花斑裸鲤、棒花鱼、鲫和鲤 4 种鲤科鱼类和东方高原鳅、黑体高原鳅、忽吉图高原鳅、斯氏高原鳅、武威高原鳅、硬鳍高原鳅和酒泉高原鳅 7 种高原鳅属种类、鰕虎鱼科种类鰕虎鱼 1 种以及泥鳅 1 种。人工养殖的为鳙、草鱼、鲢、鲤和鲫等 6 种。全流域各样点分类单元数均值为 1.71，香农–威纳多样性指数平均值为 0.36，伯杰–帕克优势度指数平均值为 0.89。

3.5.3 评价方法

按照制订的流域水生态系统健康评价导则，结合黑河流域水生态调查结果，确定黑河流域的水生态健康评价指标包括水体化学指标和水生生物指标。其中水体化学指标包括基本水体理化指标和营养盐指标；水生生物指标包括藻类指标、大型底栖动物指标和鱼类指标。

参与水生态健康评价的水质数据，按照《地表水环境质量标准》(GB 3838—2002)，确定临界值为地表水 V 类标准，参照值为地表水 III 类标准。参与水生态健康评价的生物数据均参考刘保元等（1984）、Penrose（1985）、Lenat（1988）及 Bond 等（2011）所提及的方法，分别确定相应的参照值和临界值。多个指标以 95% 分位数作为其参照值，以 5% 分位数作为其临界值。具体指标的参照值和临界值见表 3-5。

表 3-5　黑河流域水生态系统健康评价指标参照值与临界值

指标类型	评价指标	范围	参照值	临界值
基本水体理化	EC	全流域	600μS/cm	2000μS/cm
	DO	全流域	7.5mg/L	3.0mg/L
	盐度	全流域	0.20mg/L	2.34mg/L
	COD_{Mn}	全流域	2mg/L	10mg/L
	SS	全流域	1mg/L	344mg/L
营养盐	TN	全流域	0.2mg/L	1.5mg/L
	TP	全流域	0.02mg/L	0.3mg/L
	NH_3-N	全流域	0.15mg/L	1.5mg/L
藻类	分类单元数	全流域	39.5	0
	香农–威纳多样性指数	全流域	3	0
	伯杰–帕克优势度指数	全流域	0.15	0.48
大型底栖动物	分类单元数	全流域	3	0
	BMWP 指数	全流域	23.2	2
	EPTr-F 指数	全流域	45.53%	15.18%
	伯杰–帕克优势度指数	全流域	0.45	1.00
鱼类	分类单元数	全流域	4	0
	香农–威纳多样性指数	全流域	1.54	0
	伯杰–帕克优势度指数	全流域	0.51	1.00

根据确定的参照值和临界值，计算各指标数据值，然后按照相应的标准化方法进行标准化，各类指标得分均按等权重相加，计算得到各指标得分，最后按如下公式计算样点健康评价综合得分。

每个点的水生态系统健康 = （基本水体理化分数×2/15）+ （营养盐分数×2/15）+ （藻类分数×3/15）+ （大型底栖动物分数×4/15）+ （鱼类分数×4/15）

3.5.4　评价结果

（1）基本水体理化评价结果

整体来说，黑河流域基本水体理化指标平均得分为 0.81，其中极好及好的比例分别为 61.30% 和 24.20%（图 3-74），超过样点总数的 85%，其主要特征是流域上游基本水体理化健康状态较好，受人类活动干扰较大的中、下游部分区域的基本水体理化健康状态较差（图 3-75）。

如图 3-74 所示，黑河流域 DO 平均得分为 0.83，其中极好和好的比例分别为 57.10% 和 26.80%，超过样点总数的 80%，表明黑河流域的水体具有一定的自净能力。从其空间分布来看，DO 含量低的区域主要集中在受人类活动干扰较大的中、下游区域（图 3-75）。COD_{Mn} 平均得分为 0.77，其中极好和好的比例分别为 66.10% 和 14.30%，超过样点总数的 80%，表明黑河流域的有机污染情况相对较轻，其健康水平相对较高。COD_{Mn} 得分低的区域主要集中在受人类活动干扰较大的中、下游区域（图3-75）。原因是 EC 的平均得分为 0.88，其中极好和好的比例分别为 86.30%、3.90%，接近样点总数的 90%。EC 得分较低的区域集中在流域的下游（图3-75），该区域河流水量受中、上游人为调节影响很大，加之该区域蒸发量较大。盐度平均得分为 0.89，其中极好和好的比例分别为 89.30% 和 3.60%，超过样点总数的 90%。SS 平均得分为 0.80，其中极好和好的比例分别为 57.10% 和 26.80%，超过样点总数的 80%。

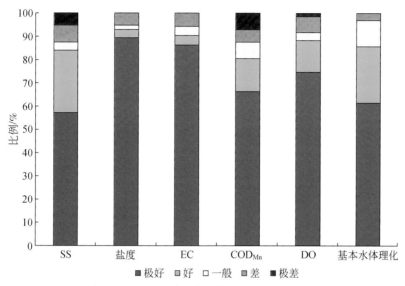

图 3-74 黑河流域基本水体理化评价等级比例

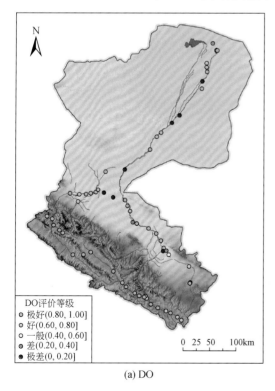

(a) DO

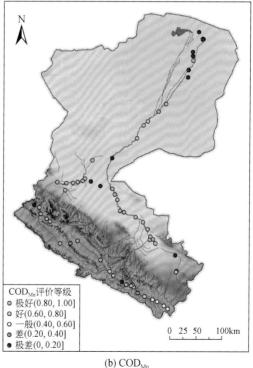

(b) COD_Mn

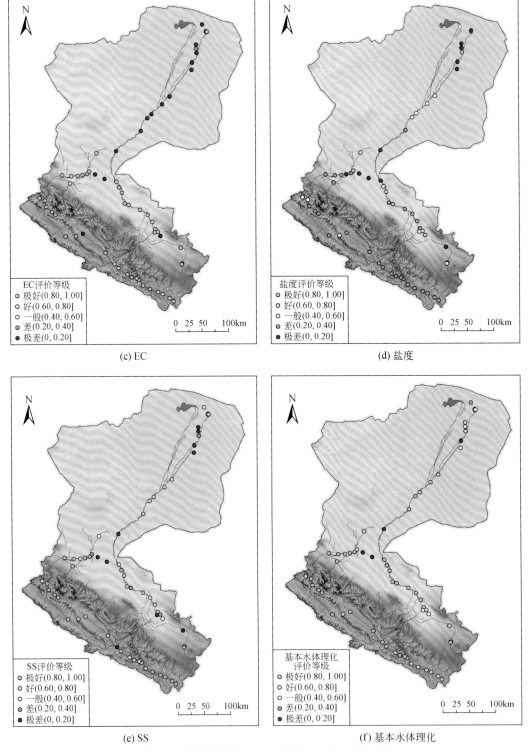

图 3-75　黑河流域基本水体理化评价等级空间分布

（2）营养盐评价结果

如图 3-76 所示，黑河流域 TP 平均得分为 0.63，其中极好和好的比例分比别为 35.60%
和 22%，超过样点总数的 50%，表明黑河流域的 TP 污染情况相对较轻，其健康水平相对较
高。从其空间分布来看，TP 污染严重的水体主要集中在受人类活动影响较大的中下游区域
（图 3-77）。TN 的平均得分为 0.47，其中极好和好的比例分别为 15.30% 和 23.70%，表明
黑河流域的 TN 污染情况相对较严重，其健康水平相对较差。从其空间分布来看，TN 污染
较轻的水体在流域上游区域（图 3-77）。NH₃-N 平均得分为 0.74，其中极好和好的比例分
别为 45.80% 和 35.60%，超过样点总数的 80%，表明黑河流域的 NH₃-N 污染情况相对较
轻，主要集中在受人类活动影响较大的中下游区域（图 3-77）。

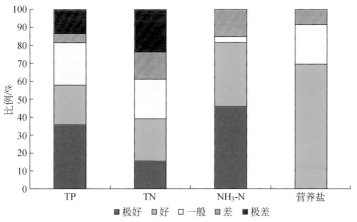

图 3-76　黑河流域营养盐评价等级比例

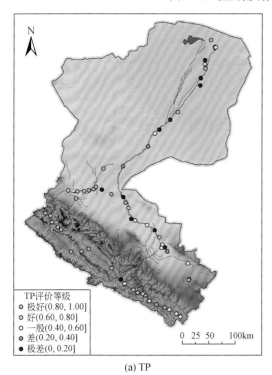

(a) TP

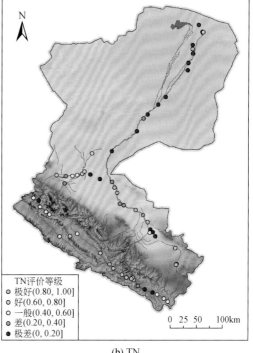

(b) TN

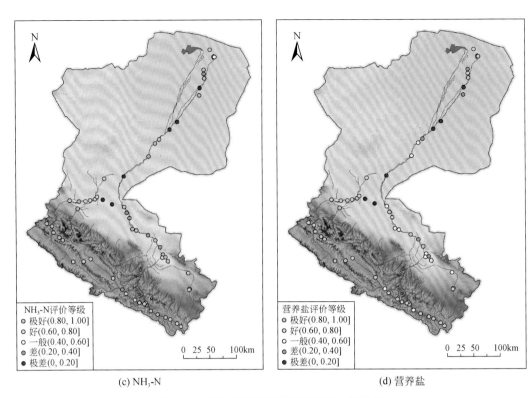

(c) NH$_3$-N

(d) 营养盐

图 3-77　黑河流域营养盐评价等级空间分布

整体来说，黑河流域营养盐平均得分为 0.61，其中极好及好的比例分别为 0 和 69%，接近样点总数的 70%，其健康状态处于良好水平。受人类活动影响较大的中下游区域营养盐健康状态处于一般至极差水平。

（3）藻类评价结果

藻类香农-威纳多样性指数、伯杰-帕克优势度指数及分类单元数等指标对于藻类群落结构、数量的变化具有较好的表征意义。其藻类健康评价等级结果如图 3-78 所示。

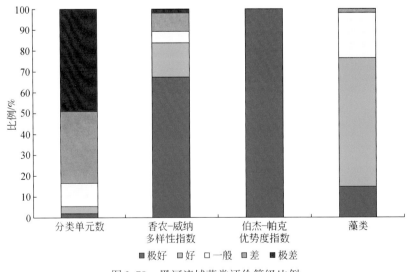

图 3-78　黑河流域藻类评价等级比例

具体来说，黑河流域浮游藻类分类单元数平均得分为0.25，其中极好和好的比例分别为1.80%和3.40%，仅占样点总数的5.20%，表明黑河流域的藻类分类单元数相对较少，物种丰度相对较低。从其空间分布来看（图3-79），分类单元数得分整体较低，特别是流域上游区域，原因是此区域水温较低，水体营养物质含量较低。伯杰-帕克优势度指数平均得分为0.993，全部为极好，表明黑河流域的藻类优势种地位十分突出，整个流域优势度指数的空

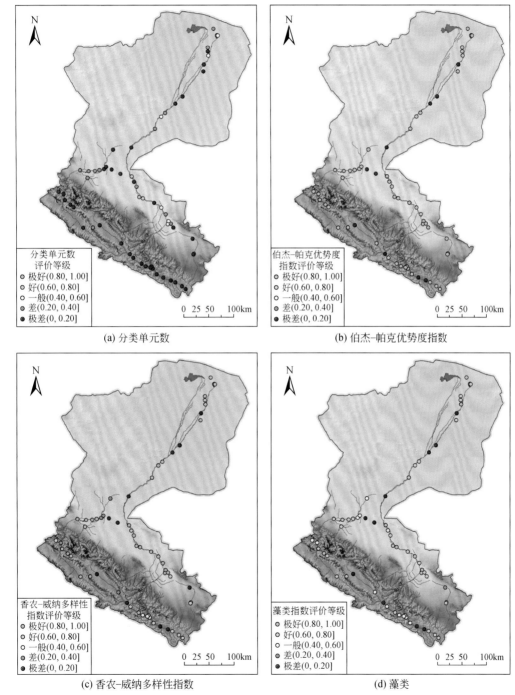

图3-79 黑河流域藻类评价等级空间分布

间差异性较明显。香农-威纳多样性指数平均得分为0.82，其中极好和好的比例分别为67.30%和16.40%，超过样点总数的80%，表明黑河流域的藻类数量相对丰富。

整体来说，黑河流域的藻类得分为0.69，其健康状态处于好水平。流域藻类物种相对较少，但数量相对较多，其分布相对均匀。

（4）大型底栖动物评价结果

大型底栖动物是黑河流域中主要的水生动物，其作为消费者，对于黑河流域水生态系统的物质循环、能量流动等环节起着关键作用，其多样性、优势度及耐污指数等指标对于水生态系统的变化具有较好的表征意义。黑河流域底栖动物健康评价等级结果如图3-80所示。

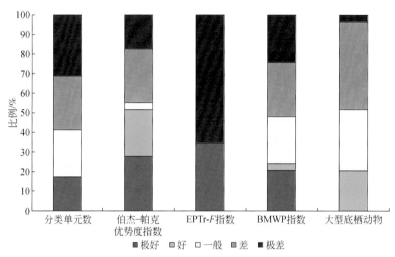

图3-80 黑河流域大型底栖动物评价等级比例

具体来说，大型底栖动物分类单元数平均得分为0.37，表明黑河流域的大型底栖动物分类单元数相对较少，物种种类相对较少。从其空间分布来看（图3-81），分类单元数得分整体较低，以受人类活动干扰较大的中、下游区域尤为明显。伯杰-帕克优势度指数均值平均得分为0.54，其中极好和好的比例27.60%和24.10%，表明黑河流域的大型底栖动物未形成稳定的优势种，物种分布相对均匀。从其空间分布看，人类活动影响较为明显的中游区域的大型底栖动物伯杰-帕克优势度得分较高，表明在人类活动的干扰下形成了比较稳定的优势种。大型底栖动物的BMWP指数平均得分为0.43，表明黑河流域的物种耐污能力较差。从其空间分布来看，BMWP指数较高的区域只有流域上游的山区，其他区域的BMWP指数都较低。全流域EPTr-F平均得分为0.36，表明黑河流域的清洁物种较少。从其空间分布来看，EPT物种主要分布在上游的山区。

整体来说，黑河流域的大型底栖动物得分为0.43，其健康状态处于较差水平。流域底栖动物物种较少，且数量不多，其分布相对均匀。同时，整个流域的大型底栖动物的耐污能力较差。从空间分布来看，流域上游高原、山地的大型底栖动物健康状态稍优于中、下游区域。

（5）鱼类评价结果

鱼类是河流和湖泊生态系统中的重要消费者，与水环境存在紧密的相互作用关系。鱼类群落通常包括不同营养级的种类，对稳定生态系统的结构具有重要作用，同时鱼类是生态系统物质循环和能量流动的重要环节，其摄食及排泄等过程对生态平衡有重要的调节作用。黑河流域鱼类健康评价等级结果如图3-82所示。

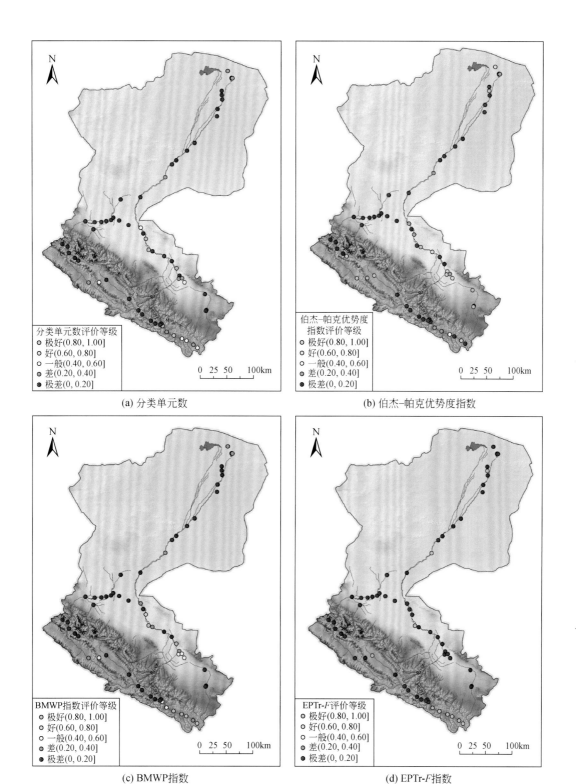

(a) 分类单元数

分类单元数评价等级
○ 极好(0.80, 1.00]
○ 好(0.60, 0.80]
○ 一般(0.40, 0.60]
◍ 差(0.20, 0.40]
● 极差(0, 0.20]

0 25 50 100km

(b) 伯杰-帕克优势度指数

伯杰-帕克优势度
指数评价等级
○ 极好(0.80, 1.00]
○ 好(0.60, 0.80]
○ 一般(0.40, 0.60]
◍ 差(0.20, 0.40]
● 极差(0, 0.20]

0 25 50 100km

(c) BMWP指数

BMWP指数评价等级
○ 极好(0.80, 1.00]
○ 好(0.60, 0.80]
○ 一般(0.40, 0.60]
◍ 差(0.20, 0.40]
● 极差(0, 0.20]

0 25 50 100km

(d) EPTr-F指数

EPTr-F评价等级
○ 极好(0.80, 1.00]
○ 好(0.60, 0.80]
○ 一般(0.40, 0.60]
◍ 差(0.20, 0.40]
● 极差(0, 0.20]

0 25 50 100km

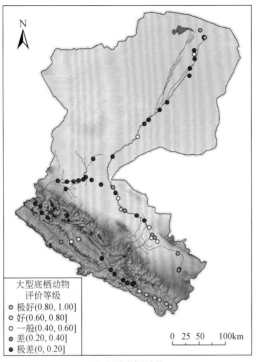

(e) 大型底栖动物

图 3-81　黑河流域大型底栖动物评价等级空间分布

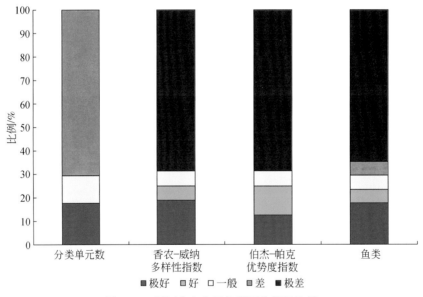

图 3-82　黑河水生态区鱼类评价等级比例

黑河流域鱼类分类单元数平均得分为 0.41，表明黑河流域的鱼类分类单元数相对较少，物种种类相对较少。从其空间分布来看（图 3-83），分类单元数得分整体较低，以受人类活动干扰较大的中、下游区域尤为明显。香农–威纳多样性指数平均得分为 0.25，表明黑河流域的鱼类较为贫乏。伯杰–帕克优势度指数平均得分为 0.23，其中极差的比例为 68.80%，表明黑河流域的鱼类未形成稳定的优势种，物种分布相对均匀。

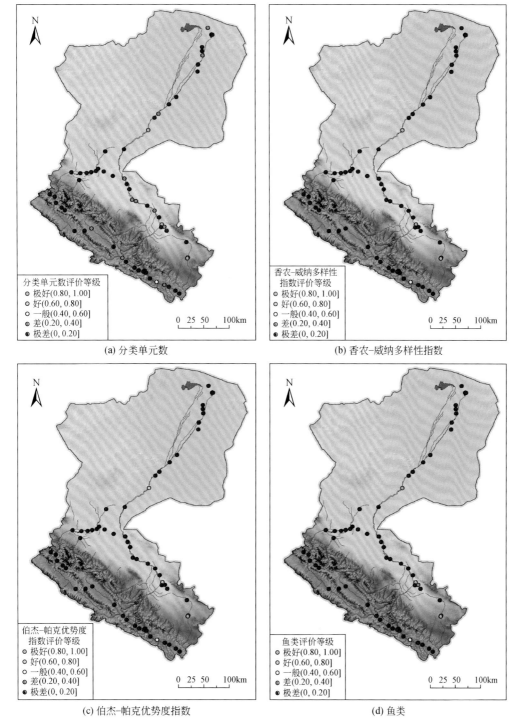

(a) 分类单元数

(b) 香农-威纳多样性指数

(c) 伯杰-帕克优势度指数

(d) 鱼类

图 3-83　黑河流域鱼类评价等级空间分布

　　整体来说，黑河流域鱼类评价平均得分为 0.297，其中极好和好的比例为 17.6% 和 5.9%，一般、差和极差的比例分别为 5.9%、5.9% 和 64.7%。综合来看，黑河流域鱼类多样性低，评价结果整体较差，水生态系统健康整体状态不容乐观。

（6）综合评价结果

通过对黑河流域基本水体理化、营养盐、藻类、大型底栖动物和鱼类的综合评价得出：黑河全流域综合评分平均得分为 0.39，极好和好的比例分别为 0 和 6.60%，一般的比例为 32.80%，差和极差的比例占 55.70% 和 4.90%（图 3-84），说明黑河流域水生态系统健康整体上呈较差状态。从评价结果的空间分布特征来看，极好和好的样点主要分布于上游和中游，一般和差样点主要分布于中游和下游（图 3-85）。

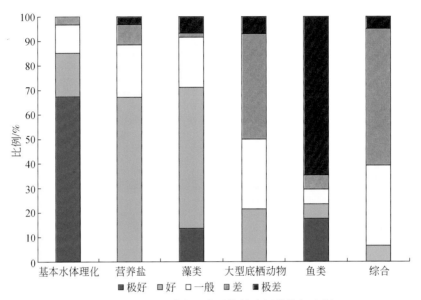

图 3-84　黑河流域水生态系统综合评价等级比例

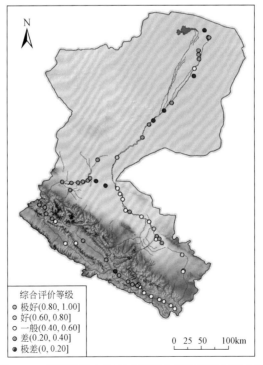

图 3-85　黑河流域水生态系统综合评价等级空间分布

3.5.5 问题分析与建议

3.5.5.1 流域主要水生态环境问题

黑河流域水资源短缺形势日益严峻,随着黑河流域人口数量持续增加、水土资源开发利用强度的增大以及河流断流等影响,使得流域水生态系统健康受到严重威胁。总体而言,存在的主要生态环境问题包括水生态退化、水环境恶化、土地盐碱化和沙漠化等。

(1) 流域植被退化及水生态系统退化

由于大规模水土资源开发和经济、社会的发展,流域的水文状况变化剧烈,直接导致流域植被生态体系及水生态系统的退化。众多支流干涸消失和河道迁移,使原来沿河发育的河岸林带和灌丛草场退化乃至消失。森林资源破坏严重,因开荒造地和乱伐乱樵,仅山丹县境内,天然乔灌木林毁灭面积就有9300hm²,森林界线平均后移2930m。

(2) 土地盐碱化和沙漠化形势严峻

盐碱化和沙漠化为表征的土地退化在黑河流域发展形势严峻。中游地区数十条河流干涸,形成了较大的绿洲内部沙源区,在沿河植被退化情况下沙漠化迅速发展,原来许多良田遭受盐碱侵害,土地盐碱化不断加剧。下游额济纳绿洲区沙化面积与荒漠戈壁总和已占总面积的62.70%,只有37.30%范围分布着维系下游生态环境的天然植被及人工绿洲,生态环境十分脆弱。

(3) 地表和地下水环境质量呈现恶化趋势

水环境质量恶化主要表现在下游水体盐化和中游水体污染两方面。由于下游地表水量减少,在蒸发浓缩作用下,地表水及浅层地下水均表现出随流程而趋于盐化现象。西居延海水矿化度在1960年就已高达88.00g/L,在干涸前达100.00~200.00g/L,属氯化钠水。受工业污染影响,水中氨氮、COD、BOD_5、挥发酚和汞等已超标或接近水体最大环境容量。由于区域尚缺乏对水污染的监控和防治措施,因此水环境污染前景不容乐观。

(4) 水资源利用失衡,生态用水难以得到保障

多年来,黑河流域中游地区大规模垦荒种粮,灌溉面积由20世纪50年代初的10.7万~12万hm²增长到目前的22.3万hm²,农业和国民经济其他部门用水增长,挤占中下游地区尤其是下游地区的生态用水,进入下游的水量由20世纪50年代初的11.6亿m³减少到90年代的7.7亿m³,造成河湖干枯、林木死亡、草场退化、沙漠化肆虐等,生态环境问题日趋严重。

3.5.5.2 流域水生态健康保护对策

(1) 加强流域水资源统一调度与管理

为保证年度分水指标的完成,在目前黑河干流尚无调节工程的情况下,"全线闭口、集中下泄"的调度方式是唯一有效的水资源统一调度和管理手段。每年9月中游作物进入成熟收获期,灌区需水较少,如果此时年度水量调度任务没有完成,每年9月上旬应实行"全线闭口,集中下泄",直至完成年度水量调度任务。根据黑河流域水资源统一管理的要求,建议每年9月上旬实行"全线闭口,集中下泄",使之成为黑河分水的一项制度。

（2）保障河流环境流量，加强水生态系统保护

黑河流域生态需水对于流域水生态系统健康具有重要意义，为此需要重点考虑以下方面。

1）上游区域水源涵养林、草建设，保障水源涵养功能。上游草地的类型丰富多样，与水源涵养的关系也复杂多样。海拔较高的草甸草地对河流的水源涵养功能最重要，但生态建设工作并不复杂，只要能逐步实现围栏化进行合理轮牧利用，就可以很好地保护草地资源免遭破坏。高山草原常被牧民作为冷季草场，每年放牧利用时间较长，沿沟谷有水流的地方往往是牧民的越冬地，人为干扰较严重，放牧压力较大，也是草地退化最严重的地方，因此常被作为生态建设的重点区域。

2）做好中游区域经济节水型绿洲建设及湿地保护。上游过量引水必然造成下游绿洲萎缩、河岸林衰败、湖泊干涸、绿洲周围土地沙化。不合理灌溉、渠道水库渗漏和有灌无排等都会造成地下水位上升，形成土地盐渍化。因此，保持绿洲良好生态环境的关键是防止土壤盐渍化和沙漠化，主要途径是在合理分配水资源的基础上建设完整的、科学的排灌系统。

3）加强流域荒漠植物的生态保育。水是维持荒漠绿洲生态系统的决定因素，水资源的重新分配，不仅打破了水资源系统的天然平衡，同时也严重破坏了全流域的生态平衡，导致生态环境严重恶化。下游地区来水量的急剧减少，造成河流流程缩短、湖泊萎缩或干涸、地下水位持续下降、水质恶化，绿洲被沙漠侵占的范围日益扩大，部分耕地撂荒，外围草场、灌木林等大片植被退化或死亡，最终形成土地大面积荒漠化。

3.6 东江流域水生态系统健康评价

3.6.1 流域基本概况

东江为珠江流域的三大水系之一，发源于江西省寻乌县桠髻钵山，在广东省的龙川县合河坝与安远汇合后称东江，自东北向西南流入广东省境，经龙川、河源、紫金、惠阳、博罗、东莞等县（市）、注入狮子洋。流域总面积为 2.7 万 km²，其中，广东省境内流域面积为 2.35 万 km²，占流域总面积的 87.03%，江西境内流域面积为 3500km²，占流域总面积的 12.96%。

流域内汇水面积大于 1000km² 的河流有 11 条，其中干流的一级支流有 6 条（贝岭水、浰江、新丰江、秋香江、公庄河、西枝江），干流的二级支流有 2 条（船塘河、淡水河），三角洲的一级支流有 1 条（增江）。流域内汇水面积大于 100km² 的河流有 90 余条。东江流域地表水资源总量为 324.4 亿 m³，其中广东部分地表水资源量为 295.5 亿 m³，江西省内水资源为 28.9 亿 m³。东江水资源量相对丰富，流域年均径流量达 296 亿 m³，年人均水资源量约为 2639m³。流域内已建成新丰江、枫树坝、白盆珠、天堂山、显岗 5 座大型水库，中型水库约 60 座，小型以下水库 840 座，引水工程约 6100 宗，水电站约 702 处。

东江流域海拔为 0~1500m，平均高程为 483m，地势北高南低，流域上游（中部、北部）地处南岭山脉，多有波状起伏的中、低山地和绵延的丘陵。这里分布着大致平行的三条山脉，自东北向西南斜贯全区，从西至东依次为九连山、罗浮山、梅江和东江分水岭。

东南还有粤东莲花山脉。这些山脉主要受地质构造控制，即九连山至佛冈复背斜构造控制，在博罗-五华-紫金一线东北至西南走向的山岭，由晚三叠纪至侏罗纪的短轴褶皱组成，是河源至莲花山深断裂控制的结果。新丰江、东江、秋香江、西枝江顺次分布其间。东江流域（南部）下游地区为缓坡台地、低洼地、沿江平原和河口三角洲等。

东江流域地处低纬度地带，北回归线横贯其中，南部临海，整体属南亚热带季风气候区，多年平均气温为 20～22℃。流域内雨量充沛，年均降水量约为 2200mm，年均径流量达 296 亿 m³，阳光充足，四季常青。夏半年高温、多雨、湿润，无明显冬季，但具有明显的干、湿季节分异；气温受自然地理地貌形态的影响，北部山区和东南沿海差异较大。

东江流域内土壤主要分为四大类，分别为壤土、沙质土、水稻土、冲积土，平原地区沿江两岸主要为水稻土和冲积土，丘陵地区主要为红壤、黄壤、紫色土和潮沙泥土等。流域内土壤容重适中，通透性能好，普遍呈酸性反应，自然肥力较高。成土母质主要为河流冲积物、滨海冲积物、花岗岩、砂页岩等。

东江流域分为耕地、高密度林地、中密度林地、低密度林地、草地、高密度城镇、低密度城镇、水域、裸地及植被退化区、滩涂、鱼塘 11 类主要土地利用类型，其中林地分布比例最高，高密度林地、中密度林地、低密度林地分别占到 29.89%、14.78%、26.68%，占总比例的 70% 以上，耕地与城镇用地比例也较高，占到 17% 左右，而其余各类型约占 12%。目前东江流域的土地利用仍在经历着剧烈的转换过程，受人类活动的干扰，流域目前有大量耕地向非农用地转化，各类林地或退化或向人工果园及经济林转化等。

东江流域内植被属南亚热带雨季常绿阔叶林和南亚热带草被，以及人工营造的针叶林，常年青绿。大部分山地、丘陵已基本绿化。东江干流和部分支流及粤东沿海植被较好。流域内森林面积为 1.2 万 km²，森林覆盖率达 35.2%。

东江流域 19 个主要行政区 2010 年辖区常住总人口约 2850 万人，平均人口密度约 662 人/km²，东江流域从上游至下游，地区人口逐渐增多，人口密度逐渐加大，人口压力亦不断增大。流域内 GDP 总量约 1.64 万亿元，人均 GDP 约 5.75 万元，不同区域的经济发展水平差异较大。流域产业结构由上游地区的单一农业产业向中下游的制造加工业、高新技术产业及金融、旅游等第二、第三产业迅速转变；地区经济总量也由上游至下游逐渐增加。地区人口总量由上游至下游急剧增加，其中东江中下游地区外来人口比例显著变大，区域人口密度也较上游地区明显上升。

东江流域地处中国经济高速发展的珠江三角洲及其邻近地区，随着社会经济的发展，流域内的水资源需求量不断增加，2003 年向东江取水总量为 35.14 亿 m³，而 2005 年对东江取水总量达到 39.4 亿 m³，2008 年取水量达到了 41.37 亿 m³。

随着人口的急剧增加和经济的快速发展，流域内近年来的废水排放量持续增加，仅广东省境内流域废水排放总量 2000 年为 7.46 亿 t，2005 年增加为 9.75 亿 t，而到 2007 年则达到了 10.84 亿 t（2003～2008 年《广东省水资源公报》），可以看出，2007 年的年排放量比 2000 年增长了近 45.3%，呈高速增长态势。与此同时，随着东江下游三角洲地区东莞、深圳等地市建成区面积的不断扩张，城市下垫面产生的非点源污染物也在不增加，另外随着东江源区主要县市开垦坡耕地，发展脐橙园及其相关产业，以及中游地区大力打造工业生产基地等，均在很大程度上加大了流域水生态系统的污染负荷，增加了流域水生态系统退化的潜在风险。

3.6.2　评价数据来源

东江流域水生态系统调查在 2010 年 7～8 月与 2011 年 7～8 月进行，于流域各种生境上平均布设了采样点 90 个，采集样品为水体、浮游藻类、大型底栖动物。

（1）基本水体理化

如图 3-86 所示，全流域 DO 含量在 0.32～9.34mg/L，平均值为 5.56mg/L，处于Ⅲ类水水平；EC 在 20.93～636μS/cm，平均值为 115.56μS/cm；COD_{Mn} 含量在 0.23～19.47mg/L，平均值为 2.75mg/L，处于Ⅱ类水水平。DO、COD_{Mn} 含量流域总体分布差异较大，基本呈现出由北部向南部逐步变大的趋势，其中南部城市区污染较重。

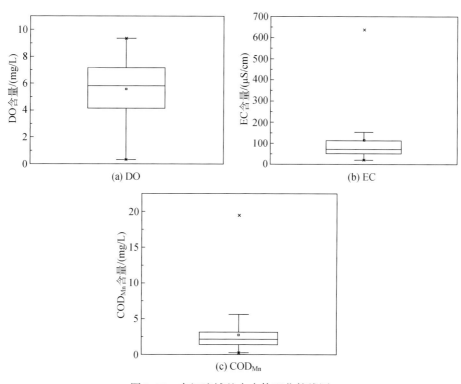

(a) DO

(b) EC

(c) COD_{Mn}

图 3-86　东江流域基本水体理化箱线图

（2）营养盐

如图 3-87 所示，全流域 TP 含量在 0.001～2.10mg/L，平均值为 0.18mg/L，处于Ⅲ类水水平；TN 含量在 0.001～25.10mg/L，平均值为 2.55mg/L；NH_3-N 含量在 0.04～22.20mg/L，平均值为 2.14mg/L。而 TN、NH_3-N 均处于劣Ⅴ类水水平，而南部中下游城市区是营养盐污染最重的区域。

（3）藻类

东江流域 90 个采样点共鉴定出浮游藻类 7 门 78 种属（种），绿藻门（Chlorophyta）、硅藻门（Bacillariophyta）是东江流域浮游藻类群落结构的主要组成部分，其种类数分别为 34 属、24 属，两个门类的总和占总种类数的 80.7% 以上，蓝藻门（Cyanophyta）、裸藻门

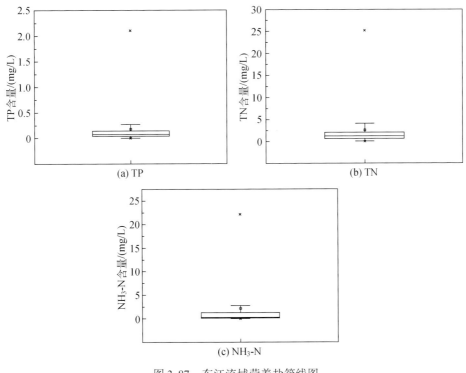

图 3-87　东江流域营养盐箱线图

（Euglenophyta）种类数次之，分别为 14 属（种）和 4 属（种），占总种类数的 12.1% 和 4.8%，而隐藻门（Cryptophyta）、金藻门（Chrysophyta）、甲藻门（Pyrroptata）种类数相对较小，其种类数均为 2 属（种），占总种类数的 2.4%。全流域浮游藻类分类单元数在 4~56，平均值为 22；伯杰–帕克优势度指数为 0.11~0.94，平均值为 0.33；香农–威纳多样性指数为 0.44~4.53，平均值为 3.24（图 3-88）。浮游藻类分类单元数与伯杰–帕克优势度指数在流域分布均匀，香农–威纳多样性指数则表现为中下游平原城市区低于上游山区。

（4）大型底栖动物

东江流域共鉴定出 79 个分类单元（软体动物及寡毛类鉴定至属，水生昆虫及其他种类鉴定至科），其中十足目虾类 2 种，水生昆虫 50 种，软体动物 16 种，寡毛类 4 种，蛭类 4 种，多毛纲、涡虫纲、蛛形纲各 1 种。水生昆虫的种类最多，占分类单元总数的 63%。采集个体总数为 8885 个，平均密度为 52.80 个/m^2，平均生物量为 16.30g/m^2。全流域各样点分类单元数在 2~36，平均值为 7；伯杰–帕克优势度指数为 0.16~1.00，平均值为 0.58；EPTr-F 指数为 0~0.36，平均值为 0.04。BMWP 指数为 4.00~211.30，样点间得分差异较大，平均值为 35.71（图 3-89）。大型底栖生物指标主要体现了山区与平原的差异，其中分类单元数、伯杰–帕克优势度指标在平原区域均较低，表现了物种单一的特征，而 EPTr-F 指数、BMWP 指数得分在下游特别是城市区域较低，表明下游平原城市区污染较重。

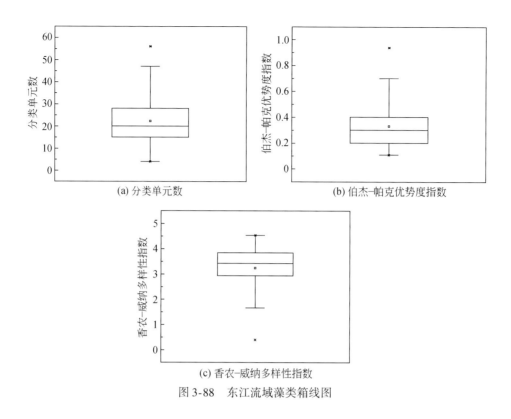

图 3-88 东江流域藻类箱线图

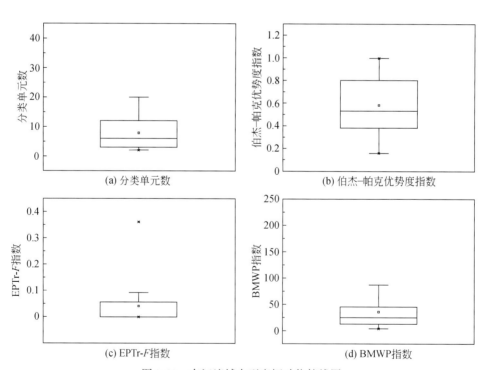

图 3-89 东江流域大型底栖动物箱线图

（5）鱼类

经种类鉴定出鱼类 9 目 27 科 85 属，共 120 个分类单元（鉴定至种），其中鲤形目鲤科为最多的分类单元，共计 57 种，其比例占分类单元总数的 48%；其次为鲤形目鳅科与平鳍鳅科，其比例分别占分类单元总数的 5%；而鲇形目鲿科与鲈形目鮨科分别占分类单元总数的 4%。东江流域各样点分类单元数在 8 ~ 55，平均值为 25；伯杰-帕克优势度指数为 0.09 ~ 0.38，平均值为 0.19；而香农-威纳多样性指数为 0 ~ 4.72，平均值为 3.79（图 3-90）。

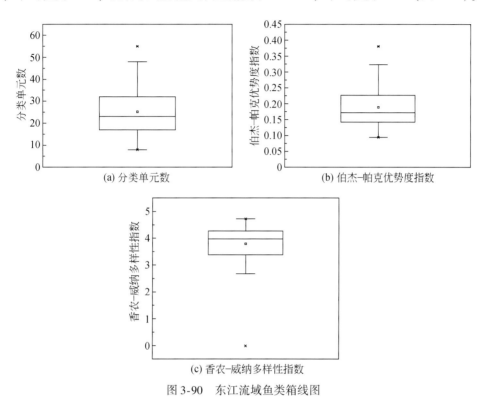

(a) 分类单元数

(b) 伯杰-帕克优势度指数

(c) 香农-威纳多样性指数

图 3-90　东江流域鱼类箱线图

3.6.3　评价方法

评价指标的选择是进行流域水生态系统健康评价的最基础工作，采用综合评价法对水生态系统健康进行评价。指标体系应建立在化学完整性、物理完整性、生物完整性的框架体系之内，并且评价指标应能快速准确地反映人类活动干扰或自然状态影响下的水生态变化。基于此，这里选取了基本水体理化、营养盐、藻类及大型底栖动物四大类共计 13 子类指标构建了东江流域水生态系统健康评价指标库。

评价指标中参照值与临界值大小决定了评价指标标准化得分，必须对各指标参照值与临界值进行科学准确的确定。因此，根据不同样点特征，需综合参考专家意见及国内外研究成果，具体参考条件如下。

1）《地表水水质质量标准》（GB 3838—2002）、澳大利亚水环境指导性标准（ANZECC-2000）。

2）本研究中调查样点的所有实测指标。

3）国内外近期研究成果（金相灿和屠清瑛，1990；Lenat，1988；Bond et al.，2011；Armitage et al.，1983）。

各指标参照值与临界值标准见表3-6。

表3-6 东江流域水生态系统健康评价指标参照值与临界值

指标类型	评价指标	适用性范围	参照值	临界值
基本水体理化	DO	所有样点	7.5mg/L	3mg/L
	EC	所有样点	27μS/cm	418μS/cm
	COD_{Mn}	所有样点	2mg/L	10mg/L
营养盐	TP	所有样点	0.02mg/L	0.3mg/L
	TN	所有样点	0.2mg/L	1.5mg/L
	NH_3-N	所有样点	0.15mg/L	1.5mg/L
藻类	分类单元数	所有样点	43	7
	香农–威纳多样性指数	所有样点	3	0
	伯杰–帕克优势度指数	所有样点	5%分位数	95%分位数
大型底栖动物	分类单元数	山区	30	0
		平原	22	0
	EPTr-F 指数	山区	15	0
		平原	7	0
	BNWP 指数	山区	131	0
		平原	81	0
	伯杰–帕克优势度指数	所有样点	5%分位数	95%分位数

根据确定的参照值和临界值，计算各指标数据值，然后按照相应的标准化方法进行标准化，最后各类指标得分均按等权重相加，计算得到各指标得分，最后计算综合指标得分。样点综合得分=（基本水体理化得分+营养盐得分+藻类得分+大型底栖动物得分）/4。

3.6.4 评价结果

（1）基本水体理化评价结果

东江流域理化指标分级评价的结果显示，基本水体理化指标平均得分为0.71，其中极好及好的比例分别为57%和18%，超过样点总数的70%，一般、差及极差的比例分别为11%、3%和11%（图3-91）。通过基本水体理化分级评价，东江流域水生态健康呈极好及好状态。从基本水体理化评价结果的地理分布来看，东江上游山区明显优于中下游平原地区，受人类活动影响下游平原城市区结果较差，其中DO指标在下游城市区均为较差的等级（图3-92）。

如图3-91所示，DO平均得分为0.57，其中极好和好的比例分比别为39%和17%，一般及差的比例均为11%，值得注意的是极差的比例为22%；EC分级评价结果显示，EC的平均得分为0.80，其中极好和好的比例分别为70%和18%，接近样点总数的90%，而一般、差及极差的比例分别为2%、4%和6%；COD_{Mn}分级评价结果显示，COD_{Mn}平均得分为0.88，其中极好和好的比例分别为81%和12%，超过样点总数的90%，而一般、差及极差的比例分别仅占4%、2%和1%。

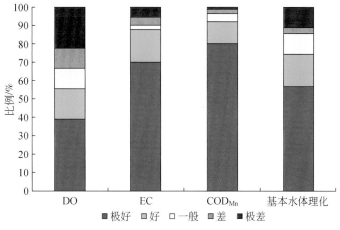

图 3-91　东江流域基本水体理化评价等级比例

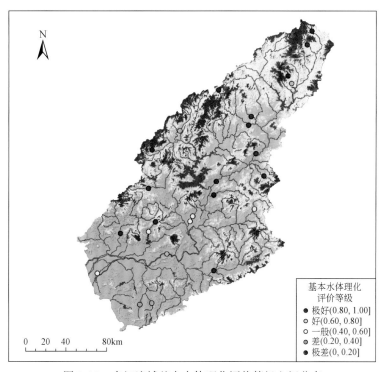

图 3-92　东江流域基本水体理化评价等级空间分布

（2）营养盐评价结果

东江流域营养盐分级评价的结果显示，营养盐指标平均得分为0.56，其中极好和好的比例分别为29.5%和30%，接近样点总数的60%，一般、差及极差的比例分别为13.5%、4%和23%（图3-93），说明水质营养盐性质在流域呈现优良状态，存在健康风险。东江流域营养盐结果极差的区域集中分布于下游平原城市区，而上游山区结果偏好，下游平原城市区域 TN 与 NH_3-N 均处于较差或极差的等级（图3-94）。

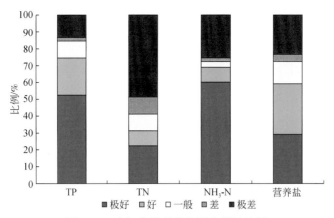

图 3-93　东江流域营养盐评价等级比例

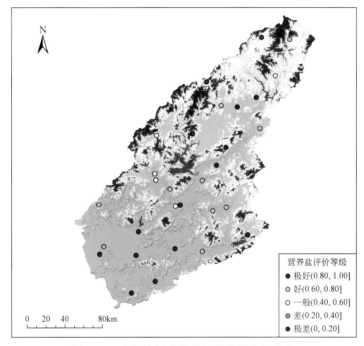

图 3-94　东江流域营养盐评价等级空间分布

　　通过 TP 分级评价结果（图 3-93）显示，TP 平均得分为 0.70，其中极好和好的比例分比别为 53% 和 22%，一般、差及极差的比例分别为 10%，2% 和 13%；TN 的平均得分 0.36，其中极好和好的比例分别为 22% 和 9%，而一般、差的比例均为 10%，极差的比例为 49%；NH₃-N 平均得分为 0.68，其中极好和好的比例分别为 60% 和 9%，接近样点总数的 70%，而一般、差及极差的比例分别为 3%，2% 和 26%。

（3）藻类评价结果

　　东江流域浮游藻类分级评价的结果显示，藻类评价平均得分为 0.67，其中极好和好的比例分别为 54% 和 24%，超过样点总数的 70%，一般、差及极差的比例分别为 11%，1% 和 10%（图 3-95），藻类的分级评价结果说明流域水生态健康呈极好和好状态。藻类评价结果的地理分布基本呈现为上游到下游逐步变差的趋势，下游仅水库样点为中等偏好的等级（图 3-96）。

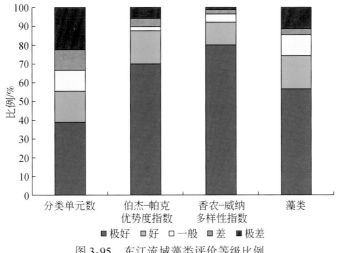

图 3-95　东江流域藻类评价等级比例

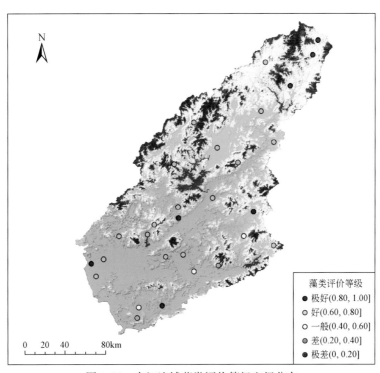

图 3-96　东江流域藻类评价等级空间分布

如图 3-95 所示，分类单元数平均得分为 0.41，其中极好和好的比例分比别为 39% 和 16%，一般的比例为 11%，而差及极差的比例分别为 12% 和 22%；伯杰-帕克优势度指数平均得分为 0.69，其中极好和好的比例分别为 70% 和 18%，而一般、差及极差的比例分别为 2%、4% 和 6%；香农-威纳多样性指数平均得分为 0.92，其中极好和好的比例分别为 80% 和 12%，超过样点总数的 90%，而一般、差及极差的比例分别仅占 6%、2% 和 1%。

（4）大型底栖动物评价结果

东江流域大型底栖动物评价整体情况是：极好和好的比例为 2% 和 4%，一般占 24%，差和极差的比例均为 35%（图 3-97），表明东江流域大型底栖生物多样性低，清洁指示种少，评价结果整体较差，水生态健康整体状态不容乐观，亟待恢复和治理。大型底栖动物仅上游山区较少的样点为中等结果，而下游城市区域均呈现极差的结果，这可能与流域挖沙情况严重密切相关（图 3-98）。

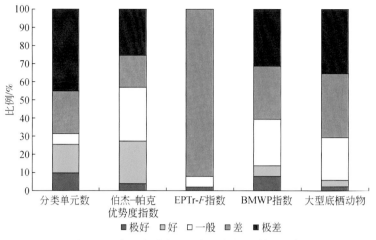

图 3-97 东江流域大型底栖动物评价等级比例

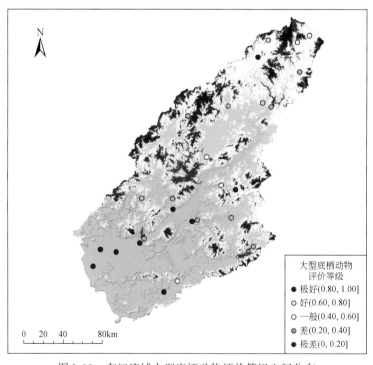

图 3-98 东江流域大型底栖动物评价等级空间分布

如图 3-97 所示，东江流域大型底栖动物分类单元数极好和好的比例分别为 10% 和 16%，一般和差的比例分别为 6% 和 24%，极差的比例为 44%；伯杰-帕克优势度指数均值为 0.58，其中极好和好的比例分别为 4% 和 24%，一般和差的比例分别为 29% 和 18%，极差的比例为 25%；EPTr-*F* 指数极好比例仅占 2%，好和一般级别比例均为 0，差和极差的比例分别为6%和92%；BMWP指数极好和好的比例分别为8%和6%，一般、差和极差的比例分别为25%、29%和32%。

（5）鱼类评价结果

东江流域鱼类分级评价的结果显示，东江流域鱼类评价得分为0.62，其中极好和好的比例分别为21%和34%，一般的比例为31%，差的比例为14%（图3-99），表明流域鱼类多样性高，评价结果呈好的状态。东江鱼类等级较差的区域主要分布在下游平原城市区，上游山地区域亦有极少数分布（图3-100），这主要由于外来物种的侵入导致单一物种上升，物种分类单元数较少，生物多样性下降。

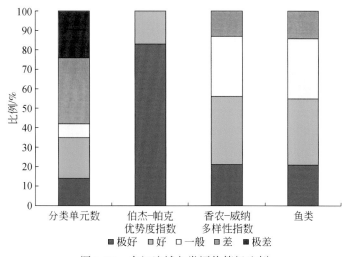

图3-99　东江流域鱼类评价等级比例

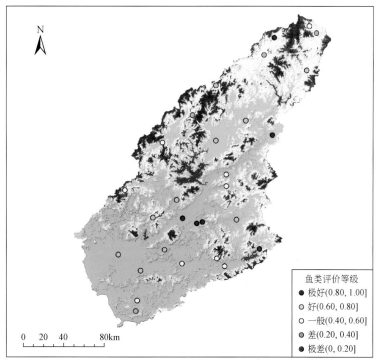

图3-100　东江流域鱼类评价等级空间分布

（6）综合评价结果

综合东江流域基本水体理化、营养盐、藻类、大型底栖动物和鱼类的评价得出：东江全流域综合评价平均得分为 0.60，极好和好的比例分别为 13% 和 47%，一般的比例为 24%，差和极差的比例仅占 14% 和 2%（图 3-101），说明东江流域水生态系统健康整体呈好状态，但存在一定的健康风险。从流域空间的分布趋势来看，东江流域河流生态系统健康表现出明显的区域差异，即河流生态健康水平表现出从北部向南部逐渐下降的趋势，下游平原城市区域污染较重、水生态健康等级差（图 3-102）。

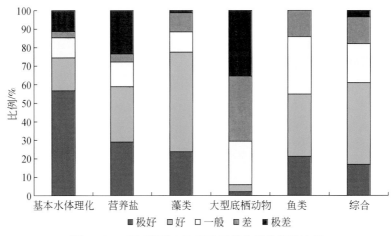

图 3-101　东江流域水生态系统综合评价等级比例

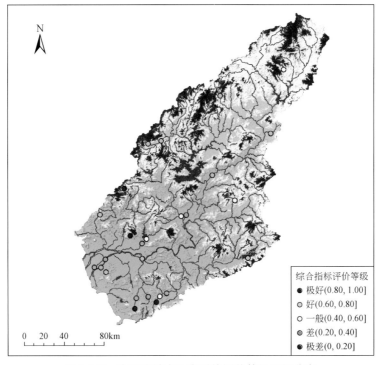

图 3-102　东江流域水生态系统评价等级空间分布

3.6.5 问题分析与建议

3.6.5.1 流域内的主要水生态问题

（1）水污染加剧，水质恶化

东江流域地处我国最发达的珠江三角洲地区，人口密集，经济发展迅速，地区经济结构逐步向以工业为主的方向转变，再加上以往资源开放型和粗放型产业的发展模式，导致水环境的污染负荷加剧，中下游地区特别是东莞河段，由于经济快速发展和人口暴涨，大量工业污水和居民生活废水直接排入河流，加之东江三角洲复杂的水文条件，基本水体理化指标与营养盐指标超标严重，水体污染呈加重的趋势。

（2）水资源数量不足，饮用水源受威胁

由于东江流域径流量的年际、年内变化和流域内降水基本同步，洪水期水量太大，难以蓄储，加重放洪负担，冬春枯水期水量很小。在植被覆盖不好的区域，非汛期小河川甚至断流，水体自净能力下降，水质和水量出现双重危机。同时，由于缺乏大型水库最优调度规则和联合调度研究，流域径流调控能力未达到最优，加之流域内用水浪费严重，水重复利用率低，缺乏有效节水措施等，更加剧了水资源短缺问题。

（3）人类活动加剧导致流域水生态功能下降，水生生物生境日益破坏

东江流域为珠江三角洲重要的水源涵养、水土保持和生物多样性保护区。但由于早期的滥垦、滥伐，自然林已经损失殆尽，目前以人工林为主，森林生态系统受到破坏，连通性低，水涵养功能受损，生物多样性保护受到威胁。同时人工涵闸建设、河流底质过度挖沙、人类的过度捕捞以及外来物种的人工放养等严重干扰了东江流域水生生物的生存环境，稀有和珍稀保护物种逐渐减少，水生态平衡遭到破坏。

3.6.5.2 流域水生态保护对策

（1）保证水环境质量安全

东江流域下游平原地区的水生态问题更突出的是水质超标问题，水质的保护首先需保证污染控制，因此在中下游污染较重区域，应严格控制生活污水和工业污水的排入，而上游地区则应防止矿山开采以及农业面源污染物的排入，同时不断提高污水处理能力，通过技术和设备的提升减少对水环境的危害程度。此外，建立起东江流域水环境安全预警系统首先需要完善加强水质监控网络，对流域水生态安全进行定期动态分析与水生态安全态势的评价和预测。

（2）推动科学管理措施

近年来，各界一致看好粤赣两省合作，建立东江源区生态环境补偿机制，而"下游补偿上游"也被视为解决东江源水质保护问题的突破性做法。此外，不同流域/区域具有不同的水生态结构与功能，并承受不同类型的环境压力，根据东江流域水生态特征分为9个生态亚区，并根据不同亚区水生态健康评价结果提出以下水生态保护措施。

1）枫树坝上游山地林果生态系统溪流水生态保育亚区（RFⅠ1）：提高农业生产水平，加强农用地管理，提高化肥农药施用效率，减少化肥农药施用量，恢复河岸带自然植被，加强自然保护区执法监督。

2）新丰江上游山地森林生态系统溪流水生态保护亚区（RF Ⅰ 2）：其下游是关系流域水资源全局的新丰江水库，建议实施最严格的水质保护措施，扩大保护区范围，加强自然保护区的执法监督；严格控制城镇扩张，控制污染项目上马。

3）东江中上游丘陵农林生态系统曲流水生态调节亚区（RF Ⅱ 1）：加强农用地管理，提高化肥农药施用效率，恢复河岸带自然植被。

4）增江中上游山地森林生态系统溪流水生态保育亚区（RF Ⅱ 2）：在以后的发展过程中保持现状不致恶化。

5）东江中游宽谷农业城镇生态系统曲流水生态调节亚区（RF Ⅱ 3）：加强农用地管理，提高化肥农药施用效率，提高河岸带自然植被覆盖率。

6）秋香江中上游山地林农生态系统溪流水生态保育亚区（RF Ⅱ 4）：进一步提高河岸带自然植被覆盖率，严格控制对自然植被的破坏活动。

7）东江下游三角洲城镇生态系统河网水生态恢复亚区（RF Ⅲ 1）：近期建议合理布局产业，提高水资源利用效率，建设专用排污通道，实现清污分流，进一步保证干流水质；远期建议升级产业结构，加大污染治理力度，减少污染物入海，恢复自然河岸带及湿地。

8）西枝江中下游岭谷农林生态系统曲流水生态调节亚区（RF Ⅲ 2）：加强农用地管理，提高化肥农药施用效率，进一步提高河岸带自然植被覆盖率；在城镇扩张的同时要充分考虑减污治污措施。

9）石马河淡水河平原丘陵城市生态系统河渠水生态恢复亚区（RF Ⅲ 3）：加大污染治理力度，提高水资源利用效率，提升污水再生回用水平，降低对区外输水的依赖。

3.7 太湖流域水生态系统健康评价

3.7.1 流域基本概况

太湖流域地处长江三角洲地区，北抵长江，东临东海，南滨钱塘江，西以天目山、茅山为界，位于 119°11′E ~ 121°53′E，30°28′N ~ 32°15′N。太湖流域行政区划分属江苏、浙江、上海、安徽三省一市，总面积为 3.69 万 km²。其中江苏 1.94 万 km²，占 52.60%；浙江 1.21 万 km²，占 32.80%；上海 5178km²，占 14%；安徽 225km²，占 0.60%。

太湖流域河道总长约 12 万 km，河道密度达 3.25km/km²，河流纵横交错，湖泊星罗棋布，是全国河道密度最大的地区，也是我国著名的水网地区。流域内河道水系以太湖为中心，分上游水系和下游水系两个部分。上游主要为西部山丘区独立水系，有苕溪水系、南河水系及洮滆水系等；下游主要为平原河网水系，主要有以黄浦江为主干的东部黄浦江水系（包括吴淞江）、北部沿江水系和南部沿杭州湾水系。京杭运河穿越流域腹地及下游诸水系，全长为 312km，起着水量调节和承转作用，也是流域的重要航道。太湖流域多年平均水资源总量为 177.36 亿 m³，其中地表水资源量为 161.46 亿 m³，地下水资源量为 53.10 亿 m³，地表水和地下水的重复计算量为 37.20 亿 m³，人均水资源占有量约 480.00m³。水位 2.99m 时太湖的库容为 44.23 亿 m³，平均水深 1.89m；水位 4.65m 时的库容约为

83.00亿 m³。一般每年 4 月雨季开始水位上涨，7 月中下旬达到高峰，到 11 月进入枯水期，2～3 月水位最低。一般洪、枯变幅在 1～1.5m。太湖流域经过长期的水利建设，已初步形成了以治太骨干工程为主体、由上游水库及周边江堤海塘和平原区各类圩闸等工程组成的流域防洪工程体系。流域内防洪工程体系以治太为整体框架，洪水尽可能多蓄和多向长江、杭州湾排出，有条件的区域涝水应尽量外排，统筹兼顾太湖泄水和下游地区排涝矛盾，同时，依靠水库、江堤海塘和各类圩闸等工程，防止洪水袭击。

太湖流域地形呈周边高、中间低的碟状地形。其西部为山区，属天目山山区及茅山山区的一部分，中间为平原河网和以太湖为中心的洼地及湖泊，北、东、南周边受长江和杭州湾泥沙堆积影响，地势较高，形成碟边。地貌分为山地丘陵及平原，西部山地丘陵区面积为 7338km²，约占总面积的 20%；中东部广大平原区面积为 2.96 万 km²，约占总面积的 80%。位于沿江、沿海的狭长三角洲平原大部分地面海拔在 2～3m（采用黄海高程，下同），位于太湖和阳澄湖群、淀泖湖群、菱湖湖群、洮滆湖群、芙蓉圩等湖荡周围的湖荡平原大部分地面海拔在 2m 以下，最低处可至 0m 左右，水网平原大部分地面海拔在 2～4m，高亢平原大部分地面海拔在 5～8m，山前平原海拔在 5～10m，天目山主峰周围山峰海拔均超过 1000m，莫干山、天竺山及宜溧山地和茅山山地海拔大多在 400～700m，分布于山地外围并散布在太湖平原之上的丘陵与孤丘大部分海拔在 100～300m，茅山东侧与宁镇山地南侧的黄土岗地地面海拔大多在 20～40m，相对高程在 10～30m，天目山地、宜溧山地外围的红土岗地海拔在 20～50m，相对高程一般在 10～30m。

太湖流域多年平均气温为 15～17℃，气温分布特点为南高北低；多年平均降水量为 1177mm，空间分布自西南向东北逐渐递减；多年平均水面蒸发量为 821.70mm，变化幅度为 750～900mm，空间分布为东部大于西部，平原大于山区；多年平均天然径流量为 161.50亿 m³，径流年内分配与降水一致，春夏季多，冬季最少。

太湖流域有两种地带性土壤，北部为黄棕壤，南部为红壤。成土过程的特点是强烈的黏化与轻微的富铝化。红壤占土壤资源面积的 11.30%，因处于分布的北缘，故并不十分典型，同时，由于成土母质与风化壳类型的影响，这两类土壤在某些山麓可交错分布，在红色风化壳出露的地段发育为红壤，而黄土覆盖地段则为黄棕壤，黄棕壤占 7.40%。另有黄刚土（耕种黄棕壤）占 2.10%。水稻土面积大、分布广，是在长期水旱交替耕作条件下形成的，占 63.20%。灰潮土仅分布于长江、钱塘江沿岸，主要在长江冲积母质上发育形成，占 1.70%。滨海盐土仅占 1% 左右。

太湖流域地跨北亚热带与中亚热带，农业开发历史悠久，广大平原地区以栽培植被为主，丘陵山地现存自然植被大多是次生性，但仍具有明显的地带性分布规律。太湖流域从北向南气温、降水递增，植被的种类组成和类型逐渐复杂。宜兴、溧阳以北的北亚热带典型地带性植被类型为落叶、常绿阔叶混交林。此线以南的中亚热带典型地带性植被类型为常绿阔叶林。由于垂直分布和自然植被的高度次生性，常见落叶阔叶林和落叶、常绿阔叶混交林的跨带分布现象。农作物以粮食为主，经济作物棉花、油料次之。油料以油菜为主，分布很广。蔬菜品种繁多，主要在城市郊区。经济林以柑橘、枇杷、杨梅等亚热带常绿果树为主，分布于太湖湖滨丘陵和天目山区局部小气候条件优越的地区。以桃、梨等为主的果园散布各地，板栗以宜兴、溧阳、长兴与安吉分布较广。

太湖流域由于人口高度稠密，平均每人仅占有土地1.68亩[①]，土地利用率较高，垦殖指数达到48.60%，耕地、园地和精养鱼池等集约型农业用地约占55%，耕地复种指数为210%。2008年，土地利用类型中以耕地为最多，所占比例为51.05%；其次为建设用地和林地，分别占22.28%和13.17%；再次为水域，所占比例为13.03%；草地和未利用地所占比例最小，分别为0.43%和0.04%。

太湖流域是我国经济发展最快的地区之一，2000年以来经济呈现快速增长的趋势，GDP从2000年的1.00万亿元上升到2010年的4.29万亿元，增加了3倍多。太湖流域2001～2010年GDP年均增长率在9.50%以上。从中国经济高速增长的发展规律来看，作为我国经济、文化、科技最发达的地区之一，太湖流域的经济也保持了高速增长。上海、苏南、浙北等地良好的发展环境，保证了太湖流域经济的持续快速增长。

太湖流域社会经济发展造成污水、废水增加，水环境恶化，废污水排放总量以工业点源和生活污水排放为主，其中工业点源排放量占总量的49%，城镇生活污水占46%，面源占5%。COD主要来自工业点源和面源，分别占50%和40%。城镇生活污水、工业点源和农业面源的氨氮排放量相差不大，分别为39%、31%和30%。太湖流域污染总负荷的60%～70%进入地表水体。2010年流域河流水质评价总河长为3535.40km，全年期达到Ⅱ类水质标准的河长为256km，达到Ⅲ类水质标准的河长为325.30km，达到Ⅳ类水质标准的河长为645.50km，达到Ⅴ类水质标准的河长为787.30km，劣于Ⅴ类水质标准的河长为1520.30km。太湖、滆湖、漏湖、阳澄湖和淀山湖等主要湖泊的营养程度总体上为富营养化。流域内7座大型水库水质除青山水库为Ⅲ类水外，基本处于Ⅱ类水；除横山、青山水库为富营养化外，其余为中营养程度。太湖流域除湖西和浙西山丘区的地下水未受污染外，平原区浅层地下水已基本被污染，主要超标项目为NH_3-N、COD_{Mn}等，属有机污染类型。2000年年末平原区浅层地下水Ⅰ～Ⅲ类水约占平原区面积的7%，Ⅳ类水约占69%，Ⅴ类水约占24%。太湖流域317个水功能区监测点中，有73个点位水质达标，达标率为23%，主要超标项目为NH_3-N、COD_{Mn}、COD_{Cr}、BOD_5。2004年太湖流域47个集中式饮用水水源地总供水量为54.8亿m^3，仅有30个饮用水水源地原水水质合格，合格供水量为22.10亿m^3，供水合格率仅为40.30%。其中长江、钱塘江饮用水水源地原水水质全部合格，不合格的均为当地河网饮用水水源地，受污染的饮用水水源地主要为江苏无锡、常州、浙江嘉兴及上海。饮用水水源地常规污染指标主要为NH_3-N、COD_{Mn}，部分水源地尚有铁、挥发酚、亚硝酸盐、总氮和大肠杆菌等项目超标。

近几十年来，太湖流域社会经济快速发展的同时，严重影响了水生态系统结构和功能，河网水系与湖泊水生态退化严重。流域浮游植物种群数减少而个体数量剧增，浮游植物种类组成单一，群落结构简单，生物多样性降低，水生态系统初级生产力失衡，蓝藻水华严重暴发。浮游动物整体上数量偏低，浮游动物耐污种增多、种类小型化，耐污种类基本取代其他种类。底栖动物种类减少、个体小型化和耐污种占优势。鱼类种类减少、外来种增多、鱼类个体小型化。水生植物分布面积减少、以挺水植被为主，种群结构趋于单一。

---

① 1亩≈666.67m^2。

3.7.2 评价数据来源

2012 年对太湖流域水生态状况进行了平水期 1 次调查，调查时间为 10 月 10 日～11 月 10 日，太湖流域调查点位共计 110 个，其中河流点位 96 个、湖泊点位 14 个（图 3-103）。调查项目主要包括浮游藻类、着生藻类、浮游动物、大型底栖动物、鱼类、基本水体理化、营养盐等。

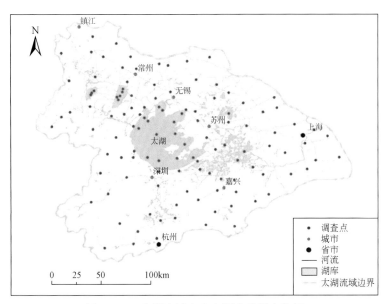

图 3-103　太湖流域水生态调查采样点位置

（1）基本水体理化

如图 3-104 所示，太湖流域的 COD_{Mn} 的含量介于 1.19～7.26mg/L，平均含量为 4.01mg/L，处于Ⅲ类水水平。其中 COD_{Mn} 较低的采样点多分布在苕溪流域、宜溧河上游、大运河镇江至金坛段以及太浦河上游，表明这些区域的有机污染情况相对较轻。COD_{Mn} 较高的采样点多分布在宜溧河中下游、盐铁河及杭嘉湖平原，其采样点的 COD_{Mn} 多在 5.00mg/L 以上。叶绿素 a 含量在 0.16～53.37μg/L，平均含量为 7.81μg/L。其中叶绿素较低的采样点多分布在流域南部除嘉兴市周边及长兴附近外的河流，以及流域西北部镇江及金坛附近河流；叶绿素含量较高的采样点主要分布在宜兴市附近及流域东北部河流，这些区域的叶绿素含量多在 25.00μg/L 以上。DO 含量为 0.42～11.90mg/L，平均含量为 5.97mg/L，处于Ⅲ类水水平。其中 DO 含量较高的采样点多分布在流域西部大部分地区及太湖东部区域河流，DO 含量较低的采样点多分布在流域北部少数通江河流及杭嘉湖平原区河流，其采样点的 DO 含量多在 3.00mg/L 以下。太湖流域 EC 为 150.00～1005.00μS/cm，平均为 554.61μS/cm。其中电导率较低的采样点多分布在流域西部区域的河溪，EC 较高的采样点多分布在太湖西北部入湖河流和东部大部分河流，其采样点的 EC 多在 800.00μS/cm 以上。

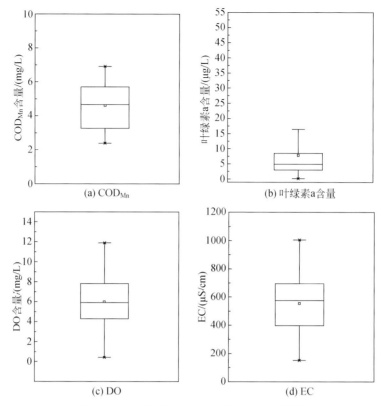

图 3-104　太湖流域基本水体理化参数箱线图

（2）营养盐

如图 3-105 所示，太湖流域 TN 的含量为 0.98 ~ 8.89mg/L，平均含量为 3.49mg/L，处于劣 V 类水水平。其中 TN 含量较低的采样点多分布在流域西部山区溪流上游和太湖南部沿岸，其他区域采样点 TN 含量都较高。太湖流域 TP 的含量为 0.02 ~ 0.94mg/L，平均含量为 0.16mg/L，处于 Ⅳ 类水水平。其中 TP 含量较低的采样点多分布在流域西部大部分区域河溪，而较高的采样点则分布在太湖西北部、流域东部和南部人类活动强度较高的区域，其采样点的 TP 含量多在 0.30mg/L 以上。

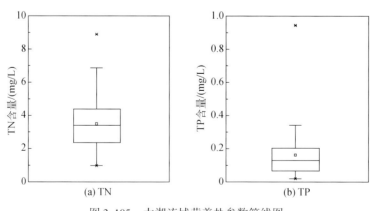

图 3-105　太湖流域营养盐参数箱线图

（3）藻类

太湖流域河流调查中总共鉴定出着生硅藻 2 纲 40 属 152 种，分属中心纲的圆筛藻目、根管藻目和盒形藻目，以及羽纹纲的无壳缝目、拟壳缝目、双壳缝目、单壳缝目和管壳缝目。着生藻类分类单元数为 1~50，平均数为 20.49。伯杰-帕克优势度指数为 0.08~1.00，平均值为 0.28（图 3-106）。

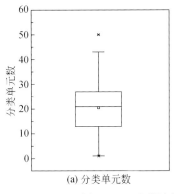
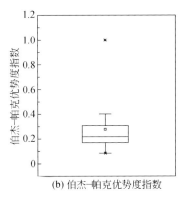

(a) 分类单元数 　　　　　　　　　　　(b) 伯杰-帕克优势度指数

图 3-106　太湖流域着生藻类参数箱线图

太湖流域湖泊浮游藻类调查中总共鉴定出 7 门 113 属 165 种，其中蓝藻门 19 属 3 种、硅藻门 23 属 29 种、甲藻门 1 属 1 种、金藻门 8 属 13 种、隐藻门 2 属 4 种、裸藻门 6 属 25 种、绿藻门 54 属 90 种。此次调查，蓝藻门密度最大，约占 91.37%，优势明显；其次是绿藻门，约占 6.58%；甲藻门、硅藻门、金藻门、隐藻门、裸藻门所占比例较少，仅为 2.05%。浮游藻类分类单元数为 7~13，平均数为 9.64。伯杰-帕克优势度指数为 0.31~0.99，平均值为 0.70。蓝藻密度值为 72.91%~99.85%，平均值为 91.25%（图 3-107）。

（4）大型底栖动物

太湖流域共采集到大型底栖动物 104 种，节肢动物门种类最多，共 74 种，分别属于 9 个目，其中双翅目种类最多（34 种，主要为摇蚊科幼虫，有 30 种），蜻蜓目 20 种，其他昆虫种类较少。软体动物共采集到 18 种，双壳纲和腹足纲分别为 8 种和 10 种。环节动物门种类较少，共 13 种。大型底栖动物分类单元数为 1~24，平均值为 7.65。伯杰-帕克优势度指数为 0.25~1.00，平均值为 0.67。科级生物指数（FBI）为 2.50~10.00，平均值为 6.10（图 3-108）。

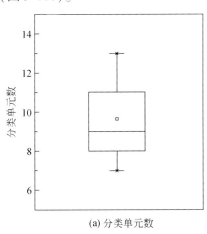
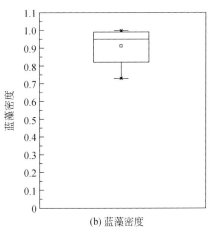

(a) 分类单元数 　　　　　　　　　　　(b) 蓝藻密度

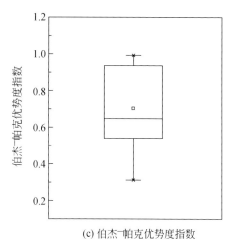

(c) 伯杰-帕克优势度指数

图 3-107　太湖流域浮游藻类参数箱线图

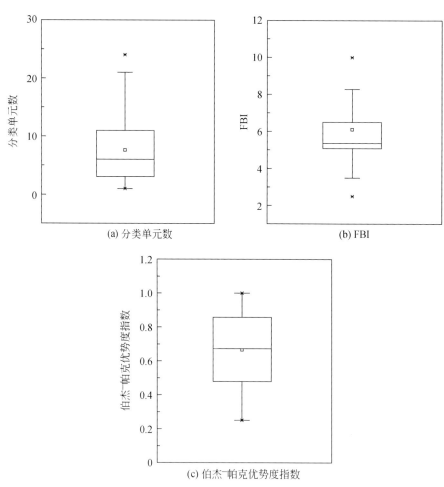

(a) 分类单元数　　　　　　　　　(b) FBI

(c) 伯杰-帕克优势度指数

图 3-108　太湖流域大型底栖动物参数箱线图

3.7.3 评价方法

按照制订的流域水生态系统健康评价导则,太湖流域水生态系统健康评价指标体系由太湖流域河流和湖泊水生态健康评价指标体系构成。本次评价确定的临界值中,河流水质、营养盐等参考《地表水环境质量标准》(GB 3838—2002)和调查样点测量值95%分位数确定,湖泊营养盐和水质参考《地表水环境质量标准》(GB 3838—2002)、太湖历史资料和营养状态综合确定。

生物指标中,藻类分类单元数采用太湖流域2010~2012年春季和夏季3期调查298个样点的95%分位数作为参照值,5%分位数作为临界值;伯杰–帕克优势度指数临界值和参照值分别采用0.90和0.10。大型底栖动物分类单元数标准采用太湖流域2010~2012年3期调查298个样点的95%分位数作为参照值,考虑到丘陵区、平原区和湖泊的差异,分别建立参照值标准;FBI参考已有研究结果并结合专家建议,设定河流和湖泊的参照值分别为3和5,伯杰–帕克优势度指数采用0.90和0.10作为临界值和参照值(表3-7、表3-8)。

表3-7 太湖流域河流水生态系统健康评价指标参照值与临界值

指标类型	评价指标	适用性范围	参照值	临界值
基本水体理化	COD_{Mn}	流域河流	2mg/L	10mg/L
	DO	流域河流	7.5mg/L	2mg/L
	叶绿素 a	流域河流	4mg/m³	64mg/m³
	EC	流域河流	200μS/cm	1200μS/cm
营养盐	TN	流域河流	0.5mg/L	2mg/L
	TP	流域河流	0.02mg/L	0.4mg/L
着生藻类	分类单元数	流域河流	38	5
	伯杰–帕克优势度指数	流域河流	0.10	0.90
大型底栖动物	分类单元数	山丘区域	20	0
		平原区域	10	0
	伯杰–帕克优势度指数	流域河流	0.10	0.90
	FBI	流域河流	3	10
鱼类	分类单元数	流域河流	15	0
	伯杰–帕克优势度指数	流域河流	0.10	0.90
毒性	挥发酚	流域河流	0	0.1

表3-8 太湖流域湖泊水生态系统健康评价指标参照值与临界值

指标类型	评价指标	适用性范围	参照值	临界值
基本水体理化	EC	湖泊	200μS/cm	1000μS/cm
	DO	湖泊	7.5mg/L	3mg/L
营养盐	富营养化指数	湖泊	40	70

指标类型	评价指标	适用性范围	参照值	临界值
浮游藻类	分类单元数	湖泊	20	0
	伯杰-帕克优势度指数	湖泊	0.10	0.90
	蓝藻密度比例	湖泊	0	100%
大型底栖动物	分类单元数	湖泊	10	0
	伯杰-帕克优势度指数	湖泊	0.10	0.90
	FBI	湖泊	5	10
鱼类	分类单元数	湖泊	15	0
	伯杰-帕克优势度指数	湖泊	0.10	0.90
毒性	挥发酚	湖泊	0	0.1

根据确定的参照值和临界值，计算各指标数据值，然后按照相应的标准化方法进行标准化，最后各类指标得分均按等权重相加，计算得到各指标得分，最后计算综合指标得分。

3.7.4 评价结果

3.7.4.1 太湖流域河流健康评价结果

（1）河流基本水体理化评价结果

太湖流域河流基本水体理化指标得分为0.66，处于好级别，其中所有河流调查点中极好和好所占比例分别为20.51%和43.05%，一般所占比例为33.51%，差和极差所占比例分别为2.93%和1.04%。该结果表明太湖流域水质状况整体较好。其主要空间分布特征是：流域西南部山区丘陵区溪流水质为极好，北部与长江连通的部分河流水质为极好，太湖西部、东部区域水质为好，太湖北部以及杭嘉湖区的水质一般。

CODMn指标平均得分为0.75，处于好级别，其中极好和好所占比例分别为37.50%和45.83%，一般和差所占比例分别为13.54%和3.13%。该结果表明太湖流域CODMn指标的评价结果较好。其主要空间分布特征是：苕溪流域、宜溧河上游、大运河镇江至金坛段以及太浦河上游的评价结果为极好，宜溧河中下游、盐铁河及杭嘉湖平原少量样点的评价结果为差，其他大部分区域河流均达到好。

叶绿素a指标平均得分为0.58，处于一般级别，其中极好和好所占比例分别为4.17%和34.38%，一般和差所占的比例分别为54.16%和7.29%。该结果表明太湖流域河流叶绿素a的评价结果为一般。其主要空间分布特征是：流域南部除嘉兴周边河流和长兴附近河流外，都达到了好水平，太湖西部大部分入湖河流都处于一般状态，流域西北部镇江及金坛附近河流达到好水平，太湖以东区域大部分河流为一般状态，个别河流为极好状态。

DO指标平均得分为0.66，处于好级别，其中极好和好所占比例分别为39.58%和18.75%，一般和差所占比例分别为21.88%和8.33%，极差所占比例为11.46%。该结果表明太湖流域DO的评价结果差异显著。其主要空间分布特征是：流域西部大部分地区及太湖东部区域河流DO状况极好，流域北部少数通江河流及杭嘉湖平原区评价结果极差，流域东部地区状况一般。

EC 指标平均得分为 0.64，处于好级别，极好和好所占比例分别为 25% 和 33.33%，一般和差所占比例分别为 29.17% 和 11.04%，极差的比例为 1.46%。该结果表明太湖流域 EC 的评价结果总体为好。其主要空间分布特征是：流域西部区域的河溪 EC 状况为极好，流域西北部和杭嘉湖平原河网状况为好，太湖西北部入湖河流和东部大部分河流状况一般，个别河流极差。

太湖流域河流基本水体理化评价等级结果如图 3-109 和图 3-110 所示。

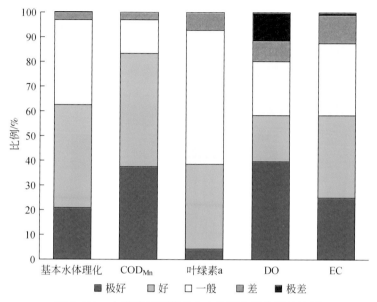

图 3-109　太湖流域河流基本水体理化评价等级比例

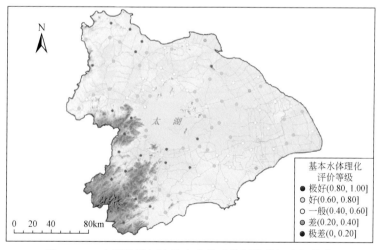

图 3-110　太湖流域河流基本水体理化评价等级空间分布

（2）河流营养盐评价结果

太湖流域河流营养盐综合得分为 0.31，处于差级别，其中极好和好所占比例分别为 2.08% 和 7.29%，一般所占比例为 22.92%，差和极差所占比例分别为 38.54% 和

29.17%，这表明流域营养盐含量过高。其空间分布特征是：太湖西部和南部河流水体营养盐状况为一般，流域其他区域河流为差和极差，特别是太湖北部、上海附近及杭嘉湖区部分河流营养盐状况为极差。

TN 得分为 0.06，处于极差级别，其中极好和好所占比例分别为 0 和 4%，一般所占比例为 3.5%，差和极差所占比例分别为 6.5% 和 86%，表明流域 TN 含量过高。其空间分布特征是：流域西部山区溪流上游处于好到一般状态，太湖南部沿岸处于一般状态，其他区域都处于极差状态，表明流域河流水体含氮量很高，受到了较强烈的农业、工业和城市污染影响。

TP 得分为 0.56，处于一般级别，其中极好和好所占的比例分别为 0 和 3.55%，一般所占比例为 3.16%，差和极差所占比例分别为 8.29% 和 85%。这表明流域河流水体 TP 含量较为适中。其空间分布特征是：流域西部大部分区域河溪处于极好状态，太湖西北部、流域东部和南部人类活动强度较高的区域处于极差状态，其他区域处于一般到好状态，表明流域河溪 TP 含量与人类活动干扰关系密切。

营养盐评价等级结果如图 3-111 和图 3-112 所示。

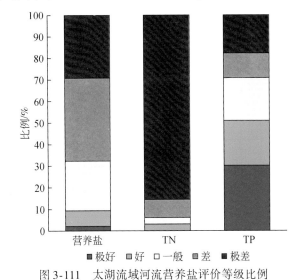

图 3-111 太湖流域河流营养盐评价等级比例

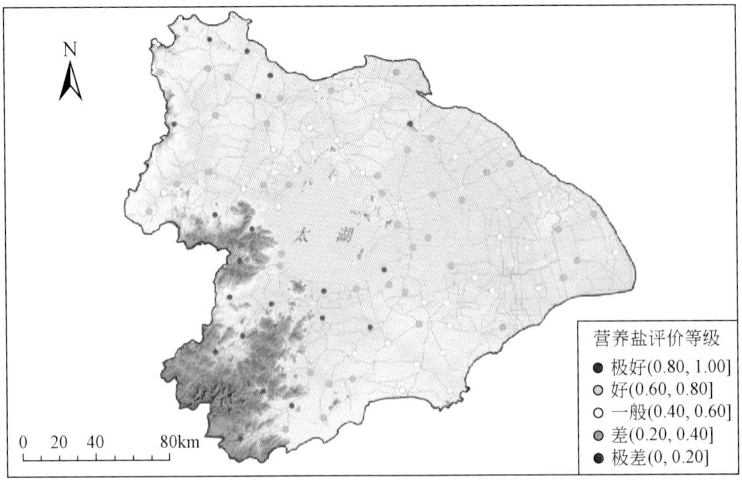

图 3-112 太湖流域河流营养盐评价等级空间分布

（3）河流藻类评价结果

太湖流域河流着生藻类健康综合得分为 0.61，处于好级别，其中极好和好所占比例分别为 19.79% 和 27.08%，一般所占比例为 30.21%，差和极差所占比例分别为 7.29% 和 15.63%，综合评价结果健康状态为好。其主要分布特征是：流域西北部、东北部以及太湖南部的调查点位评价结果较差，而太湖北部与长江连通的部分河流、西南山区部分河流评价结果较好，太湖东北部、杭嘉湖区部分河流评价结果一般。

着生藻类分类单元数得分为 0.47，处于一般级别，其中极好和好所占比例分别为 13.54% 和 18.75%，一般所占比例为 20.83%，差和极差所占比例分别为 18.75% 和 28.13%，综合评价结果健康状态为一般。其主要分布特征是：流域河流下游评价结果较差，河溪上游和中游评价结果较好，沿江水系评价结果较好，其他区域为一般。

着生藻类伯杰–帕克优势度指数得分为 0.75，处于好级别，其中极好和好所占比例分别为 48.95% 和 28.13%，一般所占比例为 6.25%，差和极差所占比例分别为 0 和 16.67%，综合评价结果健康状态为好。其主要分布特征是：流域西北部河流、黄浦江下游及太湖南部个别河段评价结果较差，其他区域为一般到极好。

着生藻类评价等级结果如图 3-113 和图 3-114 所示。

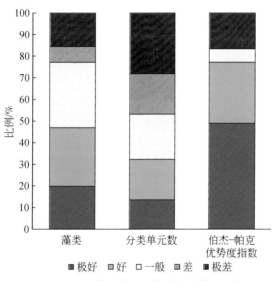

图 3-113　太湖流域河流藻类评价等级比例

（4）河流大型底栖动物评价结果

太湖流域河流大型底栖动物指标综合得分为 0.41，处于一般级别，其中极好和好所占比例分别为 1.04% 和 15.63%，一般所占比例为 33.33%，差和极差所占比例分别为 34.37% 和 15.63%，综合评价结果健康状态为一般。其主要空间分布特征是：流域西南丘陵地区溪流和西部源头区域的河溪评价结果为好，太湖东南部出湖河流评价结果为极好，流域北部、东北部结果为极差，其他区域河流为一般和差。

大型底栖动物分类单元数得分为 0.38，处于差级别，其中极好和好所占比例分别为 10.42% 和 13.54%，一般的所占比例为 12.50%，差和极差所占比例分别为 26.04% 和 37.50%，综合评价结果健康状态为差。其主要空间分布特征是：流域西南丘陵地区溪流

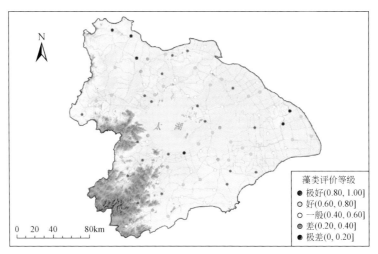

图 3-114 太湖流域河流藻类评价等级空间分布

和西部源头区域的河溪评价结果为极好或好，太湖东南部出湖河流评价结果为极好，太湖北部、阳澄湖及淀山湖出湖河流评价结果为好，宜溧河中下游、北部沿江水系、上海南部河流及杭嘉平原河网区评价结果较差，其他区域为一般。

大型底栖动物 FBI 得分为 0.56，处于一般级别，其中极好和好所占比例分别为 4.17% 和 62.50%，一般所占比例为 11.46%，差和极差所占比例分别为 3.13% 和 18.74%，综合评价结果健康状态为差。其主要空间分布特征是：流域北部、东北部和杭嘉湖区部分区域极差，流域西南部、太湖东南部个别河段为极好或好，其他大部分区域为一般到好。

大型底栖动物伯杰-帕克优势度指数得分为 0.31，处于差级别，其中极好和好所占比例分别为 2.08% 和 13.54%，一般所占比例为 20.83%，差和极差所占比例分别为 20.83% 和 42.71%，综合评价结果健康状态为差。其主要空间分布特征是：太湖西部山丘区、镇江郊区与长江连通河段、太湖东部附近河段、太浦和中游达到优良，西苕溪上游、流域西部上游等地为一般，宜溧河下游、流域北部沿江水系、上海市区水系和杭嘉湖水系为差到极差。

大型底栖动物评价等级结果如图 3-115 和图 3-116 所示。

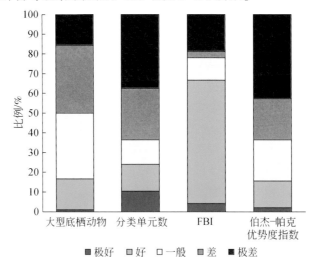

图 3-115 太湖流域河流大型底栖动物评价等级比例

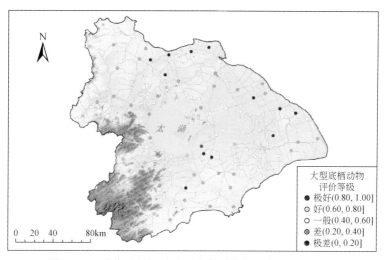

图 3-116　太湖流域河流大型底栖动物评价等级空间分布

（5）河流综合评价结果

太湖流域河流健康综合评价平均得分为 0.53，处于一般级别，其中营养盐指数得分为 0.31，基本水体理化得分为 0.66，藻类指标得分为 0.61，大型底栖动物得分为 0.41。从评价结果的空间分布特征来看，结果为好的样点主要分布于流域西部丘陵区域及太湖东南沿岸区域，结果为一般的样点主要分布于太湖西部、东北部和东南部区域，结果为差和极差的样点主要分布于太湖北部、杭州湾北部和上海附近平原河网区域。

河流综合评价等级结果如图 3-117 和图 3-118 所示。

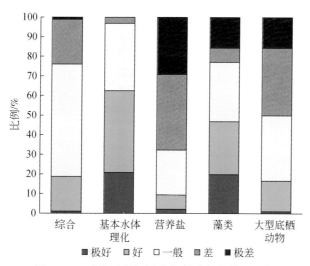

图 3-117　太湖流域河流指标综合评价等级比例

3.7.4.2　太湖健康评价结果

（1）湖泊基本水体理化评价结果

太湖基本水体理化指标综合得分为 0.81，其健康状态为极好。其中健康状态为极好和

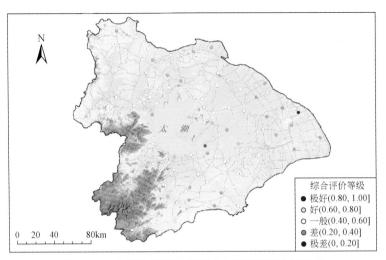

图 3-118　太湖流域河流指标综合评价等级空间分布

好的调查点所占比例均为 50% 。其空间分布特征是：太湖西部、南部及梅梁湖为极好，其他湖区、湖湾为好。

DO 平均得分为 1.00，健康评价结果全部为极好。

EC 平均得分为 0.61，评价结果达到好。其中健康状态为好和一般的调查点所占比例均为 50% 。其空间分布特征是：太湖中部和南部为好，东部和北部湖湾为一般。

太湖基本水体理化评价等级结果如图 3-119 和图 3-120 所示。

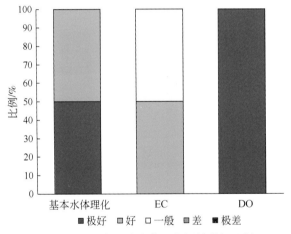

图 3-119　太湖基本水体理化评价等级比例

（2）湖泊营养盐评价结果

太湖营养盐评价得分为 0.56，处于一般级别，其中健康状态为极好和好的调查点所占比例分别为 35.71% 和 14.29% ，一般所占比例为 21.42% ，差和极差所占比例分别为 14.29% 和 14.29% 。其空间分布特征是：太湖东部和南部富营养压水平最低，评价结果为极好，西北部富营养状况较高，评价结果为极差，中部和西南部区域为一般。

COD_{Mn} 指数得分为 0.87，处于极好级别，其中极好和好所占比例分别为 71.43% 和 14.29% ，一般和差所占比例均为 7.14% 。其空间分布特征是：竺山湖、梅梁湖北部及太

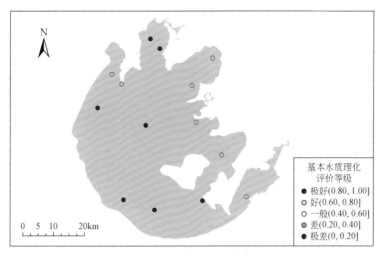

图 3-120 太湖基本水体理化评价等级空间分布

湖西北部沿岸健康级别为一般或好，其他大部分水域达到极好等级。

TP得分为0.63，处于好级别，其中极好和好所占比例分别为42.85%和21.43%，一般所占比例为7.14%，差和极差所占比例均为14.29%。其空间分布特征是：竺山湖健康级别为极差，梅梁湖和西北部沿岸为一般，贡湖、东太湖和太湖西南部为好，其他敞水区为极好。

叶绿素a得分为0.60，处于一般级别，其中极好所占比例为42.86%，一般和极差所占比例分别为35.71%和21.43%。其空间分布特征是：竺山湖和西北部沿岸健康级别为极差，梅梁湖、湖心区、西南和东太湖为一般，东部和南部为极好。

TN得分为0.32，处于差级别，其中极好和好所占比例均为0，一般和差所占比例均为35.71%，极差所占比例为28.58%。其空间分布特征是：北部湖区为差和极差，湖心区和东部湖区为一般，东太湖和太湖西南沿岸为差。

透明度得分为0.13，处于极差级别，其中差和极差所占比例分别为28.57%和71.43%。其空间分布特征是：东部湖区少数点位为差，其他区域为极差。

太湖营养盐评价等级结果如图3-121和图3-122所示。

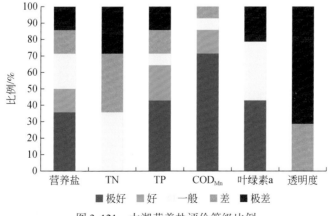

图 3-121 太湖营养盐评价等级比例

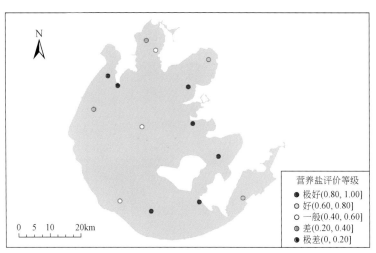

图 3-122　太湖营养盐评价等级空间分布

（3）湖泊藻类评价结果

太湖藻类指标综合得分为 0.29，处于差级别，其中极好和好所占比例均为 0，一般、差和极差所占比例分别为 28.58%、35.71% 和 35.71%。其空间分布特征是：太湖西北部和中部为极差，东南部为差，东北部和西南部为一般。

藻类分类单元数得分为 0.37，处于差级别，其中极好和好所占比例分别为 0 和 7.14%，一般、差和极差所占比例分别为 21.43%、64.29% 和 7.14%。其空间分布特征是：太湖西南部为好，东太湖、东部湖区及西部湖区为一般，其他湖区为差，梅梁湖为极差。

藻类伯杰-帕克优势度指数得分为 0.42，处于一般级别，其中极好和好所占比例分别为 14.29% 和 21.43%，一般、差和极差所占比例分别为 21.43%、0 和 42.85%。其空间分布特征是：太湖北部湖湾、湖心区及东太湖为极差，贡湖、胥湖为极好，西南部湖区为好，其他湖区为一般。

藻类蓝藻密度比例指数得分为 0.09，处于极差级别，其中等级极好、好和一般所占比例均为 0，差和极差所占比例分别为 14.29% 和 85.71%。其空间分布特征是：贡湖湾为差，其他湖区均为极差。

太湖藻类评价等级结果如图 3-123 和图 3-124 所示。

（4）湖泊大型底栖动物评价结果

太湖大型底栖动物指标得分为 0.40，处于差级别。其中等级极好和好所占比例分别为 0 和 7.14%，一般、差和极差所占比例分别为 42.86%、35.71% 和 14.29%。其空间分布特征为：太湖北部和东南部湖湾评价结果为一般，西北沿岸和东北沿岸为差，西南沿岸为极差，仅梅梁弯北部评价结果为好。

分类单元数得分为 0.43，处于一般级别。其中，极好和好所占比例分别为 0 和 28.57%，一般、差和极差所占比例分别为 7.14%、42.86% 和 21.43%。其空间分布特征为：竺山湖、梅梁湖和胥湖为好，西北部湖区为一般，贡湖为极差，其他为差。

FBI 得分为 0.66，处于好级别。其中极好和好所占比例分别为 42% 和 15%，一般、差和极差所占比例分别为 14%、14.5% 和 14.5%。其空间分布特征为：西北部湖区和西

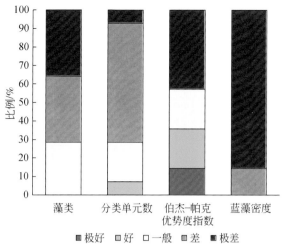

图 3-123　太湖藻类评价等级比例

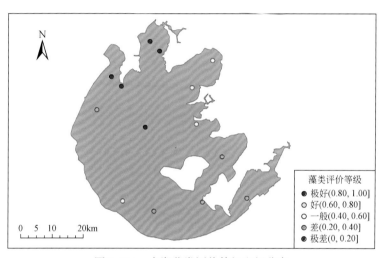

图 3-124　太湖藻类评价等级空间分布

南湖区为差和极差，梅梁湖、贡湖、胥湖和太湖南部为极好，其他区域为好和一般。

伯杰-帕克优势度指数得分为 0.09，处于极差级别。其中等级极好和好所占比例平均为 0，一般、差和极差所占比例分别为 7.50%、5.60% 和 86.90%。其空间分布特征为：除东太湖为一般外，其他区域都为差和极差。

太湖大型底栖动物评价等级结果如图 3-125 和图 3-126 所示。

（5）湖泊综合评价结果

太湖综合评价结果表明，基本水体理化指标得分为 0.81，等级为极好；营养盐指标得分为 0.56，等级为一般；藻类指标得分为 0.29，等级为差；大型底栖动物指标得分为 0.40，等级为差。整体而言，湖泊综合得分为 0.51，处于一般级别。其空间分布特征为：太湖东南部样点及个别东部样点评价等级为好，西北部样点为差，其他样点为一般。该结果表明，太湖富营养状况处于轻度富营养化程度，水生生物类群发生了显著的结构性改变，其中蓝藻比例激增、大型底栖动物优势种群有演替为耐污种的趋势。

太湖综合评价等级结果如图 3-127 和图 3-128 所示。

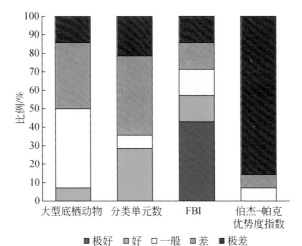

图 3-125　太湖大型底栖动物评价等级比例

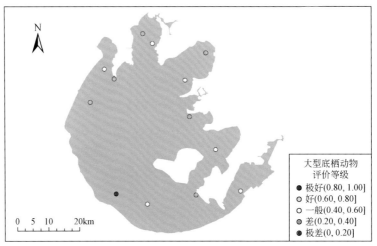

图 3-126　太湖大型底栖动物评价等级空间分布

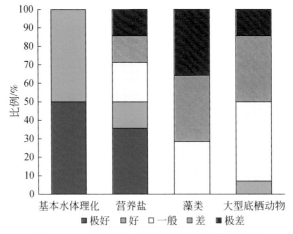

图 3-127　太湖水生态系统综合评价等级比例

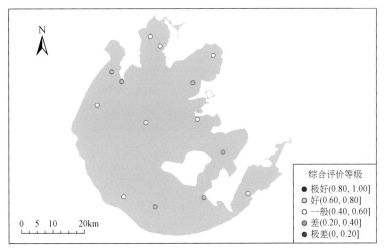

图 3-128　太湖水生态系统综合评价等级空间分布

3.7.4.3　太湖流域健康评价结果

通过对太湖流域基本水体理化、营养盐、藻类和大型底栖动物的综合评价得出：太湖全流域综合评价平均得分为0.52，极好的比例为0.91%，好和一般的比例分别为19.09%和57.27%，差和极差的比例分别为21.82%和0.91%，如图3-129所示，说明太湖流域水生态系统健康整体呈一般状态。

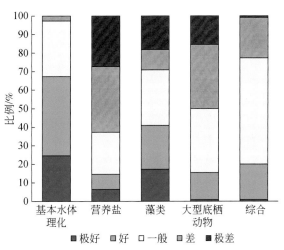

图 3-129　太湖流域水生态系统综合评价等级比例

从评价结果的空间分布特征来看，如图3-130所示，河流结果为好的样点主要分布于流域西部丘陵区域及太湖东南沿岸区域，结果为一般的样点状况主要分布于太湖西部、东北部和东南部区域，结果为差和极差的样点主要分布于太湖北部、杭州湾北部和上海附近平原河网区域，太湖湖体东南部样点及个别东部样点评价等级为好，西北部样点为差，其他样点位为一般。

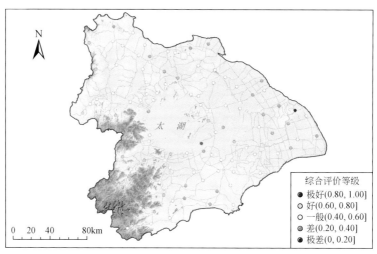

图 3-130　太湖流域水生态系统综合评价等级结果

综合评价等级
● 极好(0.80, 1.00]
○ 好(0.60, 0.80]
○ 一般(0.40, 0.60]
● 差(0.20, 0.40]
● 极差(0, 0.20]

太　湖

0　20　40　　80km

3.7.5　问题分析与建议

（1）存在的主要问题

太湖流域河流水生态系统健康整体呈一般状态，评价结果中营养盐指标得分最差。总体来看，流域水环境问题比较严峻，人类活动对于河流生态系统的压力和干扰主要来自工农业、城市生活污水的排放超过了河流的自净能力，且由于流域大部分河流水体流动性较差，致使污染物质累积，因而出现耐污型生物群落逐渐占据优势地位。太湖湖体健康评价结果中，藻类指标结果最差，大型底栖动物和营养盐次之，基本水体理化最好。评价结果与太湖现状吻合，太湖水质环境目前处于轻度污染的状态，容易暴发蓝藻水华，浮游植物结构类群指标也表明，蓝藻的比例处于较高水平，大型底栖动物群落结构也出现了敏感物种减少甚至消失，群落向耐污类群演替的趋势。

从评价结果的空间分布状况来看，综合评价结果和各个评价指标也存在显著的差异。整体来说，流域西部丘陵区域河流的评价结果相对较好，而东部平原区域的评价结果相对较差。太湖湖体评价结果显示，湖体西北部包括竺山湖在内的区域是水环境最差的区域，而湖体东南部是水环境较好的区域。主要原因是西北部承载了大量工业和居民生活废水，原有的水生态系统遭到破坏，而东南部湖区水环境状况相对较好，水草相对丰茂，生态系统类型多样性相对较高。

（2）主要建议

针对太湖流域河流与湖泊水生态系统健康问题，建议从流域污染源头控制入手，减少污染排放总量，优化河湖连通性，恢复河流水体自然流动，提高河流和湖泊的自净能力，加强生境修复和物种保护，逐步恢复河流和湖泊水生态系统的物理、化学和生物完整性。

1）强化流域工业、农业和生活污染控制，推进源头管理。目前太湖流域工业产业偏重，高污染行业、企业相对较多，工业排放是环境污染的主要因素。必须对工业全面实行结构优化和产业升级，严格控制工业点源污染排放，污染排放不达标或对当地环境影响严重的企业必须实行"关停并转"。同时，要提高船舶污染物的收集能力，减少污染物排放。加大农业结构调整力度，大力削减流域农业面源污染。优化太湖流域城乡布局，统筹城乡污水和垃圾处理，提高区域性治污设施共建共享度，严控生活污染排放。

2）加强水生态及生境修复。良好的生态环境对提高水体自净能力具有重要作用。根据水生态状况，有选择地投放草食性动物群，种植浮水植物、挺水植物、沉水植物，改善河流、湖泊生态系统。在科学论证和试点的基础上，对太湖等主要湖泊底泥污染严重、水草分布较少、水生生物多样性不足、蓝藻水华多发区实施底泥清淤，对流域主要入湖河道和其他淤堵严重的河塘进行清淤。

3）强化生态流量与水文水资源调控。在总结现有经验的基础上，遵循"先治污，后调水"的原则，适当扩大"引江济太"规模，增加流域水资源供给、加速水体循环、提高太湖流域水环境容量（纳污能力）。疏浚太浦河局部河段，加快推进太浦闸除险加固工程；实施太嘉河工程，提高过水能力，促进太湖水体流动，保证向下游供水的水量、改善水质；实施平湖塘、长山河、金汇港等工程，增加流域南排杭州湾能力，促进杭嘉湖东部平原等地区的水体流动，改善区域水环境，减轻区域防洪压力，进而提高出湖过水能力，以及流域主要骨干性河道的过水能力。

3.8 巢湖流域水生态系统健康评价

3.8.1 流域基本概况

巢湖位于安徽省中部，长江流域下游左岸，位于 117°16′54″E ~ 117°51′46″E，31°43′28″N ~ 31°25′28″N，流域涵盖肥东、肥西、居巢、含山、和县、庐江、无为和舒城等。湖区面积为 760km²，流域总面积为 1.35 万 km²。巢湖流域内共有大小河流 33 条，分别属于杭埠河、派河、南淝河、柘皋河、白石天河、裕溪河 7 条水系。主要入湖河流杭埠河、派河、南淝河、白石天河 4 条河流，占流域径流量 90% 以上，其中杭埠河是注入巢湖水量最大的河流，其次为南淝河、白石天河，分别占总径流量的 65.10%、10.90% 和 9.40%。

巢湖流域水资源量丰富，年均地表水资源总量为 53.60 亿 m³，其中巢湖闸上年均入湖水量为 34.90 亿 m³，最大为 1991 年的 89.40 亿 m³，最小为 1978 年的 7.90 亿 m³。年均出湖水量为 30 亿 m³，最大为 1991 年的 85 亿 m³，最小为 1978 年的 1 亿 m³。巢湖流域建有大型水库 3 座，中型水库 7 座，小型水库 224 座，塘坝作为反调节在灌溉供水中起到重要作用。龙河口、董铺和大房郢三座大型水库具有防洪、灌溉和供水等综合利用功能，总控制流域面积为 1511.50km²，合计库容为 12.52 亿 m³，总兴利库容为 6.01 亿 m³。巢湖闸上中小型水库总兴利库容为 2.29 亿 m³，山丘区、圩区塘坝总面积为 290km²，总库容为 3.55 亿 m³。

巢湖流域地处江淮丘陵之间，平均海拔为 65m，四周分布有银屏山、冶父山、大别山、防虎山、浮槎山等低山丘陵，并形成东西长、南北窄、西高东低中间较低洼平坦的地形。海拔一般在 400 ~ 500m，河流上游最高峰海拔达 1539m。低山区分布面积为 1768km²，该区地貌特点是山岭纵横，沟谷发育，多为河流上游地段，属中等切割构造侵蚀地形。流域多年平均降水量为 1100mm，年均平均温度为 15 ~ 16℃，年径流量为 0.73 亿 m³。

流域内土壤随地貌类型和成土母质不同而变化。主要土壤类型有水稻土、黄褐土、紫色土、棕壤、黄壤、石灰土等。太湖流域土地利用类型以耕地为主,其次为建设用地、林地、水域、草地。

全流域以农业用地为主,森林和水体土地类型其次,城镇农村土地利用类型面积比例不到8%。从空间分布来看,以巢湖水体为中心,环湖大部分是农业用地,主要是水田和圩区;其次是合肥和巢湖等城镇建设用地,河网密布,水网发达,上游来水汇入巢湖;流域周边以山地丘陵林地、旱地为主。

巢湖流域内原生植被基本已不复存在,现存植被基本为人工林和次生林及大范围分布的种植农作物。森林植被主要分布于低山区、低山丘陵区及部分丘陵岗地,流域森林覆盖率约20%。流域内森林类型和种类较为单调,主要包括针叶林、阔叶林、经济林及杂树灌丛林等。其中针叶林主要树种为马尾松、黑杉、水杉等,在低山区、丘陵区为疏密不等片状分布,是分布最广、数量最多的森林植被类型;阔叶林以槠类、栎类、枫香、化香为主,主要分布于流域西部及西南部低山区,多零星夹于针叶林中;经济林包括茶园、果园、竹林等,分布零星,面积不大,茶园主要分布于舒城县南部丘陵岗地,竹林主要分布于舒城南部杭埠河两岸及村落四周,其他经济林分布零散;杂树灌丛主要分布于舒城、肥西两县西部丘陵岗地,面积小,分布零星。巢湖流域农业种植作物主要有水稻、油菜、棉花、小麦、大豆、薯类、花生、西瓜和黄麻等。近年来,巢湖流域经济发展速度加快,是安徽省经济发展水平较高的地区之一,2010年全流域总人口为978.11万人,GDP为3262.52亿元,三产比例为7.20∶52.67∶40.13。

巢湖流域经济快速发展带来了大量的工业废水、农业面源污染及城镇生活污水,随着用水量的不断增加,污水排放及入湖污染负荷总体呈缓慢增长趋势。相关研究显示,20世纪90年代,巢湖流域主要入湖河流中水质为劣Ⅴ类或Ⅴ类的有南淝河、十五里河、店埠河和派河,杭埠河水质较好,为Ⅱ类,其余河流均为Ⅳ类,主要污染物是氨氮和耗氧有机物。近年来,巢湖流域主要入湖河流中水质为劣Ⅴ类的有南淝河、派河、十五里河、塘西河和双桥河;Ⅳ类的主要有杭埠河和丰乐河;Ⅱ类和Ⅲ类的主要有兆河、柘皋河、白石天河、裕溪河。其中,南淝河以8.60%的入湖水量,贡献了21.30%的入湖COD、24.70%的入湖TP、8.90%的入湖TN;十五里河以1.60%的入湖水量,贡献了4.50%的入湖COD、24.40%的入湖TP、19.70%的入湖TN;派河以7.80%的入湖水量,贡献了14.60%的入湖COD、23.50%的入湖TP、40.90%的入湖TN。另外,对巢湖湖体而言,人工控湖后,巢湖逐步演变为半封闭型湖泊,呈现出"水量交换减少、水体流动减弱、水位波动减缓"等人类干预下的水文特征,逐步诱发出"环湖湿地消失、生物多样性降低、环境容量缩小、自净能力下降"等自然和环境问题。

除上述水环境问题以外,巢湖流域还面临着巨大的水生态问题。主要表现如下:①流域森林覆盖率较低,水土流失严重,淤泥淤积入湖。巢湖整个流域森林植被覆盖率仅为15%左右,低于安徽省平均水平(27.5%),森林资源结构不合理,成熟林少,中幼林多,砍伐量超过生长量。上游来沙来水被截留,平均每年入湖泥沙量达260万t,巢湖原有360多个湖汊、湖湾,但是大量泥沙入湖之后,湖底抬高,目前水面仅为古巢湖的38%左右。根据测算,巢湖将在1000年内淤满,而西巢湖寿命只有435年。如果大别山区的地表侵蚀进一步加剧,带来的泥沙将加速巢湖的消亡。②环湖岸线崩塌、滨湖湿地生态系统退化严重。巢湖岸线长 184.66km，其中易崩塌岸线达 88km，主要分布于巢湖的西北岸、东南岸及南岸，年均崩塌入湖的土地面积达 26km²。湖面逐渐缩小，水深变浅，水生植物和湿生植物不断地从湖岸向湖心发展，使湖内沿岸湿地晒滩与挺水植物生长失去条件，湖区生态系统逐步退化，生态功能丧失。③河道、湖体水生态功能受损、生物多样性锐减。重污染河流生物绝迹、湖体富营养化、泥沙淤积、水位提高及半封闭水域等原因，共同造成了湖体生物多样性锐减。目前鱼类、虾类和各种水鸟已由 49 种、8 种、44 种减少到不足原来的 1/3，鱼类种群低龄化、小型化，底栖动物锐减，沉水植物难以生长，蓝藻水华频频暴发、耗氧过多，导致其他生物缺氧死亡。

3.8.2 评价数据来源

2013 年 4 月对巢湖流域水环境和水生态断面进行调查，共布设 184 个样点，其中河流 150 个，湖泊 34 个（图 3-131）。调查内容包括基本水体理化、浮游藻类、着生藻类、浮游动物、大型底栖动物。巢湖流域鱼类调查样点总计 80 个，调查时间为 2013 年 4 月和 7 月。

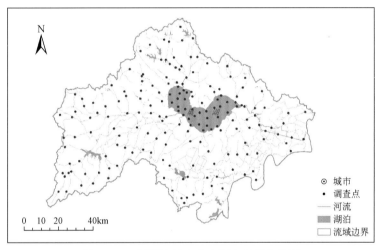

图 3-131　巢湖流域水生态调查采样点位置

（1）基本水体理化

如图 3-132 所示，巢湖流域的 COD_{Mn} 的含量为 1.76 ~ 20.00mg/L，平均含量为 5.70mg/L，处于Ⅲ类水水平。其中 COD_{Mn} 较低的采样点多分布在流域西南部和南部，都是森林覆盖率较高的山丘区，表明这些区域的有机污染情况相对较轻。COD_{Mn} 含量较高的采样点多分布在环巢湖平原区，以巢湖西北部的合肥市区最为明显，采样点的 COD_{Mn} 含量多在 10.00mg/L 以上。巢湖流域的 DO 含量为 0.85 ~ 21.40mg/L，平均含量为 9.77mg/L，处于Ⅰ类水水平。其中 DO 含量较高的采样点多分布在西部山丘区，DO 含量较低的采样点多分布在环巢湖平原区，以巢湖西北部的合肥市区最为明显，采样点的 DO 含量多在 5.00mg/L 以下。巢湖流域 EC 为 33.00 ~ 3158.00μS/cm，平均含量为 233.31μS/cm。其中 EC 较低的采样点多分布在流域西南部，EC 较高的采样点多分布在环巢湖平原区，以巢湖西北部的合肥市区最为明显，采样点的 EC 多在 500.00μS/cm 以上。

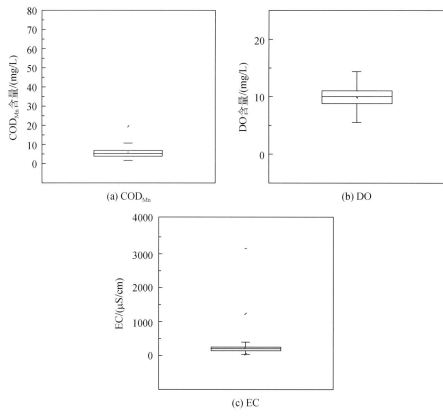

(a) COD_Mn

(b) DO

(c) EC

图 3-132　巢湖流域基本水体理化箱线图

（2）营养盐

如图 3-133 所示，巢湖流域的 TN 含量为 0.45～5.00mg/L，平均含量为 3.54mg/L，处于劣Ⅴ类水水平。其中，TN 含量较低的采样点多分布在流域西部和东部。TN 含量较高的采样点多分布在环巢湖平原区，以巢湖西北部的合肥市区最为明显，其采样点的 TN 含量多在10.00mg/L 以上。巢湖流域 TP 的含量介于 0.01～1.00mg/L，平均含量为 0.34mg/L，处于Ⅴ类水水平。其中，TP 含量较高的采样点多分布在巢湖西北部的合肥市及周边地区，采样点的 TP 含量多在 0.60mg/L 以上，其他区域 TP 含量较低。巢湖流域叶绿素 a 含量在0.03～25.00μg/L，平均含量为 14.42μg/L。其中，叶绿素 a 含量较高的采样点多分布在巢湖西北部的合肥市及周边地区，其采样点的叶绿素 a 含量多在 20.00μg/L 以上，其他区域叶绿素 a 含量相对较低。

（3）藻类

2013 年 4 月，湖泊和水库调查中共鉴定出 6 门 126 属 261 种（含变种），各门藻类种属数依次为蓝藻门 19 属 39 种、硅藻门 37 属 70 种、金藻门 8 属 13 种、隐藻门 2 属 4 种、裸藻门 7 属 28 种、绿藻门 53 属 107 种，按种类统计绿藻门明显占优，其次为硅藻门和蓝藻门。浮游藻类分类单元数介于 3～26，平均值为 16.10。优势度指数介于 0.10～0.89，平均值为 0.41。蓝藻百分比介于 0～90%，平均数为 38%。

2013 年 4 月，巢湖流域河流调查中总共鉴定出着生硅藻 2 纲 36 属 164 种（含变种），

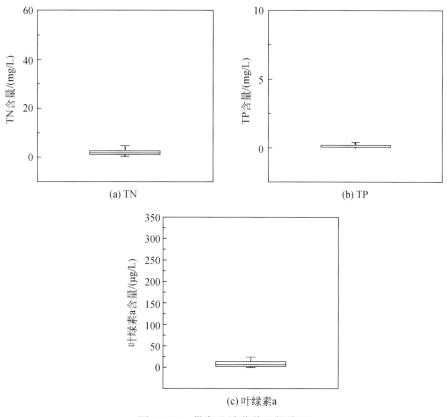

(a) TN

(b) TP

(c) 叶绿素a

图 3-133　巢湖流域营养盐箱线图

分属中心纲圆筛藻目以及羽纹纲盒形藻目、无壳缝目、拟壳缝目、双壳缝目、单壳缝目及管壳缝目。其中，中心纲圆筛藻目共鉴定出 7 种（变种）；羽纹纲盒形藻目、无壳缝目、拟壳缝目、双壳缝目、单壳缝目及管壳缝目分别为 1 种、26 种、10 种、83 种、11 种、28 种（变种），种类数以双壳缝目占优。着生藻类分类单元数介于 1～39，平均值为 14.66。伯杰–帕克优势度指数介于 0.10～1.00，平均值为 0.35（图 3-134）。

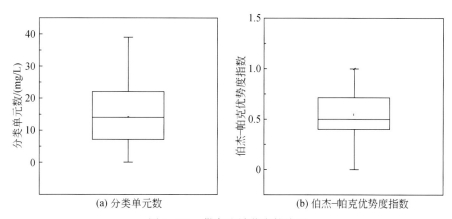

(a) 分类单元数

(b) 伯杰–帕克优势度指数

图 3-134　巢湖流域藻类箱线图

（4）大型底栖动物

2013 年 4 月调查共采集到大型底栖动物 221 种，其中节肢动物门种类最多共 171 种，分别属于 9 个目，其中双翅目种类最多（75 种，主要为摇蚊科幼虫 61 种），蜻蜓目和毛翅目分别 37 种和 22 种，蜉蝣目 16 种，其他昆虫种类较少。软体动物共采集到 32 种，双壳纲和腹足纲分别 13 种和 19 种。环节动物门种类较少，共 12 种。大型底栖动物分类单元数介于 1 ~ 25，平均值为 11.8。伯杰-帕克优势度指数介于 0.14 ~ 1.00，平均值为 0.49。FBI 指数介于 1.74 ~ 8.00，平均值为 5.90（图 3-135）。

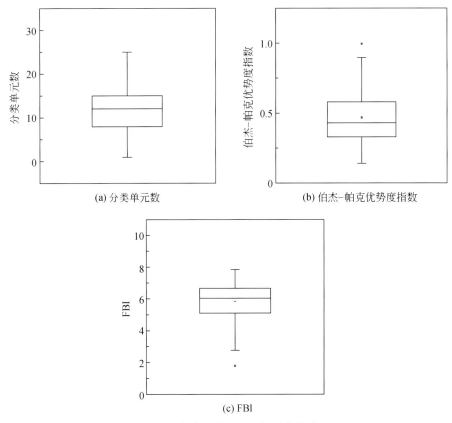

图 3-135　巢湖流域大型底栖动物箱线图

（5）鱼类

2013 年 4 月和 7 月调查发现鱼类 61 种，隶属于 8 目 17 科，其中鲤科鱼类 35 种，占所有鱼类物种数的 57.38%。鲤形目鱼类物种数最多，占全部物种数的 65.57%，鲈形目、鲇形目和鳉形目次之，分别占全部物种数的 16.39%、8.20% 和 3.28%，鲱形目、鲑形目、颌针鱼目和合鳃鱼目均分别仅 1 种，占全部物种数的 1.64%。鱼类分类单元数介于 0 ~ 13，平均值为 4.72；伯杰-帕克优势度指数介于 0 ~ 1.00，平均值为 0.55（图 3-136）。

3.8.3　评价方法

按照制订的流域水生态系统健康评价导则，流域水生态系统健康评价指标体系由流域

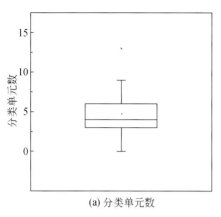
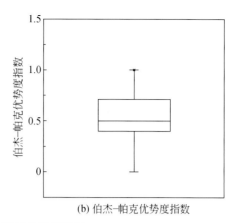

(a) 分类单元数　　　　　　　　　(b) 伯杰-帕克优势度指数

图 3-136　巢湖流域鱼类箱线图

河流和湖泊水生态健康评价指标体系构成。本次评价确定的临界值中，河流基本水体理化、营养盐参考《地表水环境质量标准》(GB 3838—2002) 和调查样点测量值 95% 分位数确定，湖泊营养盐、水质参考《地表水环境质量标准》(GB 3838—2002)，历史资料和营养状态综合确定。

　　生物指标中，藻类分类单元数和伯杰-帕克优势度指数采用巢湖流域调查 184 个样点的 95% 分位数作为参照值，5% 分位数作为临界值；大型底栖动物分类单元数标准采用巢湖流域调查 184 个样点的 95% 分位数作为参照值，考虑到丘陵区、平原区和湖泊的差异，分别建立参照值标准；FBI 和伯杰-帕克优势度指数分别按照点位所在区域 95% 分位数作为参照值，5% 分位数作为临界值（负向指标采用 5% 分位数作为参照值，95% 分位数作为临界值）；鱼类分类单元数、伯杰-帕克优势度指数标准采用巢湖流域调查 70 个样点的 95% 分位数作为参照值，5% 分位数作为临界值（表 3-9 和表 3-10）。

表 3-9　巢湖流域河流水生态系统健康评价指标参照值与临界值

指标类型	评价指标	适用性范围	参照值	临界值
基本水体理化	DO	所有样点	7.5mg/L	2mg/L
	EC	所有样点	100μS/cm	400μS/cm
	COD_{Mn}	所有样点	2mg/L	10mg/L
营养盐	TN	所有样点	0.5mg/L	2mg/L
	TP	所有样点	0.02mg/L	0.3mg/L
藻类	分类单元数	所有样点	28	2
	伯杰-帕克优势度指数	所有样点	0.14	1
大型底栖动物	分类单元数	山区	28	4
		平原	19	2
	FBI	山区	1.82	7.00
		平原	4.18	9.36
	伯杰-帕克优势度指数	山区	0.19	0.70
		平原	0.25	0.90

指标类型	评价指标	适用性范围	参照值	临界值
鱼类	分类单元数	所有样点	8	0
	伯杰–帕克优势度指数	所有样点	0.29	1

表3-10 巢湖流域湖泊水生态系统健康评价指标参照值与临界值

指标类型	评价指标	适用性范围	参照值	临界值
基本水体理化	DO	所有样点	7.5mg/L	2mg/L
	EC	所有样点	100μS/cm	400μS/cm
营养盐	富营养化指数	所有样点	50	70
藻类	分类单元数	所有样点	22	7
	伯杰–帕克优势度指数	所有样点	0.19	0.76
	蓝藻密度比例	所有样点	0	0.86
大型底栖动物	分类单元数	所有样点	11	2
	FBI	所有样点	6.00	9.00
	伯杰–帕克优势度指数	所有样点	0.16	0.96
鱼类	分类单元数	所有样点	5	0
	伯杰–帕克优势度指数	所有样点	0.4	1

根据确定的参照值和临界值，计算各指标数据值，然后按照相应的标准化方法进行标准化，最后各类指标得分均按等权重相加，计算得到各指标得分，最后计算综合指标得分。

3.8.4 评价结果

3.8.4.1 巢湖流域河流健康评价结果

（1）河流基本水体理化评价结果

整体来说，巢湖流域的基本水体理化健康综合得分为0.70，其健康状态处于好级别。其中，极好和好的比例分别为34.67%和41.33%，超过样点总数的75%，一般、差和极差的比例分别为13.33%、6%和4.67%。其主要分布特征是流域西部和南部部分山丘区河流的基本水体理化状况最好，流域东部的河流的基本水体理化健康状态较好，流域受人类干扰较大的城市纳污河流基本水体理化健康状态最差。

DO平均得分为0.87，其中极好和好的比例分别为81.33%和6.67%，超过样点总数的85%。一般、差和极差的比例分别为1.33%、4%和6.67%，表明巢湖流域河流水体DO含量较高。从其空间分布特征是，DO含量相对低的区域主要集中在受人类活动干扰较大的巢湖北部的合肥市区。

EC平均得分为0.64，其中极好和好的比例分别为36%和28.67%，接近样点总数的65%，而一般、差和极差的比例分别为15.33%、8.67%和11.33%，表明巢湖流域的溶解盐的含量适中。其空间分布特征是,流域西部和南部山丘区河流 EC 健康等级为极好,合肥市区及周边区域 EC 健康等级为极差,巢湖东部河流水体 EC 健康等级处于好和一般状态。

COD$_{Mn}$平均得分为 0.58,其中极好和好的比例分别为 28% 和 22.66%,超过样点总数的 50%,而一般、差和极差的比例分别为 22%、14.67% 和 12.67%,表明巢湖流域的有机污染相对较轻。总体而言,巢湖流域的西部和南部山丘区 COD$_{Mn}$ 健康等级为极好,合肥市区及周边区域 COD$_{Mn}$ 健康等级为极差。

基本水体理化评价等级结果如图 3-137 和图 3-138 所示。

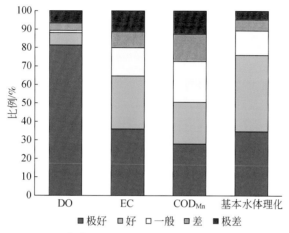

图 3-137　巢湖流域河流基本水体理化评价等级比例

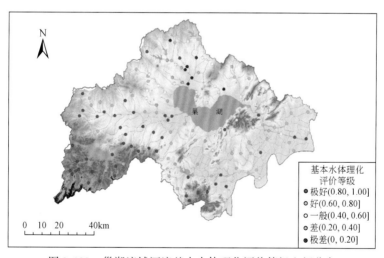

图 3-138　巢湖流域河流基本水体理化评价等级空间分布

(2) 河流营养盐评价结果

整体来说,巢湖流域的营养盐健康综合得分为 0.52,其中极好及好的比例分别为 26.67% 和 15.33%,达到样点总数的 42%,一般、差及极差的比例分别为 26.67%、12% 和 19.33%,其健康状态处于一般水平。其主要分布特征是流域西部丰乐河上游和东部的河流的营养盐健康状态较好,受人类干扰较大的城市纳污河流营养盐健康状态较差。

TP 健康评价平均得分为 0.67，其中极好和好的比例分别为 58.75% 和 12.67%，超过样点总数的 70%，一般、差及极差的比例分别为 6.67%、2.67% 和 19.33%。总的来说，巢湖流域河流水体的 TP 含量适中。从其空间分布来看，TP 健康评价得分较高的区域主要集中在西南部和南部山丘区及东部平原区，健康评价得分较低的区域主要集中在合肥市区等区域。

TN 平均得分为 0.37，其中极好和好的比例分别为 20.67% 和 14%，而一般、差的比例均为 10%，极差的比例为 45.33%，超过样点总数的 45%，表明巢湖流域河流水体的 TN 含量较高，受到了较强的农业、工业污染。TN 健康评价得分较高的区域主要集中在丰乐河上游山丘区，健康评价得分较低的区域主要集中在合肥市区、巢湖市区、西南部山丘区等区域。

营养盐评价等级结果如图 3-139 和图 3-140 所示。

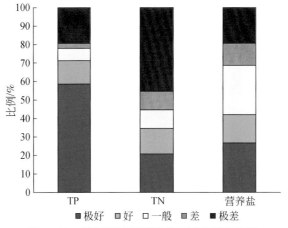

图 3-139　巢湖流域河流营养盐评价等级比例

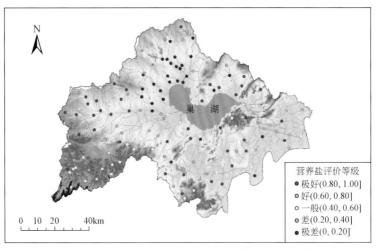

图 3-140　巢湖流域河流营养盐评价等级空间分布

（3）河流藻类评价结果

巢湖流域的着生藻类健康综合得分为 0.61，其中极好和好的比例分别为 22.15% 和 27.14%，接近样点总数的 50%，一般、差及极差的比例分别为 37.14%，8.57% 和 5%，其健康状态处于好级别。其主要分布特征是流域东部和中部平原区的部分河流的着生藻类健康状态较好，西南部山丘区和东南部及北部平原区着生藻类健康状态较差。

巢湖流域河流着生藻类分类单元数平均得分为 0.46，其中极好和好的比例分别为21.43% 和 10%，达到样点总数的 30%，一般的比例为 20.71%，而差及极差的比例分别为 21.43% 和 26.43%，超过样点总数的 45%。其空间分布特征是，分类单元数健康评价得分较高的区域主要集中在东部平原区，西部山丘区和中部平原区也有零星分布，健康评价得分较低的区域主要集中在西部山丘区。

巢湖流域河流着生藻类伯杰–帕克优势度指数平均得分为 0.76，其中极好和好的比例分别为 57.86% 和 22.14%，达到样点总数的 80%，而一般、差及极差的比例分别为 12.14%、2.86% 和 5%，伯杰–帕克优势度指数健康评价得分较高的区域主要集中在中部及东部平原区，西部山丘区有零星分布，健康评价得分较低的区域主要集中在西南部山丘区和合肥市区等区域。

着生藻类评价等级结果如图 3-141 和图 3-142 所示。

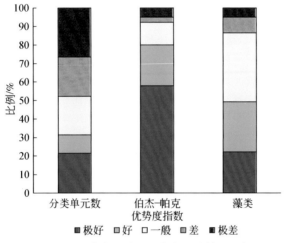

图 3-141　巢湖流域河流藻类评价等级比例

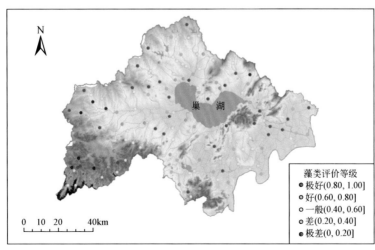

图 3-142　巢湖流域河流藻类评价等级空间分布

（4）河流大型底栖动物评价结果

巢湖流域的大型底栖动物健康综合得分为 0.53，极好和好的比例分别为 8.11% 和 35.14%，一般、差和极差的比例分别为 31.08%、14.86% 和 10.81%，其健康状态处于一般水平。其主要分布特征是流域东部平原区和西南部山丘区的河流大型底栖动物健康状态相对较好，受人类干扰较大的城市纳污河流大型底栖动物健康状态较差。

大型底栖动物分类单元数平均得分为 0.48，通过分级评价显示，极好和好的比例分别为 14.86% 和 16.89%，一般和差的比例分别为 27.03% 和 25.68%，值得注意的是，极差的比例达到了 15.54%。其空间分布特征是，分类单元数健康评价得分较高的区域主要集中在东部平原区，西部山丘区也有零星分布，健康评价得分较低的区域主要集中在合肥市区及其周边区域。

大型底栖动物伯杰-帕克优势度指数平均得分为 0.58，其中极好和好的比例分别为 23.97% 和 31.51%，一般和差的比例分别为 17.81% 和 6.85%，极差的比例为 19.86%。伯杰-帕克优势度指数健康评价得分较高的区域主要集中在东部及中部平原区，西部山丘区也有零星分布，健康评价得分较低的区域主要集中在西北部人类活动干扰较大的城镇区域。

大型底栖动物 FBI 平均得分为 0.53，其中极好比例仅占 16.89%，好和一般级别比例分别为 18.24% 和 37.84%，差和极差的比例分别为 16.22% 和 10.81%。FBI 健康评价得分较高的区域主要集中在西南部和东部山丘区，健康评价得分较低的区域主要集中在西北部人类活动干扰较大的城镇区域。

大型底栖动物评价等级结果如图 3-143 和图 3-144 所示。

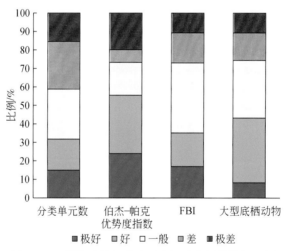

图 3-143　巢湖流域河流大型底栖动物评价等级比例

（5）河流鱼类评价结果

巢湖流域的鱼类健康综合得分为 0.59，极好和好的比例分别为 27.12% 和 25.43%，一般、差和极差比例分别为 22.03%、20.34% 和 5.08%，其健康状态处于一般水平。其主要分布特征是流域西部的河流鱼类健康状态较好，北部及东部受人类干扰较大的城市纳污河流鱼类健康状态较差。

鱼类分类单元数平均得分为 0.56，极好和好的比例分别为 20.34% 和 25.42%，一般

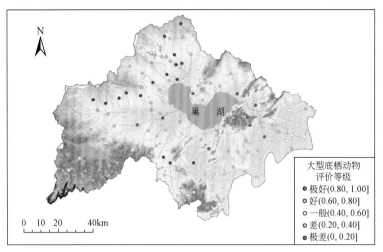

图 3-144　巢湖流域河流大型底栖动物评价等级空间分布

和差的比例分别为 16.95% 和 30.51%，极差比例达到了 6.78%。其空间分布特征是，分类单元数健康评价得分较高的区域主要集中在西部丰乐河上游和东部山丘区，健康评价得分较低的区域主要集中在合肥市区等区域。

鱼类伯杰–帕克优势度指数平均得分为 0.62，其中极好比例为 32.21%，好和一般级别比例分别为 33.90% 和 8.47%，差和极差的比例分别为 15.25% 和 10.17%。伯杰–帕克优势度指数得分较高的区域主要集中在西部山丘区和平原区，得分较低的区域零星分布在合肥市区、巢湖市南部等区域。

鱼类评价等级结果如图 3-145 和图 3-146 所示。

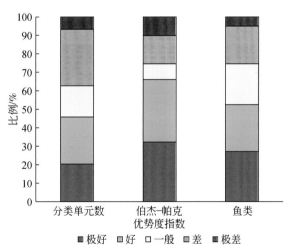

图 3-145　巢湖流域河流鱼类评价等级比例

（6）河流综合评价结果

通过对巢湖流域河流基本水体理化、营养盐、藻类、大型底栖动物和鱼类的综合评价得出：全流域河流综合评价平均得分为 0.58，极好和好的比例分别为 2.67% 和 54%，超过全部样点的 55%，一般的比例为 30%，差和极差的比例分别为 10.67% 和 2.67%，

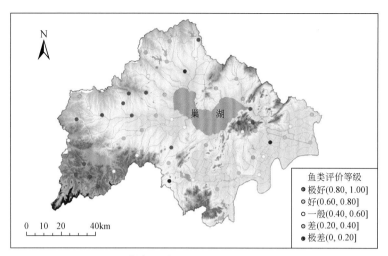

图 3-146　巢湖流域河流鱼类评价等级空间分布

如图 3-147 所示,说明巢湖流域水生态系统健康整体呈一般状态。

从评价结果的空间分布特征来看,极好和好的样点主要分布于西南部山区丘陵区域,一般状况主要分布于东南部平原区域和流域丘陵岗地区域,差和极差的样点主要分布于南淝河和十五里河中下游区域。

河流综合评价等级结果如图 3-147 和图 3-148 所示。

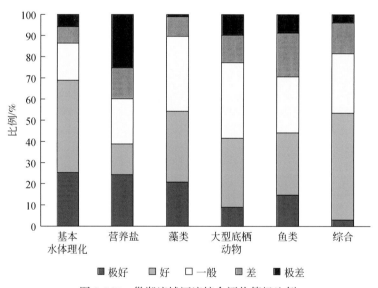

图 3-147　巢湖流域河流综合评价等级比例

3.8.4.2　巢湖健康评价结果

(1) 湖泊基本水体理化评价结果

巢湖湖体基本水体理化指标健康综合得分为 0.83,其中极好及好的比例分别为 82.35% 和 11.77%,超过样点总数的 90%,一般比例为 5.88%,其健康状态处于极好。其空间分布特征是巢湖大部分水体理化指标健康状态较好,但是湖体西北部和东北部部分

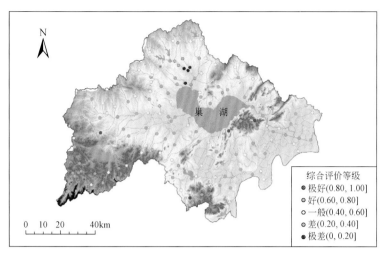

图 3-148　巢湖流域河流综合评价等级空间分布

区域健康状态较差。

巢湖水体 DO 平均得分为 1.00，健康评价结果全部为极好。

EC 平均得分为 0.66，评价结果达到好。其中极好和好的比例分别为 0 和 82.36%，超过样点总数的 80%，而一般、差和极差的比例分别为 8.82%、2.94% 和 5.88%。其空间特征是西北部、中部湖区个别点位评价结果极差，中部、南部个别点位一般，其他都处于好。

巢湖基本水体理化评价等级结果如图 3-149 和图 3-150 所示。

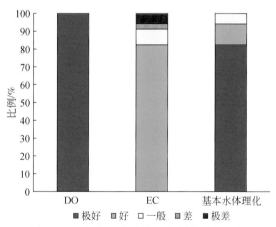

图 3-149　巢湖基本水体理化评价等级比例

（2）湖泊营养盐评价结果

巢湖水体营养盐评价结果显示，极好和好的比例分别为 8.82% 和 23.54%，超过样点总数的 30%，一般、差和极差的比例分别为 32.35%、23.53% 和 11.76%。整体来说，巢湖富营养状况指标平均得分 0.49，其健康状态处于一般水平。其主要分布特征是巢湖东半湖健康评价等级高于西半湖，表明巢湖西半湖富营养指标值较高。

TP 评价得分为 0.46，极好和好的比例均为 14.71% 和 14.71%，一般、差及极差的比例分别为 26.46%、23.53% 和 20.59%，处于一般水平。主要空间分布特征是西半湖大部分点位评价等级为差，东半湖则为一般，东部出口少数点位等级为好。

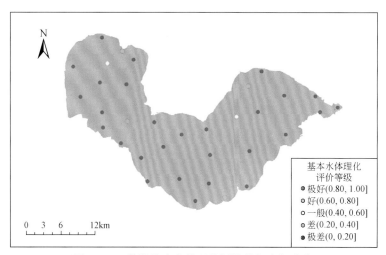

图 3-150　巢湖基本水体理化评价等级空间分布

TN 评价得分为 0.20，其中极好和好的比例均为 0，而一般、差的比例分别为 20.59% 和 26.47%，极差的比例为 52.94%，超过样点总数的一半，处于极差水平。其空间分布特征是西北部少数点位等级为极差，东部巢湖闸附近个别点位等级为一般，其他点位等级都为差。

叶绿素 a 得分为 0.94，其中极好和好的比例分别为 85.29% 和 14.71%，处于极好水平。

COD_{Mn} 指标得分为 0.91，其中极好和好的比例分别为 85.29% 和 12.48%，一般的比例为 2.23%，处于极好水平。其空间分布特征是西半湖大部分点位及南部沿岸点位等级为一般，其他等级都为好。

透明度指标得分为 0.09，极好和好的比例分别为 8.82% 和 0，一般、差和极差的比例分别为 0、2.94% 和 88.24%，处于极差水平。其空间分布特征是，除少数几个点位处于一般等级，其他大部分点位都处于极差等级。

巢湖水体营养盐评价等级结果如图 3-151 和图 3-152 所示。

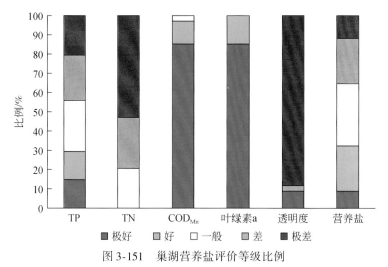

图 3-151　巢湖营养盐评价等级比例

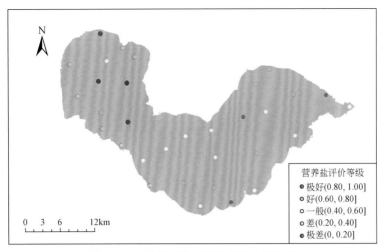

营养盐评价等级
● 极好(0.80, 1.00]
○ 好(0.60, 0.80]
○ 一般(0.40, 0.60]
○ 差(0.20, 0.40]
● 极差(0, 0.20]

0 3 6 12km

图 3-152 巢湖营养盐评价等级空间分布

（3）湖泊藻类评价结果

巢湖湖体浮游藻类健康综合得分为 0.60，其中极好和好的比例分别为 23.53% 和 41.18%，超过样点总数的 60%，一般、差和极差的比例分别为 8.82%、11.76% 和 14.71%，健康状态处于一般水平。其空间分布特征是西部湖区综合得分略高于中东部湖区，主要原因是西部区浮游藻类分类单元数高于其他湖区。

巢湖湖体浮游藻类分类单元数平均得分为 0.69，其中极好和好的比例分别为 52.95% 和 14.71%，而一般和差的比例均为 11.76%，极差的比例为 8.82%，该指标评价得分在巢湖西半湖优于东半湖，靠近巢湖市区的部分区域健康得分较低。

浮游藻类伯杰-帕克优势度指数平均得分为 0.62，其中极好和好的比例分别为 35.29% 和 26.47%，而一般和差的比例为 14.71% 和 2.94%，极差的比例为 20.59%。其空间分布特征是巢湖西半湖优于东半湖。

蓝藻比例指数分级评价结果显示，蓝藻密度比例指数平均得分为 0.58，其中极好和好的比例分别为 29.41%、5.88%，而一般、差和极差的比例分别占 17.65%、17.65% 和 29.41%。

巢湖浮游藻类评价等级结果如图 3-153 和图 3-154 所示。

（4）湖泊大型底栖动物评价结果

巢湖湖体大型底栖动物健康综合得分为 0.43，极好和好的比例分别为 0 和 14.70%，一般、差和极差的比例分别为 50%、17.65% 和 17.65%，其健康状态处于一般水平。其主要空间特征是东半湖评价得分高于西半湖，南部湖区部分样点评价等级达到好。该指标评价得分在巢湖南部较高，靠近巢湖中部和西部的部分区域健康得分较低。

大型底栖动物分类单元数得分为 0.37，通过分级评价显示，极好和好的比例分别为 8.82%、5.88%，一般和差的比例分别为 20.59%、44.12%，极差的比例达到了 20.59%。

大型底栖动物伯杰-帕克优势度指数平均得分为 0.62，极好和好的比例分别为 35.29%、26.48%，一般和差的比例分别为 8.82%、5.88%，极差的比例为 23.53%，处于好水平。该指标在巢湖南部区域较高，靠近巢湖东部和西部的部分区域健康得分较低。

大型底栖动物 FBI 平均得分为 0.28，极好和好的比例均为 0，一般和差的比例分别为

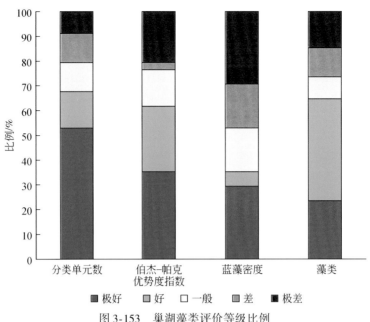

图 3-153   巢湖藻类评价等级比例

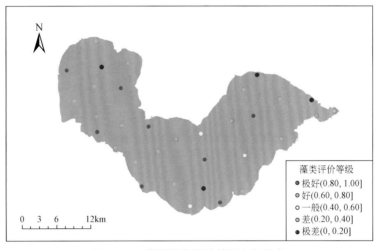

图 3-154   巢湖藻类评价等级空间分布

20.59% 和 50%，极差的比例为 29.41%。该指标在靠近巢湖西部和中部的部分区域健康得分较低。

巢湖大型底栖动物评价等级结果如图 3-155 和图 3-156 所示。

（5）湖泊综合评价结果

通过对巢湖流域湖泊基本水体理化、营养盐、浮游藻类和大型底栖动物综合评价得出：巢湖流域湖泊综合评价平均得分为 0.59，极好和好的比例分别为 2.94% 和 44.12%，一般的比例为 47.06%，差和极差的比例分别为 5.88% 和 0。

巢湖湖泊健康评价结果表明，极好等级的样点位于南部沿岸，而差等级的样点位于巢湖西北部。此外，东半湖评价得分高于西半湖。

巢湖综合评价等级结果如图 3-157 和图 3-158 所示。

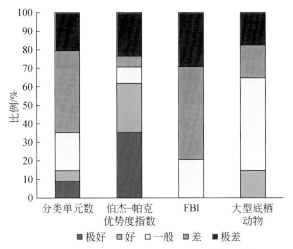

图 3-155 巢湖大型底栖动物评价等级比例

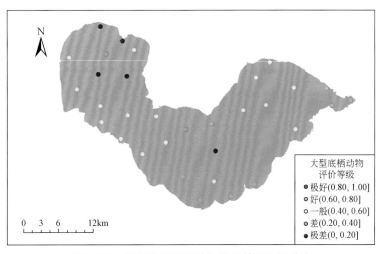

图 3-156 巢湖大型底栖动物评价等级空间分布

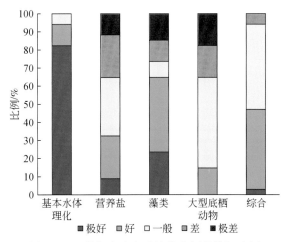

图 3-157 巢湖水生态系统综合评价等级比例

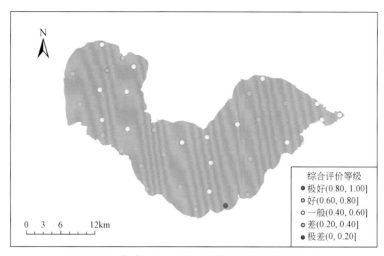

图 3-158　巢湖水生态系统综合评价等级空间分布

3.8.4.3　巢湖流域健康评价结果

通过对巢湖流域基本水体理化、营养盐、浮游藻类、大型底栖动物和鱼类的综合评价得出：巢湖全流域综合评价平均得分为 0.58，极好的比例为 2.72%，好和一般的比例分别为 52.18% 和 33.15%，差和极差的比例分别为 9.78% 和 2.17%，如图 3-159 所示，说明巢湖流域水生态系统健康整体呈一般状态。

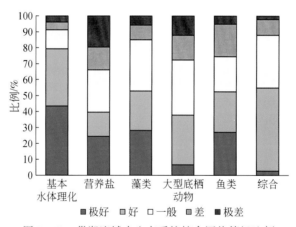

图 3-159　巢湖流域水生态系统综合评价等级比例

从评价结果的空间分布特征来看，如图 3-160 所示，河流极好和好的样点主要分布于西南部丘陵区域，一般状况主要分布于东南部平原区域和流域丘陵岗地区域，差和极差的样点主要分布于南淝河和十五里河中下游区域。巢湖健康评价结果表明，极好等级的样点位于南部沿岸，而差等级的样点位于巢湖西北部，此外，东半湖评价得分高于西半湖。

3.8.5　问题分析与建议

通过对巢湖流域河流及湖泊综合评价得出，巢湖流域水生态系统健康整体呈一般状

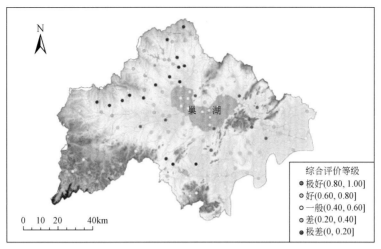

图 3-160　巢湖流域水生态系统综合评价等级空间分布

态。造成巢湖流域水生态健康处于一般状态的原因有很多，如巢湖流域经济快速发展带来了大量的工业废水、农业面源污染以及城镇生活污水，随着用水量的不断增加，污水排放及入湖污染负荷总体呈缓慢增长趋势。对巢湖湖体而言，人工控湖后，巢湖逐步演变为半封闭型湖泊，呈现出"水量交换减少、水体流动减弱、水位波动减缓"等人类干预下的水文特征，逐步诱发出"环湖湿地消失、生物多样性降低、环境容量缩小、自净能力下降"等自然和环境问题。另外，巢湖流域森林覆盖率较低，水土流失严重，淤泥淤积入湖，环湖岸线崩塌、滨湖湿地生态系统退化严重，河道、湖体水生态功能受损、生物多样性锐减等生态问题也是造成上述问题的原因。

　　具体建议主要包括：①控源减排，转变发展方式。转变农业发展方式，促进工业转型升级，大力发展第三产业。②截污减负，降低污染负荷。强化城镇点源、农业面源污染控制，开展河道、河湖岸带的生态修复，科学清淤，减少底泥内源释放。③保育修复，恢复生态功能。加强水土保持与水源涵养，修复陆域生态功能，推动环巢湖生态湿地建设，修复滨湖带生态功能，提高水体交换与自净能力修护湖体生态功能。④调水引流，扩大环境容量。实施引江济巢工程和驷马山引江西输工程。

3.9　滇池流域水生态系统健康评价

3.9.1　流域基本概况

　　滇池流域地处长江、红河、珠江三大水系分水岭地带，位于 $102°29'E \sim 103°01'E$，$24°29'N \sim 25°28'N$。流域面积为 $2920km^2$，为南北长、东西窄的湖盆地。流域主要由滇池湖体、入湖河流以及分布在流域的各种小型自然湖泊和人工水库构成。其中，入湖水系有12个，主要入湖河流29条，呈向心状流入滇池。同时，流域内有大中型水库8座。

　　流域内水资源匮乏且具有时空分布不均的特点。从空间分布特征来看，高山地区降水量较大，东部、东北部和南部山区降水量较多，河谷、坝区及湖面降水量较少。从时间分布特征来看，滇池流域汛期（5~10月）降水集中；非汛期（11月~次年4月）降水较少。降水量年际变化较大，丰水年与枯水年水量悬殊。水资源量的分配不均加剧了流域的缺水形势。从整个滇池湖体来看，流入滇池湖体的水量（包括松华坝水库下泄水、城市生产生活污水、城市径流和农业用水等面源污水）约为 7.0 亿 m^3，而通过海口闸和西园隧洞的湖体出水量达到了 5.9 亿 m^3。流域的用水需求远远高于 1.1 亿 m^3，而且呈现上升趋势。从整个流域来看，多年平均水资源量为 5.4 亿 m^3，而需水量远远大于这个数字。可见，滇池流域的水资源量无法满足流域的需要，水资源量十分短缺。为缓解水资源短缺问题，滇池流域于 20 世纪 90 年代开展了一系列的水利工程建设，包括清水海引水工程、掌鸠河引水工程和牛栏江引水工程，在一定程度上缓解了水资源短缺同社会需水量不断增加之间的矛盾。

滇池流域平均海拔为 1900m，相对高差为 100~650m。

流域内多年平均降水量为 947mm，年平均气温为 14.7℃，29 条入湖河流的年径流量范围在 0.24 亿~1.49 亿 m^3，水量相对较小。滇池总蓄水量为 15.6 亿 m^3，多年平均入湖水量为 6.7 亿 m^3，多年平均出湖水量为 4.17 亿 m^3。

滇池流域土壤分为 7 个土类（红壤、棕壤、水稻土、紫色土、冲积土、石灰岩土、沼泽土）、17 个亚类、30 个土属、75 个土种。流域内自然植被以亚热带的常绿阔叶林为主，次生植被以云南松及华山松为主，森林覆盖率达到 22.9%，主要分布在滇池流域的周边，而环滇池的平原区域林地分布极少。

滇池流域的土地利用类型包括八大类：林地、旱地、水田、草地、荒地、建设用地、水域和未利用地。其中，以林地为主要土地利用类型，其次为建设用地、旱地和水田。2007 年，林地占 44.1%，旱地占 10%，水田占 1.5%，建设用地占 14.0%，荒地、草地和其他未利用地占 21.3%。随着流域地形起伏、海拔的变化，滇池流域土地利用类型呈现明显的空间分布特征：林地主要分布于海拔高，坡度较大的面山区域；农田连片集中，多分布于地势较平缓的环滇池平原区；建设用地分布主要分布在滇池湖体的北部。

据 2011 年统计资料显示，流域内人口 419.14 万人，总人口密度超过 1435 人/km^2，GDP 为 2509.59 亿元，三大产业在国内生产总值中分别占 5.3%、46.3% 和 48.4%。

随着经济社会的不断发展，滇池流域的生态问题日益增多。充足的水量和良好的水质是水生态系统安全性的必要条件，然而滇池流域水资源十分贫乏，水资源时空分布不均匀，并且过度开发。水资源供需矛盾尖锐，其可持续利用和稳定供给形势不容乐观。人均水资源量已由 20 世纪 50 年代的 900m^3/人下降到 21 世纪初的 165m^3/人，大大低于云南省和全国的水平。水污染与富营养化持续恶化，近十年来 N、P 污染快速增加，目前滇池水质总体为劣 V 类，TN、TP、COD_{Cr} 与 NH_3-N 含量严重超标，严重影响饮用水源地安全与功能。水资源短缺、富营养化和水质严重污染是滇池流域的水环境安全的主要问题。

随着滇池流域水生态系统健康状态的降低，生境质量明显下降，水生生物（包括藻类、大型底栖动物和鱼类群落遭受了极大的干扰。在 20 世纪 60 年代之前，云南鲫、多鳞白鱼、银白鱼为滇池经济鱼类的主体，占滇池渔获物的 50%~70%，现在这些鱼类已多年未采集到标本。生物多样性低、生境受损严重是滇池流域的主要生态问题。

3.9.2 评价数据来源

滇池流域水生态系统调查在 2012 年与 2013 年 7~8 月进行，设置样点 185 个（图 3-161）。

其中，入湖河流样点 175 个，滇池湖体样点 10 个，采集样品为水体、着生藻类和大型底栖动物。

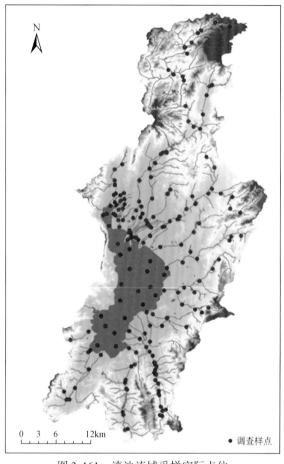

图 3-161　滇池流域采样实际点位

（1）基本水体理化

滇池流域的 COD_{Mn} 含量为 0.70～67.90mg/L，如图 3-162 所示，平均含量为 7.14mg/L，处于Ⅳ类水水平。其中 COD_{Mn} 含量较低的采样点多分布在流域北部、流域东部和流域南部，均为距离滇池湖体较远的区域，这些区域的有机污染情况相对较轻。COD_{Mn} 含量较高的采样点多分布在环滇池平原地区，滇池北部的昆明市区 COD_{Mn} 含量最高，采样点的 COD_{Mn} 含量多在 10.00mg/L 以上。

滇池流域的 DO 含量分布特征具有较强的空间异质性，其含量范围在 0～15.01mg/L，平均含量为 4.28mg/L。流域北部的入湖河流和滇池湖体 DO 含量较高，流域东部的入湖河流次之，流域南部入湖河流的 DO 含量最低，大河流域和柴河流域尤为显著。

（2）营养盐

滇池流域的 TN 含量为 0.18～137.00mg/L，如图 3-163 所示，平均含量为6.76mg/L，处于劣Ⅴ类水水平。流域中大部分采样点的 TN 含量均大于 1.50mg/L。流域北部平原区河段以及流域南部和东部河流的 TN 含量最高，表明这些入湖河流的营养物质污染程度相对

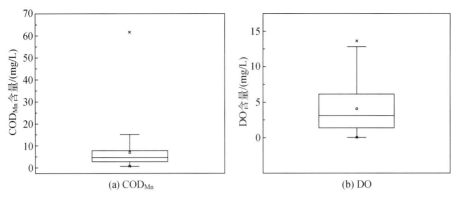

(a) COD_Mn

(b) DO

图 3-162 滇池流域基本水体理化箱线图

较高，滇池的 TN 含量次之，流域北部的入湖河流上游河段 TN 含量较低。滇池流域的 TP 含量为 0.01 ~ 9.93mg/L，平均含量为 0.39mg/L，处于 V 类水水平，整体 TP 污染情况较为严重。流域北部的入湖河流平原区河段以及流域南部入湖河流的 TP 含量较高，其他地区 TP 含量相对较低。滇池流域的 NH₃-N 含量在整个流域的变化范围是 0 ~ 124.80mg/L，平均含量为 3.54mg/L，处于劣 V 类水水平。流域北部的入湖河流平原区河段的 NH₃-N 含量最高，表明流域北部的 NH₃-N 污染负荷较高，流域南部的个别河段 NH₃-N 含量较高，其他区域的采样点的 NH₃-N 含量多在 0.50mg/L 以下。

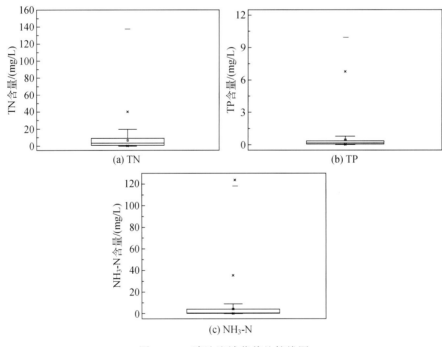

(a) TN

(b) TP

(c) NH₃-N

图 3-163 滇池流域营养盐箱线图

（3）藻类

经鉴定，滇池流域藻类有 7 门 37 科 85 属。其中，绿藻门 13 科 32 属，占 37.65%；

其次为硅藻门 11 科 27 属，占 31.76%；再次为蓝藻门 8 科 17 属，占 20%；甲藻门 3 科 4 属，占 4.71%；裸藻门 1 科 3 属，占 3.52%；金藻门和隐藻门均 1 科 1 属，均占 1.18%，以硅藻门的舟型藻属为优势属。根据以上数据，滇池流域的着生藻类的分类数单元在 0~21，平均值为 7，伯杰–帕克优势度指数在 0~1，平均值为 0.49，香农–威纳多样性指数在 0~3.55，平均值为 1.76（图 3-164）。

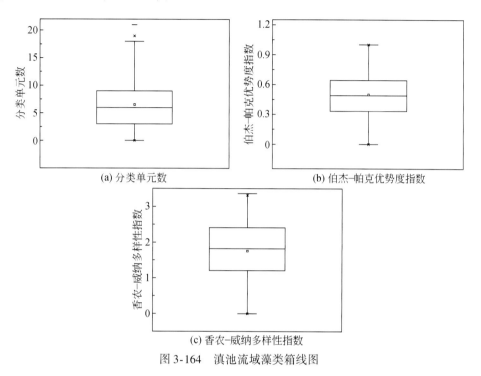

(a) 分类单元数　　　　　　　(b) 伯杰–帕克优势度指数

(c) 香农–威纳多样性指数

图 3-164　滇池流域藻类箱线图

（4）大型底栖动物

经鉴定，滇池流域入湖河流丰水期共检出底栖动物 3 门 6 纲 16 科 17 属。其中，环节动物门 2 纲 3 科 3 属，占 66.67%；其次为软体动物门 2 纲 5 科 6 属，占 22.22%；再次为节肢动物门 2 纲 8 科 8 属，占 11.11%。滇池流域底栖动物的群落结构以环节动物门的尾鳃蚓属为优势属。根据以上数据，大型底栖动物的分类数单元在 0~6，平均值为 2；伯杰–帕克优势度指数在 0~1，平均值为 0.56；BMWP 指数在 0~25，平均值为 4.49（图 3-165）。

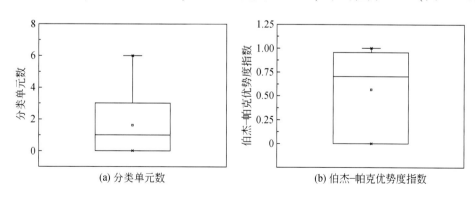

(a) 分类单元数　　　　　　　(b) 伯杰–帕克优势度指数

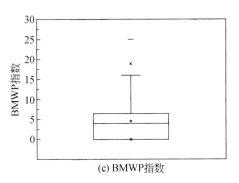

(c) BMWP指数

图3-165 滇池流域大型底栖动物箱线图

（5）鱼类

经鉴定，滇池流域入湖河流共出鱼类1门13科27属，所有鱼类均属于脊索动物门。滇池流域鱼类的优势属是鲫属。根据以上数据，鱼类分类单元数范围在1～14，平均值为6；鱼类伯杰-帕克优势度指数范围在0.17～1，平均值为0.45；鱼类香农-威纳多样性指数范围在0～3.55（图3-166），平均值为1.93。

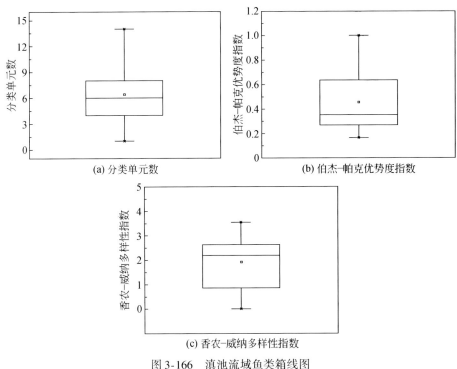

(a) 分类单元数

(b) 伯杰-帕克优势度指数

(c) 香农-威纳多样性指数

图3-166 滇池流域鱼类箱线图

3.9.3 评价方法

按照制订的流域水生态系统健康评价导则，结合滇池流域水生态调查结果，确定滇池流域的水生态健康评价指标包括水体化学指标和水生生物指标。其中水体化学指标包括基本水体理化指标和营养盐指标,水生生物指标包括藻类指标、大型底栖动物指标和鱼类指标。

参与水生态健康评价的水质数据,按照《地表水环境质量标准》(GB 3838—2002),确定临界值为地表水V类的标准,参照值为地表水Ⅲ类的标准。参与水生态健康评价的生物数据,均参考刘保元等(1984)、Penrose(1985)、Lenat(1988)及 Bond 等(2011)所提及的方法,分别确定相应的参照值和临界值。除 BMWP 指数外,均按照入湖河流和湖泊分别进行计算,以95%分位数作为其参照值,以5%分位数作为其临界值。BMWP 指数的参照值和临界值的确定,按照 Hellawell(1986)所提及的方法,认为山区地区的参照值是131,临界值是1;平原地区的参照值是81,临界值是0。具体指标的参照值和临界值见表3-11。

表 3-11 滇池流域水生态系统健康评价指标参照值与临界值

指标类型	评价指标	适用性范围	参照值	临界值
基本水体理化	DO	所有样点	5mg/L	2mg/L
	COD$_{Mn}$	所有样点	6mg/L	15mg/L
营养盐	TP	所有样点	0.05mg/L	0.2mg/L
	TN	所有样点	1mg/L	2mg/L
	NH$_3$-N	所有样点	1mg/L	2mg/L
藻类	分类单元数	入湖河流	14	0
		湖泊	19.85	6
	香农-威纳多样性指数	所有样点	3	0
	伯杰-帕克优势度指数	入湖河流	0	1
		湖泊	0.24	0.8
大型底栖动物	分类单元数	入湖河流	4	0
		湖泊	2	0
	BMWP 指数	山区	131	1
		平原	81	0
	伯杰-帕克优势度指数	所有样点	0	1
鱼类	分类单元数	湖泊	14	1
	香农-威纳多样性指数	湖泊	3	0
	伯杰-帕克优势度指数	湖泊	0.17	1

根据确定的参照值和临界值,计算各指标数据值,然后按照相应的标准化方法进行标准化,各类指标得分均按等权重相加,计算各指标得分,最后按等权重相加计算样点健康评价综合得分。

3.9.4 评价结果

3.9.4.1 滇池流域河流健康评价结果

(1)河流基本水体理化评价结果

整体来说,滇池流域入湖河流的基本水体理化得分为 0.50,其健康状态处于一般水平。其中,极好和好的比例分别为 34.59% 和 11.35%,超过样点总数的 45%,一般、差的比例分别为 16.76%、2.16%，极差的比例相对较高，达到 35.14%。滇池流域流入湖河流水生态健康呈一般状态，入湖河流的水体污染较重，自净能力较差，其基本水体理化健康评价等级结果如图 3-167 所示。从空间分布（图 3-168）来看，流域北部和东部河流的基本水体理化健康状态较好，受人类活动干扰较大的城市纳污河流、流域南部的柴河及大河流域的基本水体理化健康状态较差。

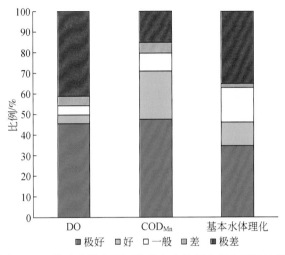

图 3-167　滇池流域入湖河流基本水体理化评价等级比例

滇池流域入湖河流 DO 平均得分为 0.52，其中极好和好的比例分别为 45.42% 和 4.32%，接近样点总数的 50%。一般及差的比例分别为 4.32% 和 4.86%，值得注意的是，

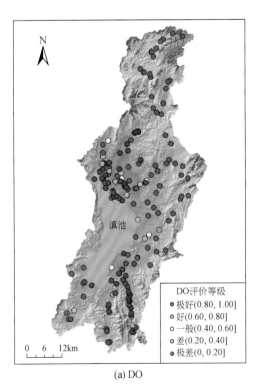

(a) DO

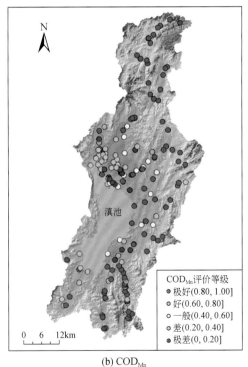

(b) COD$_{Mn}$

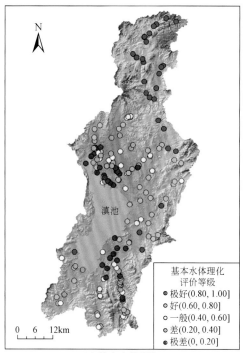

(c) 基本水体理化

图3-168　滇池流域入湖河流基本水体理化评价等级空间分布

极差的比例为41.08%。从空间分布（图3-168）来看，DO含量低的区域主要集中在受人类活动干扰较大的滇池北部的昆明市区，以及滇池流域南部的柴河及大河流域。COD$_{Mn}$平均得分为0.68，其中极好和好的比例分别为47.56%和23.24%，超过样点总数的70%，而一般、差及极差的比例分别为8.65%、5.41%和15.14%，表明滇池流域入湖河流的有机污染情况相对较轻，其健康水平相对较高。从空间分布（图3-168）来看，滇池流域的北部和南部山地区域的入湖河流COD$_{Mn}$含量较低，有机污染较轻。有机污染严重的河流水体主要集中在滇池北部的昆明市区及滇池东部的部分农田平原区。

（2）河流营养盐评价结果

滇池流域水华的爆发常常与N、P含量的突增有密切的关系，因此通过TP、TN、NH$_3$-N来反映滇池流域水质营养盐特征。滇池流域入湖河流的营养盐健康评价等级结果如图3-169所示。

整体来说，滇池流域入湖河流的营养盐得分为0.47，其中极好和好的比例分别为20.54%、16.22%，接近样点总数的40%，一般、差及极差的比例分别为24.32%、14.05%和24.86%，说明营养盐指标在流域入湖河流呈现一般状态。从空间分布来看（图3-170），流域北部和南部山地的入湖河流营养盐的健康水平相对较高，位于滇池北部的昆明市区的入湖河流营养盐的健康水平非常低。

滇池流域入湖河流TP平均得分为0.54，其中极好和好的比例分别为34.59%和16.22%，超过样点总数的50%。一般、差及极差的比例分别为12.43%、10.81%和25.95%。滇池流域入湖河流的TP污染情况相对较轻，健康水平相对较高。从空间分布（图3-170）来看，TP污染严重的河流水体只集中在滇池北部的昆明市区及滇池南部的环

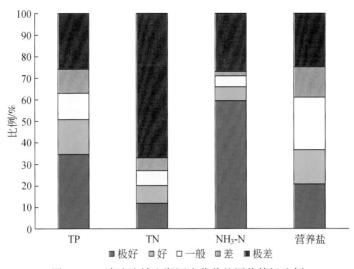

图 3-169　滇池流域入湖河流营养盐评价等级比例

湖农田平原区。TN 的平均得分为 0.22，其中极好和好的比例分别为 11.89% 和 8.10%，而一般、差的比例分别为 7.03%、5.95%，极差的比例为 67.03%，超过样点总数的 2/3，表明滇池流域入湖河流的 TN 污染十分严重。从空间分布（图 3-170）来看，TN 含量较低的区域只有流域北部的山地，其他区域的入湖河流 TN 含量均严重超标。NH_3-N 平均得分为 0.66，其中极好和好的比例分别为 59.46%、6.49%，接近样点总数的 2/3，而一般、差及极差的比例分别为 4.86%、2.16% 和 27.03%。从空间分布（图 3-170）来看，整个流域入湖河流的 NH_3-N 污染相对较轻，污染较为严重的地区主要集中在滇池北部的昆明市区。

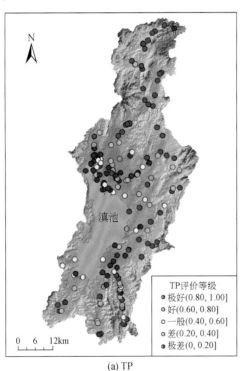

(a) TP

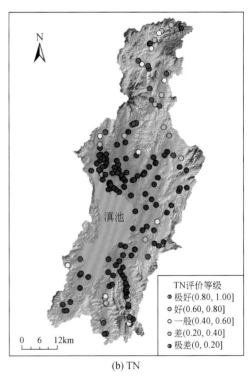

(b) TN

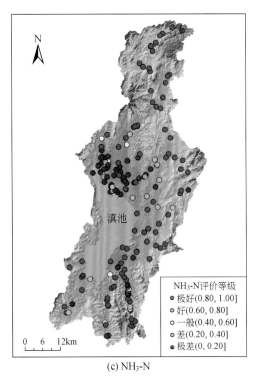

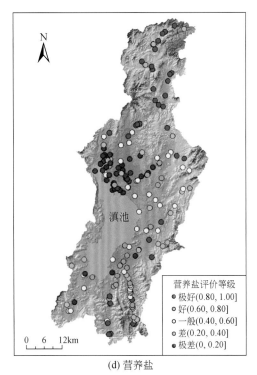

NH₃-N评价等级
- 极好(0.80, 1.00]
- 好(0.60, 0.80]
- 一般(0.40, 0.60]
- 差(0.20, 0.40]
- 极差(0, 0.20]

0 6 12km

(c) NH₃-N

营养盐评价等级
- 极好(0.80, 1.00]
- 好(0.60, 0.80]
- 一般(0.40, 0.60]
- 差(0.20, 0.40]
- 极差(0, 0.20]

0 6 12km

(d) 营养盐

图 3-170　滇池流域入湖河流营养盐评价等级空间分布

(3) 河流藻类评价结果

藻类是滇池流域水域中主要的水生植物，其群落组成、数量等特征的变化，通常和水体中水华的发生和消退具有密切的关系。藻类香农–威纳多样性指数、伯杰–帕克优势度指数以及分类单元数等指标对于藻类群落结构、数量的变化具有较好的表征意义。

滇池流域入湖河流的着生藻类健康评价等级结果如图 3-171 所示，整体来说，滇池流域入湖河流的着生藻类健康综合得分藻类得分为 0.51，其中极好和好的比例分别为11.89%和24.32%，约占样点总数的 35%，一般、差及极差的比例分别为 32.97%、22.16%和8.66%，着生藻类的分级评价说明流域入湖河流水生态健康呈一般状态（图 3-171）。整个流域入湖河流着生藻类物种相对较少，但数量相对较多，其分布相对均匀。

滇池流域入湖河流着生藻类分类单元数平均得分为 0.44，其中极好和好的比例分别为12.43%和17.30%，接近占样点总数的 30%，一般的比例为 19.50%，而差及极差的比例分别为 30.27%和20.50%，超过样点总数的 50%，表明滇池流域入湖河流的着生藻类分类单元数相对较少，物种丰度相对较低。从其空间分布（图 3-172）来看，分类单元数得分整体较低，以受人类活动干扰较大的昆明市区和南部的大河流域尤为明显。伯杰–帕克优势度指数平均得分为 0.50，其中极好和好的比例分别为 7.57%和26.49%，超过样点总数的 30%，而一般的比例较高，达到 35.68%，差及极差的比例分别为 16.76%、13.50%。从空间分布（图 3-172）来看，整个流域入湖河流的着生藻类伯杰–帕克优势度指数的空间差异性较弱，物种分布相对均匀，表明滇池流域入湖河流的藻类优势种地位不是十分突出。香农–威纳多样性指数平均得分为 0.58，其中极好和好的比例分别为 25.41%

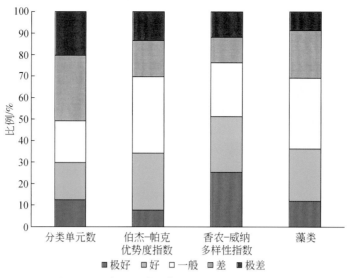

图 3-171 滇池流域入湖河流藻类评价等级比例

和 25.95%，超过样点总数的 50%，而一般、差及极差的比例分别为 24.86%、11.89% 和 11.89%，表明滇池流域入湖河流的藻类数量相对丰富。从空间分布（图 3-172）来看，香农-威纳多样性指数较低的区域只有昆明市区和流域南部的部分区域，其他区域的香农-威纳多样性指数均较高。

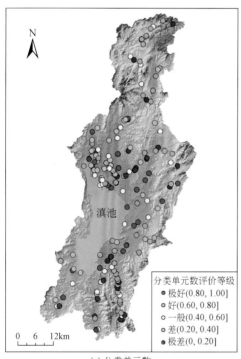

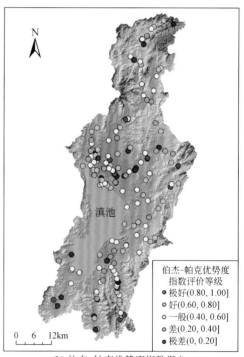

(a) 分类单元数

(b) 伯杰-帕克优势度指数得分

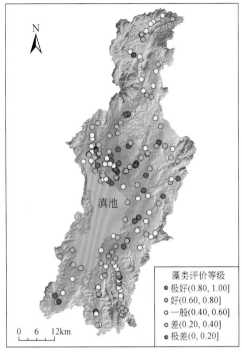

(c) 香农-威纳多样性指数

(d) 藻类

图 3-172 滇池流域入湖河流着生藻类评价等级空间分布

（4）河流大型底栖动物评价结果

大型底栖动物是滇池流域水域主要的水生动物，其作为消费者，对于滇池流域水生态系统的物质循环、能量传递等环节起着关键作用。其香农-威纳多样性指数、伯杰-帕克优势度指数及耐污指数等指标对于水生态系统的变化具有较好的表征意义。

滇池流域入湖河流大型底栖动物健康评价等级结果如图 3-173 所示，整体来说，滇池

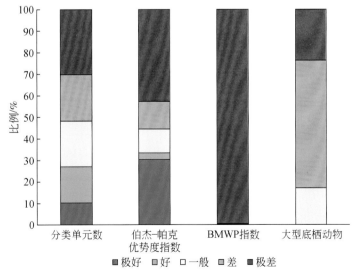

图 3-173 滇池流域入湖河流大型底栖动物评价等级比例

流域入湖河流的大型底栖动物得分为 0.29，极好和好的比例均为 0，一般的比例为 17.30%，差和极差的比例分别为 58.92%、23.78%，超过样点数的 80%。综合来看，流域入湖河流大型底栖动物物种较少，且数量不多，其分布相对均匀。同时，滇池流域大型底栖生物多样性低，清洁指示种少，评价结果整体较差，水生态健康整体状态不容乐观，亟待恢复和治理。从空间分布（图 3-174）来看，流域入湖河流上游的大型底栖动物健康状态稍优于环滇池平原地区。

滇池流域入湖河流大型底栖动物分类单元数平均得分为 0.39，极好和好的比例分别为 10.27%、16.76%，一般和差的比例分别为 21.08%、21.62%，值得注意的是，极差的比例高达 30.27%，表明滇池流域入湖河流的大型底栖动物分类单元数相对较少，物种种类相对较少。从空间分布（图 3-174）来看，分类单元数得分整体较低，以受人类干扰较大的昆明市区和南部的大河流域尤为明显。伯杰-帕克优势度指数平均得分为 0.44，其中极好和好的比例分别为 30.28%、3.24%，一般和差的比例分别为 10.81% 和 12.97%，极差的比例高达 42.70%，表明滇池流域入湖河流的底栖动物优势种未形成稳定的优势种，物种分布较均匀。从空间分布看（图 3-174），昆明市区的大型底栖动物伯杰-帕克优势度指数较高，在人类活动的干扰下形成了比较稳定的优势种。在远离滇池的北部和南部山区，大型底栖动物的伯杰-帕克优势度指数得分较低，表明其优势种地位不够突出，物种分布相对均匀。大型底栖动物的 BMWP 指数平均得分为 0.04，极好的比例为 0.35%，好、一般和差的比例均为 0，极差的比例高达 99.65%，表明滇池流域入湖河流的物种耐污能力较差。从空间分布（图 3-174）来看，BMWP 指数较高的区域主要分布在流域北部和南部受人类活动干扰较少的山区，其他区域的 BMWP 指数都较低。

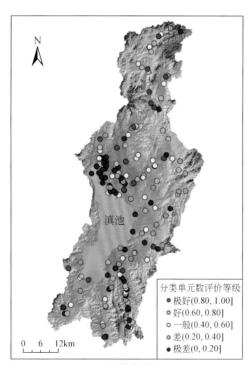

(a) 分类单元数

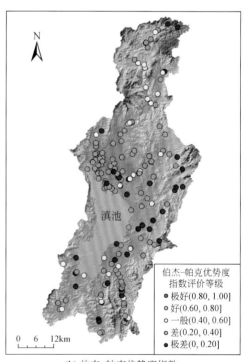

(b) 伯杰-帕克优势度指数

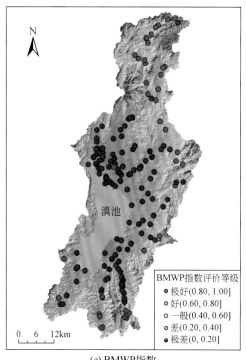

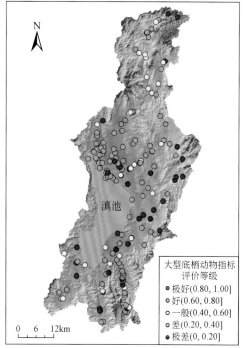

(c) BMWP指数　　　　　　　　　　(d) 大型底栖动物

图3-174　滇池流域入湖河流大型底栖动物评价等级空间分布

（5）河流鱼类评价结果

鱼类是滇池流域水域中主要的水生动物，和其他类群相比，鱼类在水生态系统中的地位独特。一般情况下，鱼类是水生态系统中的顶级群落，对其他类群的存在和丰度有着重要的作用，其分类单元数、伯杰-帕克优势度指数及香农-威纳多样性指数等指标对于水生态系统的变化具有较好的表征意义。

通过水生态调查，仅在入湖河流13个采样点采集到鱼类，其余样点均未发现鱼类，且这些样点多分布于湖体中。13个采样点的鱼类健康评价等级结果如图3-175所示。整体来说，滇池流域入湖河流13个采样点的鱼类得分为0.62，其中好的比例为66.67%，一般、差的比例分别为20%和13.33%，极好和极差的比例均为0，说明流域水生态健康呈良好状态。流域鱼类物种丰度评价结果处于一般水平，鱼类物种分类相对均匀。从空间分布（图3-176）来看，13个采样点的鱼类健康状态差异明显。纵观整个流域，大部分区域已无鱼类生存，这表明整个流域鱼类健康状态较差。

滇池流域入湖河流鱼类分类单元数平均得分为0.57，其中极好和好的比例分别为20%、33.34%，超过样点总数的50%，一般的比例为20%，而差及极差的比例均为13.33%，表明滇池流域13个样点分布区的鱼类分类单元数相对较多，物种种类相对较多。从空间分布（图3-176）来看，分类单元数得分整体较低，尤以北部山区的部分农田区域较为明显。伯杰-帕克优势度指数平均得分为0.65，其中极好和好的比例分别为46.67%、20%，接近样点总数的70%，而一般、差及极差的比例分别为13.33%、6.67%、13.33%，表明样点分布区域的鱼类未形成稳定的优势种，物种分布相对均匀。从空间分布（图3-176）看，鱼类伯杰-帕克优势度指数的空间分布没有明显规律，这

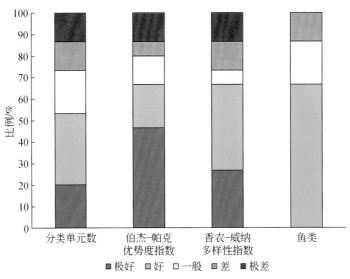

图 3-175　滇池流域入湖河流鱼类评价等级比例

可能和人类活动的范围有较大关系。鱼类的香农-威纳多样性指数平均得分为 0.64，其中极好和好的比例分别为 26.67% 和 40%，占总样点数的 2/3，而一般、差及极差的比例分别占 6.67%、13.33%、13.33%，表明这些区域的物种多样性相对较高。从空间分布（图 3-176）来看，香农-威纳多样性指数在流域北部和南部的分异规律不明显，东部山区的鱼类多样性较低。

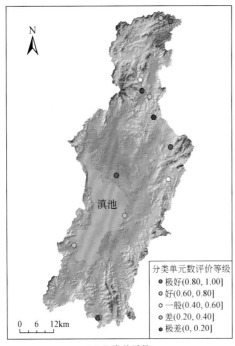

(a) 分类单元数

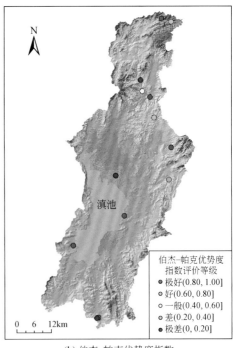

(b) 伯杰-帕克优势度指数

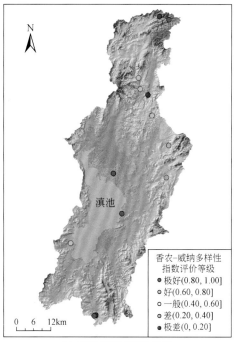
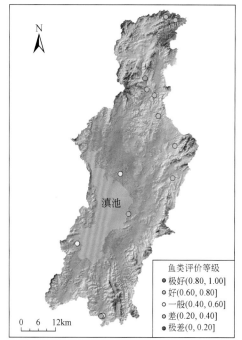

(c) 香农-威纳多样性指数   (d) 鱼类

图 3-176   滇池流域入湖河流鱼类评价等级空间分布

（6）河流综合评价结果

通过对滇池流域入湖河流基本水体理化、营养盐、藻类和底栖动物的综合评价得出：滇池全流域综合评价平均得分为 0.45，极好的比例为 0，好和一般的比例分别为 21.62% 和 37.84%，差和极差的比例分别占 32.97% 和 7.57%，如图 3-177 所示，说明滇池流域水生态系统健康整体呈一般状态。

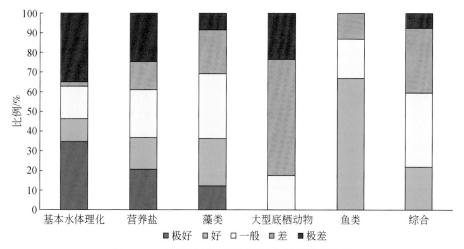

图 3-177   滇池流域入湖河流综合评价等级比例

从评价结果的空间分布特征（图 3-178）来看，极好和好的样点主要分布于流域的北部的河流上游区，一般的样点主要分布于环滇池平原地区及滇池，差和极差的样点主要分布于流域南部的大河流域及昆明市区所在的滇池北部区域。

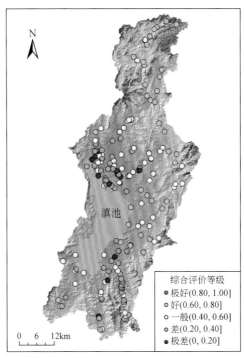

图 3-178　滇池流域水生态系统综合评价等级空间分布

3.9.4.2　滇池健康评价结果

(1) 湖泊基本水体理化评价结果

滇池基本水体理化健康评价等级结果如图 3-179 所示，滇池基本水体理化指标平均得

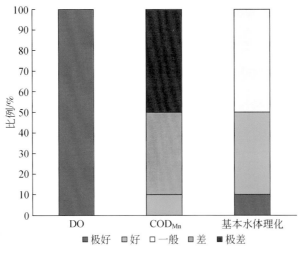

图 3-179　滇池水质基本水体理化评价等级比例

分为 0.62，其中极好、好和一般的比例分别为 10%、40% 和 50%，不存在健康状态为差或极差的样点，基本水体理化分级评价显示滇池处于好状态。从空间分布（图 3-180）来看，滇池中部的基本水体理化处于较好的健康水平，南部的基本水体理化特征相对较差。

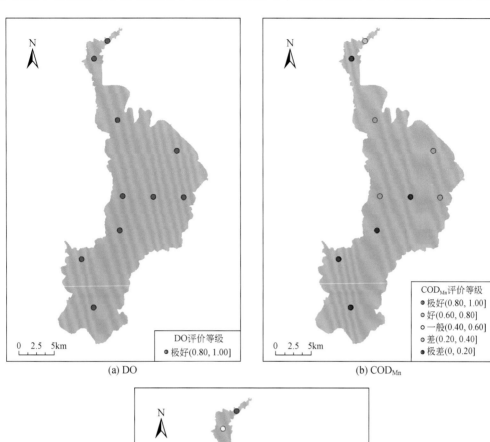

(a) DO

(b) COD~Mn~

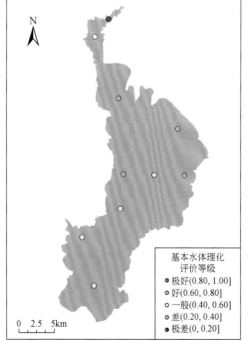

(c) 基本水体理化

图 3-180　滇池基本水体理化评价等级空间分布

滇池水体 DO 平均得分为 1，其中极好的比例为 100%，不存在健康状态为良、一般、差和极差的样点。从空间分布（图 3-180）来看，整个滇池的溶解氧含量较高。滇池 COD_{Mn} 平均得分为 0.24，其中极好和一般的比例均为 0，良好、差和极差的比例分别占 10%、40% 和 50%。从空间分布来看，滇池南部的 COD_{Mn} 含量过高，中部的 COD_{Mn} 含量相对南部较低，但仍然超标。

（2）湖泊营养盐评价结果

滇池水质营养盐健康评价等级结果如图 3-181 所示，滇池的营养盐指标平均得分为 0.40，其中极好、好和差的比例均为 0，一般和极差的比例分别为 80% 和 20%，说明滇池的水质营养盐处于一般的健康状态。从空间分布（图 3-180）来看，营养盐含量在滇池的空间差异性显著，滇池南部的营养盐处于一般的健康水平，北部的营养盐含量偏高，处于极差的健康水平。

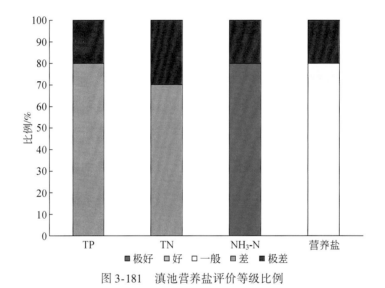

图 3-181　滇池营养盐评价等级比例

滇池水体 TP 平均得分为 0.25，其中不存在健康状态为极好、好和一般的样点，差和极差的比例分别为 80% 和 20%。从空间分布（图 3-182）来看，整个滇池的 TP 含量较高，北部要显著高于南部。滇池 TN 的平均得分为 0.17，其中不存在健康状态为极好、好和一般的样点，差和极差的比例分别为 70% 和 30%。从空间分布来看，滇池南部的 TN 含量过高，北部的 TN 含量相对南部较低，但仍然超标。滇池 NH_3-N 平均得分为 0.77，其中极好的比例高达 80%，而极差的比例为 20%，不存在健康状态为好、一般和差的样点。从空间分布来看，NH_3-N 含量在滇池的空间异质性明显，北部的 NH_3-N 含量极高，其健康水平为极差，南部的 NH_3-N 含量较低，其健康水平为优秀。

（3）湖泊藻类评价结果

滇池藻类健康评价等级结果如图 3-183 所示，滇池的藻类指标平均得分为 0.40，其中极好、好的比例分别为 10%、30%，差及极差的比例分别为 20% 和 40%，说明滇池的藻类处于一般的健康状态。从空间分布（图 3-184）来看，藻类在滇池的空间差异性并不显著。

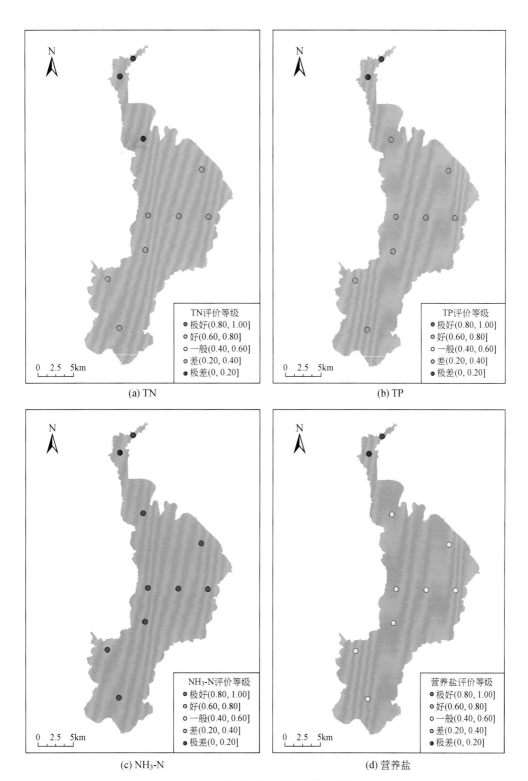

图 3-182　滇池营养盐评价等级空间分布

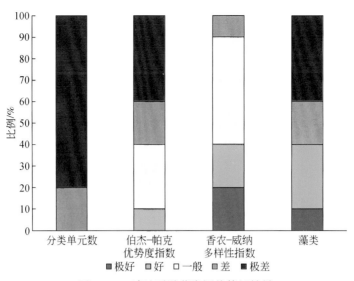

图 3-183　滇池浮游藻类评价等级结果

　　滇池的藻类分类单元数平均得分为 0.14，其中极好、好和一般的比例均为 0，而差及极差的比例分别为 20% 和 80%。从空间分布（图 3-184）来看，整个滇池的藻类分类单元数得分较低，仅有中部 2 个采样点处于较差的健康水平，其余采样点均处于极差的健康水平。滇池藻类伯杰-帕克优势度指数平均得分为 0.30，其中好和一般的比例分别为 10% 和 30%，差和极差的比例分别为 20% 和 40%，不存在健康状态为极好的样点。从空间分布来看，滇池南部和北部的藻类伯杰-帕克优势度指数过高，中部的藻类伯杰-帕克优势度指数相对较低。滇池藻类香农-威纳多样性指数平均得分为 0.60，其中极好和好的比例均为 20%，而一般、差及极差的比例分别为 50%、10% 和 0。从空间分布来看，滇池北部的藻

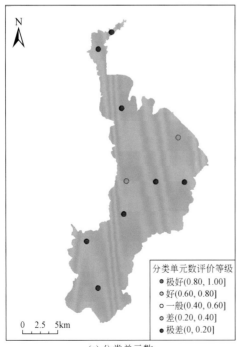

(a) 分类单元数

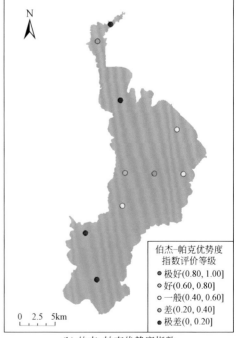

(b) 伯杰-帕克优势度指数

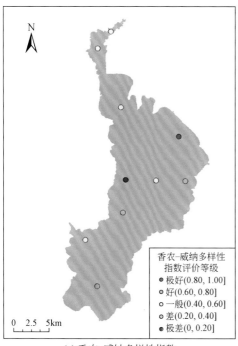

(c) 香农–威纳多样性指数

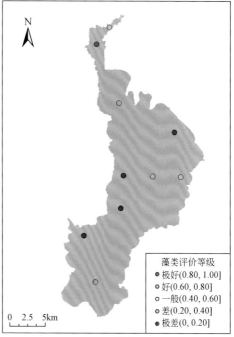

(d) 藻类

图 3-184　滇池藻类评价等级空间分布

类香农–威纳多样性相对一致，均处于一般的健康状态。

（4）湖泊大型底栖动物评价结果

滇池大型底栖动物健康评价等级结果如图 3-185 所示，滇池的大型底栖动物指标平均得分为 0.15，其中极好、好和一般的比例均为 0，差和极差的比例分别为 20% 和 80%，说明滇池的大型底栖动物处于极差的健康状态。从空间分布（图 3-186）来看，大型底栖动物在整个滇池的空间差异性并不显著，处于较差或极差的健康水平。

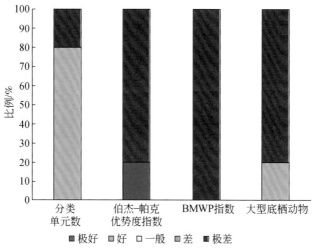

图 3-185　滇池大型底栖动物评价等级结果

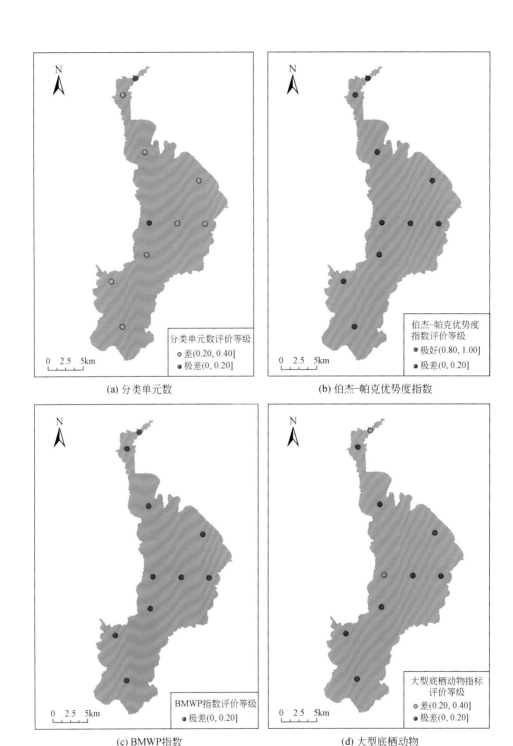

(a) 分类单元数

(b) 伯杰-帕克优势度指数

(c) BMWP指数

(d) 大型底栖动物

图3-186 滇池大型底栖动物评价等级空间分布

　　滇池的大型底栖动物分类单元数平均得分为0.20，极好、好和一般的比例均为0，差和极差的比例分别为80%和20%。从空间分布来看，整个滇池的大型底栖动物分类单元数较少，处于较差或极差的健康水平。滇池大型底栖动物伯杰-帕克优势度指数平均得分为0.21，其中极好的比例为20%，不存在健康状态为好、一般和差的样点，极差的比例为80%。从空间分布来看，滇池的大型底栖动物伯杰-帕克优势度指数过高，处于极差的健康水平；北部和中部的个别采样点处大型底栖动物伯杰-帕克优势度指数相对较低，处于较好的健康水平。滇池大型底栖动物 BMWP 指数平均得分为 0.04，极好、好、一般和差的比例均为 0，极差的比例为 100%。从空间分布来看，整个滇池的 BMWP 指数偏低，大型底栖动物的耐污能力极低。

（5）湖泊鱼类评价结果

滇池鱼类健康评价等级结果如图 3-187 所示，滇池的鱼类指标平均得分为 0.69，其中好的比例为 100%，不存在健康状态为极好和极差的样点。在滇池的鱼类调查中，仅在 2 个采样点采集到了鱼类，从空间分布（图 3-188）来看，两个采样点的差异性不大。

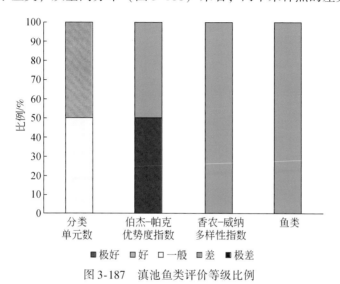

图 3-187　滇池鱼类评价等级比例

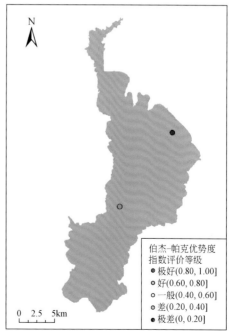

(a) 分类单元数　　　　　　　　　　(b) 伯杰-帕克优势度指数

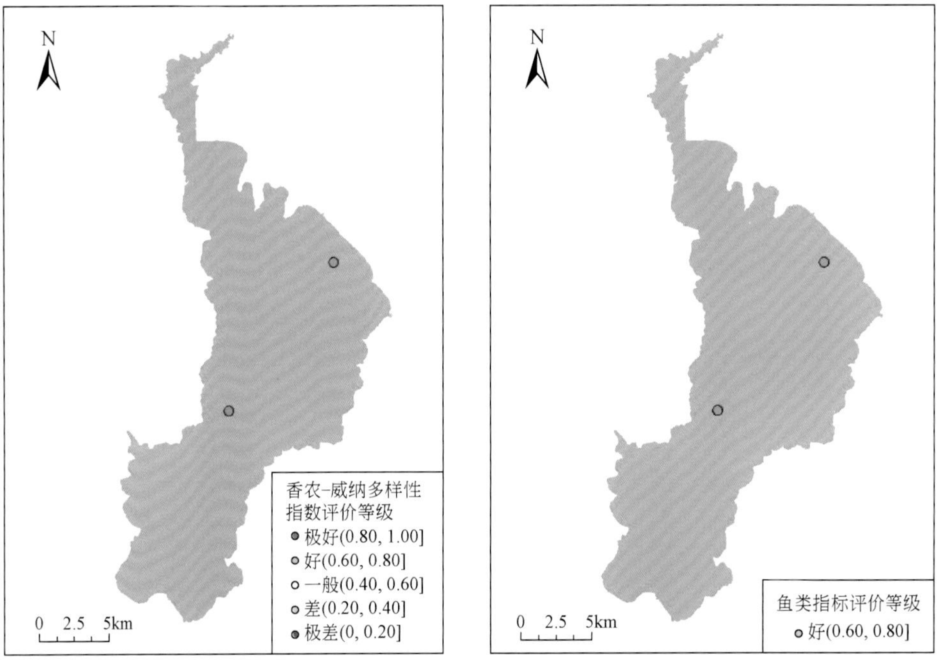

(c) 香农-威纳多样性指数　　(d) 鱼类

图 3-188　滇池鱼类评价等级空间分布

滇池的鱼类分类单元数平均得分为 0.69，其中一般和差的比例均为 50%，不存在健康状态为极好、差和极差的样点。从空间分布来看，滇池北部采样点的鱼类分类单元数比滇池南部采样点高。滇池鱼类伯杰-帕克优势度指数平均得分为 0.80，其中极好和好均为 50%。从空间分布来看，滇池北部采样点的鱼类伯杰-帕克优势度指数比南部采样点低，其群落物种分布更为均匀、稳定。滇池鱼类香农-威纳多样性指数平均得分为 0.74，其中好的比例为 100%。

（6）湖泊综合评价结果

通过对滇池基本水体理化、营养盐、浮游藻类、大型底栖动物和鱼类的综合评价得出：滇池综合评价平均得分为 0.41，极好、好和极差的比例均为 0，一般和差的比例分别为 70% 和 30%，说明滇池水生态系统健康呈一般状态，如图 3-189 所示。

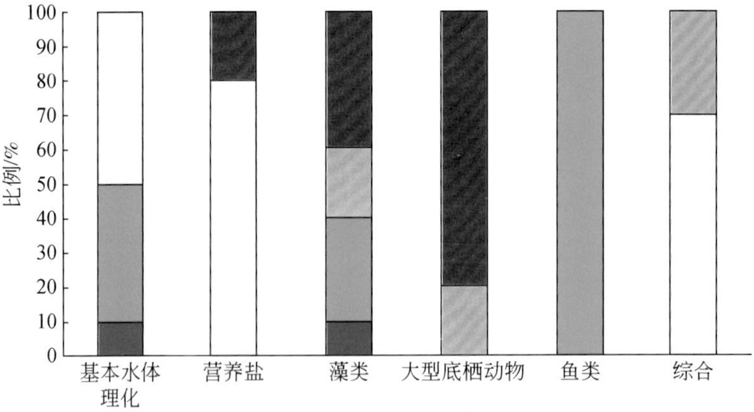

图 3-189　滇池综合评价等级比例

从评价结果的空间分布特征（图3-190）来看，一般的样点主要分布于滇池偏东区域，较差状况主要分布于滇池的西岸附近。

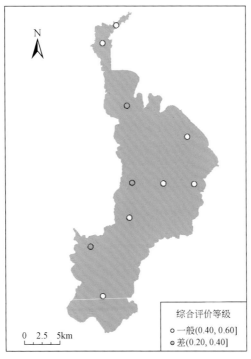

图3-190　滇池健康综合评价评价等级空间分布

3.9.5　问题分析与建议

从水环境特征来看，滇池流域的水质状况较差，水体营养程度偏高，同时存在一定的有机污染。整个滇池流域的水质空间异质性显著，入湖河流上游地区好于下游地区，南部优于北部。

从水生态特征来看，滇池流域的生物多样性极低，很多大型底栖动物和鱼类的土著种已经多年未被发现。目前滇池流域的生物群落结构多以耐污种为优势种，结构单一，稳定性差。人类活动对于水生生物的影响最大。一方面，人类活动通过污染水体破坏水生生物生存的适宜条件，导致生物的减少甚至消失。水体污染对于水生动物和水生植物的结构、组成和丰度都有显著影响。例如，对滇池流域进行生态调查发现，经过人工整治的河道几乎不存在大型水生植物。另一方面，人类活动通过改变水生生物的栖息地，如修建水利工程、硬化河道和疏浚底泥等，导致生境的破碎化和人工化，极大地降低了生物多样性和生物量。

针对滇池流域存在的问题，提出以下建议。

1）扩展和深化环湖截污工程。滇池地处亚热带高原气候带，降水多以暴雨的形式到达地面，流域内上游陆地"源"通过暴雨径流进入水体，给下游河段形成了极大的压力。因此，在现有环湖增设管网收集和处理污染的基础上，截污工程应该考虑向陆地"源"的上游扩展，在污染物进入水体前，消减排放源。例如，在农村地区，通过农业结构调整、村落污染治理及畜禽污染控制，消减面源污染。在城市，调整能源结构以减少大气污染，从而减少地面沉降，降低面源负荷。

2）生产和生活方式破坏了滇池流域自然水文循环，建议部分恢复流域自然水生态过程。为了满足昆明市生产和生活用水的需要，滇池入湖河流被人为截断为以上游水库为主的水源水区和以下游纳污为主的入湖河流段。近10年来，因为干旱和生产生活用水的急剧增加，上游水库基本处于封闭状态，除了通过人工输送进入自来水厂，很少向下游放水，完全改变了滇池流域的自然水文过程，从而影响了滇池流域水生态过程和水生态功能。在增加滇池流域生产和生活用水的情况下，建议将现有水源地的部分水库实行定时开闸放水，部分恢复滇池流域入湖河流自然水文过程，为恢复滇池流域水生态过程提供基础。

3）建议增加滇池引水工程的补水方式多样化。与全国人均 2568m³ 的水资源占有量相比，滇池流域人均水资源占有量为 250m³，属于极度缺水地区。目前，滇池已投入使用的引水工程有清水海引水工程、掌鸠河引水工程及牛栏江引水工程，但水资源依然短缺。在今后一段时间内，水资源量将是滇池流域发展的主要制约因素之一。因此，在调水工程可能获得大量水资源的基础上，应将增加水资源的利用率与增加滇池生态用水放在同等重要的地位，设计多样化的补水方式和途径，使调入的水资源满足滇池湖体生态需水的同时尽可能地增加其使用效率，以此增加滇池流域的水资源量，满足当地社会和经济发展需求。

3.10 洱海流域水生态系统健康评价

3.10.1 流域基本概况

洱海流域径流面积为 2565km²，地处滇西中部，哀牢山地背斜北端，位于 99°51′E ~ 100°30′E，26°36′N ~ 25°36′N。其东接鹤庆、宾川、祥云，南联弥渡、巍山，西靠漾濞、剑川，以苍山山脊为界。流域主要水系为北部弥苴河水系，包括弥苴河干流、凤羽河、茈碧湖、海西海、西湖、罗时江、永安江。西部苍山十八溪水系包括蝴蝶泉、霞移溪、万花溪、阳溪、茫涌溪、灵泉溪、锦溪、双鸳溪、隐仙溪、白石溪、桃溪、白鹤溪、中溪、黑龙溪、清碧溪、冥婷溪、莫残溪、阳南溪。东南部有波罗江，东部有凤尾河。

洱海流域跨越了洱源县和大理市两个行政区。

洱源县近似现代的地貌轮廓形成于中生代侏罗纪至白垩纪的燕山期。新生代古近纪和新近纪再受喜马拉雅运动的影响，境内地形发生了强烈的褶皱、断裂，山体随横断山脉剧烈抬升，断陷地带产生了湖滨盆谷低地、高山峡谷、中山峡谷、低山山地、溶蚀洼地及山麓洪积扇6种地貌类型。

整个洱源县地势西北高，东南低（凤羽河西南高，东北低），最高点在东北部的南无山，海拔为 3958.4m，最低点在东南部的金玉桥河下游，海拔为 1550m，相差 2408.4m，以罗坪山至苍山一线为界，全县区域地形截然分为两大部分，其东半部在洱海流域之内，是中高山地环绕若干断陷形成的高原小盆地，盆地之间有峡谷贯通，呈阶梯状分布，东南还有少数河谷地带，盆周山地属构造剥蚀地形，东西山有多级剥蚀夷平面，群山海拔多在 2500 ~ 3958m；坝区河流湖泊交错，地层多由湖积、冲积、洪积形成，土层深厚，地势较平坦，山麓遍布洪积扇，海拔1960～2300m，高山和平坝相对高差为1100～1998m（《洱源县水利志》）。

洱海流域接近北回归线，太阳高度角较大且变化幅度小。加之地处云南滇西高原，平均海拔相对较高，大部分地区具有夏无酷暑、冬无严寒、年内温差小、日温差大、四季不明显、气候较温暖的低纬高原气候特点。海拔2000m以下沿洱海湖滨区年平均气温为15.1～15.6℃，最热月平均气温为19.7～20.9℃（以挖色镇、邓川镇为最高），最冷月平均气温为8.6～9.1℃（以挖色镇为最低）。洱海流域的气温水平分布（坝区）差异小，垂直分布差异大，即低海拔地区温暖、高海拔地区（如山区苍山顶）寒冷。有研究表明，洱海流域海拔每上升100m，年平均气温下降0.66℃，但各月平均气温随海拔的递减率不同。

洱海流域降水量的地区分布规律大致为，洱海西部和南部的降水量明显比东部和北部多，以挖色镇的降水量为最少，降水量仅占洱海西边的70%。一般情况下在一定的海拔范围内，降水量随海拔升高而增加。据研究，海拔高度每升高100m年降水量增加57～78mm，干季总降水量的递增率为（16～18mm）/100m，雨季总降水量的递增率为（41～60mm）/100m。根据洱海流域地形特点及水文特征，可以将流域分为4个降水分区：弥苴河流域区、洱海西区、洱海东区和洱海湖区。洱海西区是洱海流域内降水最多的区域，区域内多年平均降水量为1183.1mm，无论是西南气流还是偏东气流都会在迎风坡因地形抬升极易形成云雨，故降水较多。洱海东区多年平均降水量仅为733.2mm，洱海东部地势较西部低，且地处苍山西南暖湿气流的背风坡，因气流下沉增温降水减少，故洱海东部降水较少。弥苴河流域多年平均降水量为777.8mm。洱海湖区多年平均降水量为998.4mm。其中弥苴河流域和洱海西区是洱海入湖水量的主要补给源，洱海西区是洱海流域人口较集中、经济发展较快且水资源开发利用程度较高的地区，在干旱年份，该区的农业灌溉水量主要由洱海提供（李庆链，2008）。

洱海流域年径流深值以十八溪最大，弥苴河其次、波罗江最小。径流深等值线的分布形势与降水量等值线相似，但由于降水量是由西到东减少，陆面蒸发又由西到东增大，加上下垫面因素的作用，如有局部高山、丘陵、坝区之间径流深存在差异。在降水形成径流的过程中，有的被植物落叶截留构成截流量，部分洼地积水构成填洼量，这些径流在降水停止后因慢慢蒸发而损失了，所以局部地区的径流深分布不同于降水量等值线。

根据20世纪50年代中期林业调查，洱海流域位于洱源县境内的自然植被覆盖率为54%，1980年年底直线下降到22%。现存山地优势树种280余种：针叶树有云南松、华山松等38种，阔叶树有锥栗、高山栎、麻栎等200种，盆地周边和河谷还分布着滇秋、滇杨、滇合欢等。草本植物670多种，分属121科，其中分布广、占优势的有297种，海拔3000m以上山脊区为高山草地，两侧多为灌木，林间灌草丛生。植被盖度西部高于东部，中高山低于低山地带，邓川镇周围最低。在海拔2500m以下，因人类活动的影响，原始植被已被破坏殆尽，以云南松幼林及杂灌林组成的次生林植被也被毁，光山秃岭逐渐增多，沟谷和盆地边缘及河谷地段多被落叶阔叶树种代替，但较为稀疏。

位于洱海流域西部的苍山山体高大，南北绵延，海拔3000m以上的高峰有19座，属深切割高山，山地植物中的特异种较多，如苍山杜鹃（*Rhododendron dimitrum*）、黄花木（*Piptanthus nepalensis*）、苍山木兰（*Indigofera forrestii*）等。山中气候、土壤、植被垂直分异明显，一般分为4个带。

1）山麓山地植被带：由于苍山的基底海拔较高，该植被带海拔在 2000～2600m，按水热条件应是常绿阔叶林区的云南松林区，因人类长期开发，植被退化，虽保留了面积较大的云南松（*Pinus yunnanensis*）林，但原生成熟林很难找到，多为云南松疏林及幼林，各种灌丛上部多为云南铁杉林及其次生植被草坡。

2）中山植被带：海拔为 2600～3400m，中下部为华山松（*Pinus armandii*）及云南松林带及其次生林。由于人类生产活动对植被的破坏严重，原始温性针叶林已很难找到，多人工林、中幼林；可见以麻子壳柯（*Lithocarpus variolosus*）为主组成的柯属、杜鹃、箭竹常绿萌生林，其种类混杂，尚不稳定。中林、成林有近 1333hm²，没有成熟的大树。还有部分不稳定的、面积较大的灌草丛。

3）亚高山植被带：海拔为 3400～3800m，主要为以苍山冷杉（*Abies delavayi*）构成的亚高山暗针叶林，以及栎类林和灌丛。

4）高山植被带：海拔在 3800m 以上，主要为高山杜鹃灌丛和高山草甸，下段与苍山冷杉林呈犬牙交错分布。苍山植被特别是森林植被对截留降水、涵养水源、维持洱海水分平衡和保障湖西平坝的农业生产具有重要作用。洱海流域内有林地和灌木林地的总覆盖率为 41.4%（北部为 38%，东部为 38.4%，南部为 44.6%，西部为 52.3%），其中幼龄林占 52.9%，中龄林占 28%，近熟林占 9.6%，成熟林占 7.0%，过熟林占 2.5%。整个流域内有林地面积偏小，覆盖率只有 18.2%，其中以东部和北部最低（分别仅为 16.5% 和 17.5%）（段诚忠，1995）。

洱海流域土壤的成土母质以变质岩类的片麻岩、片岩、大理岩和沉积岩类的砂质页岩、紫色沙质岩、石灰岩为主，也有少量的火成岩。境内的地带性土壤为红壤，占流域面积的 29.98%。随着海拔的变化，由低到高依次为红壤、红棕壤、黄棕壤、暗棕壤、亚高山草甸土及高山草甸土，另外还镶嵌分布有紫色土、石灰土和冲积土。垂直分布的大致情况为：海拔 2600m 以下为红壤、紫色土和部分冲积土；2600～2800m 为红棕壤；2800～3300m 为黄棕壤和暗棕壤；3300～3900m 为亚高山草甸土；3900m 以上为高山草甸土。该区土壤中石砾含量在 50% 以上的粗骨性土壤在森林土壤中分布面积较广；土壤的厚度一般为中到厚层，质地介于中壤与重壤之间，多呈酸性，紫色土壤为微酸性至中性。

1990 年，洱海流域各类土地利用面积由大到小的排序依次为灌木林>有林地>耕地>草地>水体>建筑用地>其他（积雪和裸地）；2008 年土地利用面积由大到小的顺序同 1990 年。1990～2008 年，面积增加最多的土地类型为建筑用地，增加了 100.75km²，变化率为 155.42%；其次为灌木林，面积增加了 48.784km²，变化率为 7.08%；有林地及水体的面积也有所增加，但变化不大；相对而言，耕地和草地是面积减少最多的土地类型，分别减少了 85.58km² 和 63.18km²。根据对 2008 年 4 月拍摄的 TM 影像图的解译，洱海流域面积最大的土地覆盖类型为灌木林，为 737.81km²，占整个土地类型的 27%；第二为有林地，672.25km²，占 25%；第三为耕地，462.75km²，占 17%；草地和积雪为 396.40km²，占 15%；水体为 271.80km²，占 10%；最少为建筑用地，为 165.57km²，占 6%。

大理市 2011 年生产总值为 216.32 亿元，同比增长 14%。其中，第一产业产值为 15.09 亿元，同比增长 6%；第二产业产值为 110.51 亿元；第三产业产值为 90.72 亿元。大理市 2011 年年末总人口为 60.98 万人，其中农业人口 39.76 万人，非农业人口 21.22 万人。相较于大理市，洱源县经济实力稍弱。2011 年全县完成生产总值 31.32 亿元，其中第

一、第二、第三产业分别为 11.10 亿元、10.65 亿元和 9.57 亿元，同比增长 6.80%、27.50% 和 9.70%。洱源县人口也比大理市少，全县人口为 26.83 万人。

栾玉泉和谢宝川（2007）对洱源县主要入湖河流弥苴河、永安江、罗时江自 20 世纪 90 年代以来的历史水化学数据进行比较发现：三条河流水体中 COD、BOD_5、TN、TP 含量均有上升的趋势。其中，COD 最大值都出现在 2003 年，分别达到了 25.50mg/L、21.50mg/L、24.00mg/L。弥苴河、永安江 TN 含量最大值均出现在 2009 年，分别为 1.90mg/L、1.91mg/L。TP 含量最大值均出现在 2003 年，三条河分别为 0.64mg/L、0.34mg/L 和 0.40mg/L。由于农田、城镇干扰日趋严重，造成了 TN、TP 含量上升。

洱海流域水体主要的污染因子是 N、P 和有机污染。自 20 世纪 90 年代中后期开始，水体中这些污染因子含量明显增加，并在 2003 年达到最大值，导致当年洱海蓝藻水华的大面积暴发。严重的水华事件引起了当地环境保护部门的重视，随后开展了大量的污染治理，洱海水质近年来有所改善。但总体而言，近 20 年来，流域内水体中 N、P 含量均已大幅增加，随着流域内社会、经济的发展，还有进一步增加的趋势，洱海局部区域仍然存在水华暴发的营养条件。

3.10.2　评价数据来源

2012 年 11 ~ 12 月在洱海流域选取 84 个样点，涵盖河流及湖泊，其中河流样点为 55 个，湖泊样点为 29 个。测定主要水体理化指标，并在大部分样点对大型底栖动物、藻类、浮游动物等生物群落展开检测。

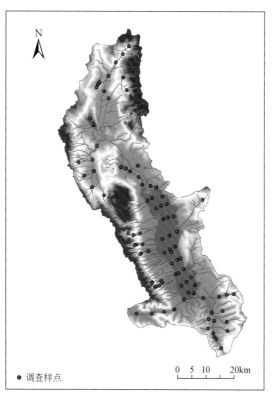

N

● 调查样点

0　5　10　　20km

图 3-191　洱海流域水生态调查样点

（1）基本水体理化

如图 3-192 所示，洱海流域 DO 含量在 0.39 ~ 9.53mg/L，平均含量为 7.41mg/L，处于 II 类水水平。其中 DO 含量较高的样点多分布在苍山十八溪上游、波罗江、弥苴河及凤羽河源头样点，都是受人类活动干扰较小的样点。洱海整体 DO 含量较低，西洱河和三营镇附近样点最差。

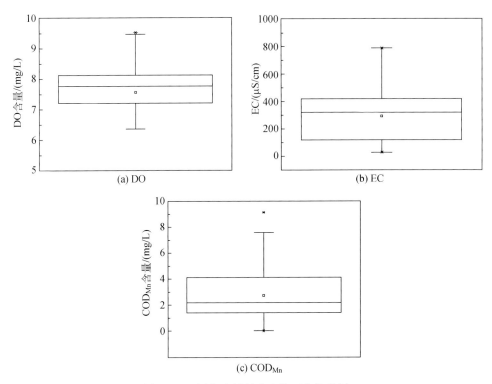

图 3-192　洱海流域基本水体理化箱线图

洱海流域 EC 在 26.80 ~ 788.00μS/cm，平均电导率为 291.12μS/cm。电导较低的点位为苍山十八溪高海拔样点，凤羽河源头样点及洱海各样点。波罗江整体 EC 偏高，弥苴河中下游和西洱河受人为干扰较严重，各样点 EC 最高。

洱海流域 COD_{Mn} 介于 0.01 ~ 9.15mg/L，平均值为 2.74，处于 II 类水水平。与 DO 和 EC 情况类似，COD_{Mn} 含量较低的样点分布在苍山十八溪高海拔样点以及弥苴河、凤羽河源头样点和波罗江部分样点，这些样点人为干扰较小，洱海湖心也有部分样点 COD_{Mn} 含量较低，但也有许多样点 COD_{Mn} 含量非常高。

（2）营养盐

洱海流域 TN 含量最大值为 13.69mg/L，最小值为 0.02mg/L，平均值为 0.99mg/L，处于 III 类水水平。洱海流域各河流 TN 含量均较低，但西洱河 TN 含量较高，波罗江部分农田附近样点 TN 含量也偏高（图 3-193）。

洱海流域 TP 含量最大值为 0.065mg/L，最小值已低于检测下限 0.01mg/L，平均值为 0.06mg/L，处于 II 类水水平。洱海流域整体 TP 含量较低，仅弥苴河下游样点和洱海湖泊 TP 含量偏高。

洱海流域 NH₃-N 含量最大值为 0.15mg/L，最小值已低于检测下限 0.01mg/L，平均值为 0.15mg/L，处于Ⅱ类水水平。洱海流域 NH₃-N 含量总体较低，但弥苴河中游三营镇附近样点及西洱河受污染较严重，NH₃-N 含量较高，最高达 2.16mg/L。

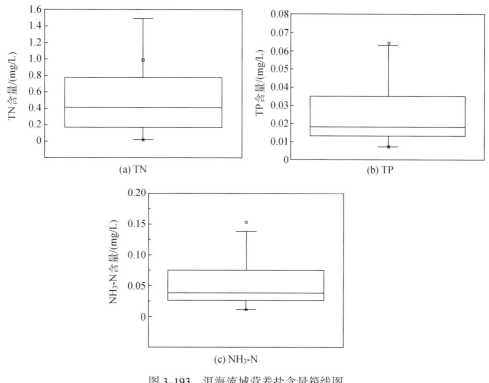

(a) TN

(b) TP

(c) NH₃-N

图 3-193　洱海流域营养盐含量箱线图

（3）藻类

经鉴定，洱海流域共检出藻类 6 门 25 科 52 属 172 个分类单元。其中硅藻门 10 科 24 属 134 个分类单元，占总数的 78%，相对丰度为 21.40%；绿藻门 8 科 19 属 29 种，占总数的 16.70%，相对丰度为 49.70%；蓝藻门 2 科 4 属 4 种占总数的 2.30%，相对丰度为 22%；隐藻门 2 科 2 属 2 种，占总数的 1.20%，相对丰度为 6.10%；金藻门 1 科 1 属 1 种占总数的 0.60%，相对丰度为 0.60%；甲藻门 2 科 2 属 2 种，相对丰度为 0.20%。绿藻门中游丝藻属的游丝藻（*Planctonema lauterbornii*）为最优势的种。

洱海流域各样点藻类分类单元数最大值为 49，最小值为 5，平均值为 16。从空间分布（图 3-194）来看，好的样点位于洱海中部、入湖河流的中段及出湖河流中，这是由于这些样点的营养较为丰富，有利于藻类生长。藻类伯杰-帕克优势度指数最大值为 0.88，最小值为 0.17，平均值为 0.40，差的样点主要位于源头河流与波罗江流域。在高山源头河流坡降大，流速快，体积较小且对底质附着力较强的藻类占优势，且在高流速的驱动下，群落结构也非常单一，扁圆卵形藻、弯曲桥弯藻和极细微曲壳藻等是高流速的主要优势种。而孤立的湖泊，如波罗江上游三哨水库、洱源的西湖，由于连通性较差，易形成一种或几种藻类占优势的格局。波罗江下游河段由于河道淤泥，以浮游藻类为主，高流速不利于形成稳定的群落。香农-威纳多样性指数最大值为 2.82，最小值为

1.02，平均值为1.79，较差样点主要位于源头河流、三哨水库和西湖。在高山源头河流的激流生境中，受环境胁迫，硅藻群落的多样性会降低，群落结构也非常单一。

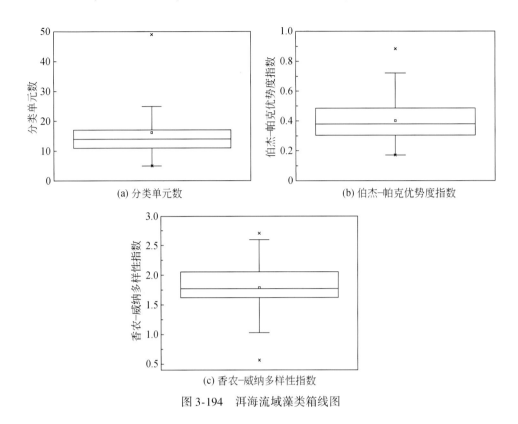

(a) 分类单元数   (b) 伯杰–帕克优势度指数

(c) 香农–威纳多样性指数

图3-194   洱海流域藻类箱线图

（4）大型底栖动物

经鉴定，洱海流域入湖河流共检出大型底栖动物5门7纲87个分类单元。其中昆虫纲占据绝对优势，占所有分类单元的91.95%，腹足纲2个分类单元，寡毛纲、涡虫纲、线虫纲、甲壳纲和蛭纲各1个分类单元。各湖泊检出大型底栖动物4门4纲15个分类单元。其中寡毛纲占据优势，占所有分类单元的60%，昆虫纲3个分类单元，腹足纲2个分类单元，线虫纲1个分类单元。

如图3-195所示，洱海流域各样点大型底栖动物分类单元数最大值为33，最小值为0，平均值为9.86。从空间分布上看，苍山十八溪底栖动物物种丰度明显高于其他区域，而受人类活动干扰较大的弥苴河中下游和波罗江的大型底栖动物分类单元数也较差。伯杰–帕克优势度指数最大值为1，最小值为0，平均值为0.59。十八溪、弥苴河和波罗江上游样点的均匀度均好于下游样点，而洱海湖泊伯杰–帕克优势度指数评价一般。香农–威纳多样性指数最大值为2.55，最小值为0，平均值为1.15。从空间分布上看，除十八溪、波罗江和弥苴河源头部分样点外，洱海流域其他样点香农–威纳多样性指数评价均较差，与洱海流域人类活动频繁有关。洱海流域BMWP指数最大值为126，最小值为4，平均值为61。BMWP指数空间分布情况与香农–威纳多样性指数相似，十八溪和弥苴河源头样点情况要优于各河流下游样点。洱海流域EPTr-*F*百分比最大值为0.92，最小值为0.03，平均值为0.64。十八溪EPTr-*F*指数明显优于其他样点，西洱河、弥苴河中游和东部地区的凤尾河

EPTr-*F* 指数也较差。

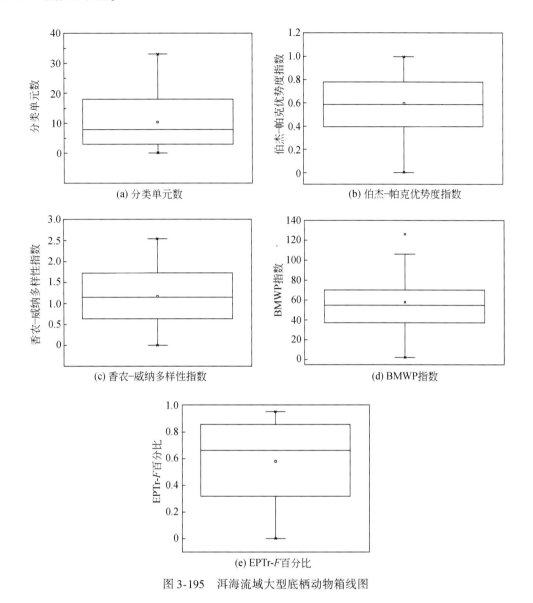

图 3-195 洱海流域大型底栖动物箱线图

3.10.3 评价方法

洱海流域水生态健康综合评价指标体系主要包含五大类，分别为基本水体理化、营养盐、藻类、大型底栖动物及鱼类。各指标参照值和临界值见表 3-12，其中由于河流和湖泊的自然属性有所差异，河流样点和湖泊样点参照值和临界值也有所不同。

表 3-12　水生态系统健康评价指标参照值与临界值

指标类型	评价指标	适用性范围	参照值	临界值
基本水体理化	DO	湖泊样点	9.48mg/L	5.72mg/L
		河流样点	9.53mg/L	0.39mg/L
	EC	湖泊样点	394.8μS/cm	788μS/cm
		河流样点	26.8μS/cm	415.8μS/cm
	COD_{Mn}	湖泊样点	0.01mg/L	6.2mg/L
		河流样点	0.01mg/L	9.15mg/L
营养盐	TP	湖泊样点	0.01mg/L	0.04mg/L
		河流样点	0.01mg/L	1.29mg/L
	TN	湖泊样点	0.16mg/L	2.79mg/L
		河流样点	0.02mg/L	13.69mg/L
	NH_3-N	湖泊样点	0.03mg/L	0.31mg/L
		河流样点	0.01mg/L	2.16mg/L
藻类	分类单元数	湖泊样点	16	8
		河流样点	34.35	8
	香农–威纳多样性指数	湖泊样点	2.30	1.21
		河流样点	2.57	1.01
	伯杰–帕克优势度指数	湖泊样点	0.20	0.59
		河流样点	0.21	0.75
大型底栖动物	分类单元数	湖泊样点	8	0
		河流样点	27.2	6.8
	香农–威纳多样性指数	湖泊样点	1.37	0
		河流样点	2.49	1.03
	伯杰–帕克优势度指数	湖泊样点	0.22	0.74
		河流样点	0.21	0.84
	EPTr-F	河流样点	0.92	0.13
	BMWP 指数	河流样点	112	21.8

　　根据确定的参照值和临界值,计算各指标数据值,然后按照相应的标准化方法进行标准化,各类指标得分均按等权重相加,计算得到各指标得分,最后按等权重相加计算样点健康评价综合得分。

3.10.4　评价结果

3.10.4.1　河流评价结果

(1) 河流基本水体理化评价结果

洱海流域河流基本水体理化评价等级比例如图 3-196 所示,洱海流域河流整体评价好，仅洱海出水口西洱河、弥苴河中下游城镇附近样点的基本水体理化条件较差（图3-197）。

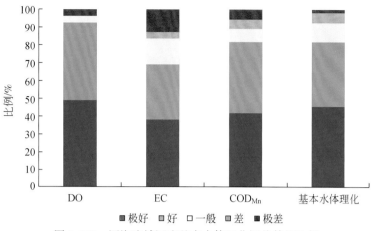

图3-196 洱海流域河流基本水体理化评价等级比例

DO评价平均得分为0.76，其中极好的比例为49.09%，好的比例为43.64%，一般和极差的比例均为3.64%。洱海流域河流DO指标总体评价情况好，仅西洱河和弥苴河中游三营镇附近DO评价较差。洱海流域河流EC评价平均得分为0.70，评价等级为良好的样点比例为38.17%，好的比例为30.91%，一般的比例为14.55%，差的比例为3.64%，极差的比例为12.73%。洱海流域河流EC评价总体为好，仅西洱河、弥苴河中游三营镇附近、弥苴河下游上关镇附近等人为干扰严重的位置较差。COD_Mn分级评价结果显示，流域内河流平均得分为0.76，评价等级为极好的样点比例为41.83%，好的比例为40%，一般的比例为7.27%，差和极差的比例均为5.45%。COD_Mn评价较差的样点依旧分布在西洱

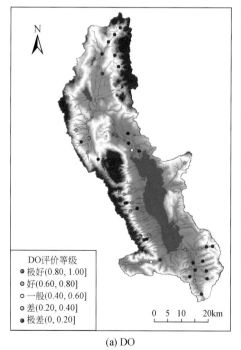

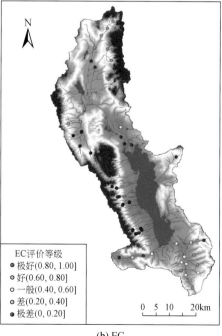

(a) DO

(b) EC

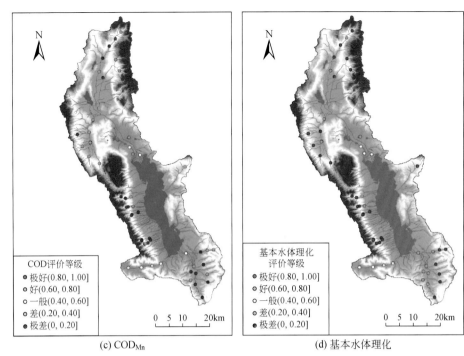

(c) CODMn   (d) 基本水体理化

图 3-197   洱海流域河流水体理化评价等级空间分布

河、弥苴河中游三营镇附近。洱海流域基本水体理化评价平均值为 0.74，其中极好的样点比例为 45.45%，好的比例为 36.37%，一般的比例为 10.91%，差的比例为 5.45%，极差的比例为 1.82%。

（2）河流营养盐评价结果

洱海流域河流营养盐各指标评价等级比例如图 3-198 所示，营养盐总体含量较低，洱海流域河流整体评价好，仅受人类活动干扰严重的西洱河下游和三营镇附近样点营养盐含量较高（图 3-199）。TP 评价平均得分为 0.93，其中极好的比例为 90.90%，好的比例为 5.45%，极差的比例为 3.65%。TP 评价整体极好，仅西洱河下游样点 TP 含量较高。全流域河流 TN 评价平均得分为 0.90，其中极好的比例为 83.63%，好的比例为 10.91%，差的

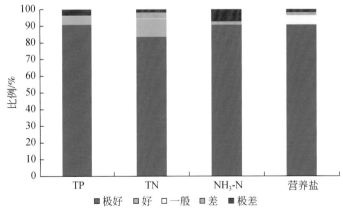

图 3-198   洱海流域河流营养盐评价等级比例

比例为 3.64%，极差的比例为 1.82%。除西洱河下游 TN 含量较高外，其他河流 TN 含量均较低。洱海流域河流 NH$_3$-N 评价得分平均分为 0.90，其中评价等级为极好的样点比例为90.91%，差的比例为 1.82%，极差的比例为 7.27%。各河流 NH$_3$-N 含量总体较低，仅西洱河下游和弥苴河中游三营镇附近样点 NH$_3$-N 含量较高。各河流营养盐总体评价平均得分为0.91，等级为极好的比例为 90.91%，一般的比例为 5.45%，差和极差的比例均为 1.82%。

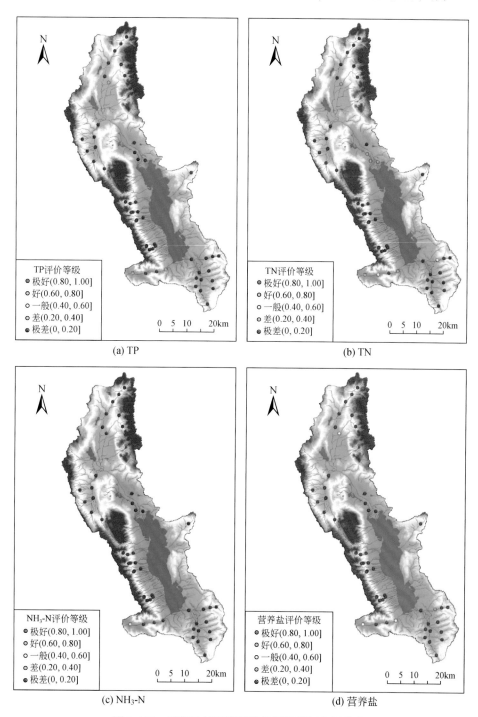

图 3-199 洱海流域河流营养盐评价等级空间分布

（3）河流藻类评价结果

洱海流域河流藻类评价情况如图3-200所示，藻类综合评价平均得分为0.55，评价等级为极好的比例为17.78%，好的比例为24.44%，一般的比例为35.56%，差和极差的比例均为11.11%。整体来说，洱海流域河流中下游河段的健康水平高于上游河段，而健康水平最差的位于源头河流（图3-201）。这主要是由于源头河流营养水平低，流速大，造成藻类群落分类单元数少，优势种优势度高，群落结构单一化。

中国重点流域 水生态系统健康评价

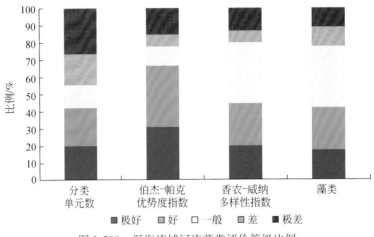

图3-200　洱海流域河流藻类评价等级比例

各河流藻类物种分类单元数评价平均得分为0.49，其中极好的比例为20%，好的比例为22.22%，一般的比例为13.33%，差的比例为17.78%，极差的比例为26.67%。较好的样点位于各入湖河流的中下游河段及出湖河流中，这是由于这些样点的营养较为丰

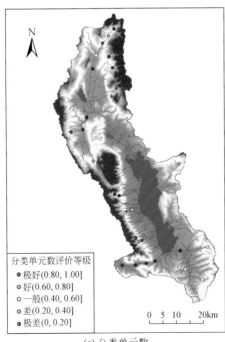

(a) 分类单元数

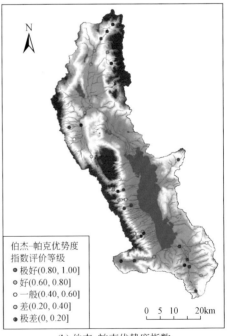

(b) 伯杰-帕克优势度指数

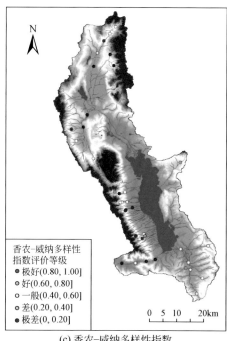

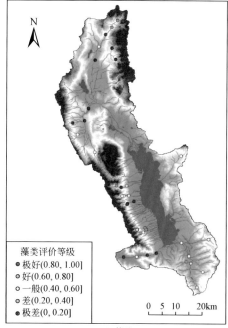

(c) 香农–威纳多样性指数   (d) 藻类

图 3-201   洱海流域河流藻类评价等级空间分布

富，有利于藻类生长。各河流藻类伯杰–帕克优势度指数评价平均得分为 0.62，其中极好的比例为 31.11%，好的比例为 35.56%，一般的比例为 11.11%，差的比例为 6.67%，极差的比例为 15.55%，较差样点主要位于各入湖河流的上游河段与波罗江流域。在高山源头河流坡降大，流速快，体积较小对底质附着力较强的藻类较占优势，且在高流速的驱动下，群落结构也非常单一，扁圆卵形藻、弯曲桥弯藻和极细微曲壳藻等是高流速的主要优势种。波罗江下游河段由于河道淤泥，以浮游藻类为主，高流速不利于形成稳定的群落。香农–威纳多样性指数评价平均得分为 0.56，极好的比例为 20%，好的比例为 24.44%，一般的比例为 35.56%，差的比例为 6.67%，极差的比例为 13.33%。较差样点主要位于各源头河流。在高山源头河流的激流生境中，海拔较高，受环境胁迫，尤其是营养不足，藻类群落的物种丰度会降低，群落结构也趋于单一。较好的样点位于出湖河流，这是由于营养丰富，流速相对缓慢，藻类群落稳定，且多样性高。

（4）河流大型底栖动物评价结果

洱海流域河流大型底栖动物评价如图 3-202 所示，全流域大型底栖动物评价平均得分为 0.50，其中极好和好的比例均为 13.51%，一般的比例为 40.55%，差的比例为 24.32%，极差的样点比例则为 8.11%。整体空间分布上，十八溪大型底栖动物评价明显优于其他区域，受人类活动干扰较小的各源头样点也明显好于下游样点，受城镇干扰较严重的弥苴河中游、南部波罗江部分样点及受到严重污染的西洱河的大型底栖动物评价均较差（图 3-203）。

大型底栖动物分类单元数评价平均得分为 0.47，评价等级为极好的样点比例为 16.22%，好的样点比例为 13.51%，一般的样点比例为 27.03%，差和极差的样点比例均为 21.62%。从空间分布上看，苍山十八溪大型底栖动物物种丰度明显高于其他区域，弥苴河上游大型底

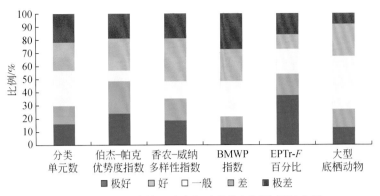

图 3-202　洱海流域河流底栖动物指标评价等级比例

栖动物物种丰度也较高，而受人类活动干扰较大的弥苴河中下游和波罗江的大型底栖动物物种丰度则较低。伯杰–帕克优势度指数评价平均得分为0.46，评价等级为极好、好和差的比例均为24.32%，一般的比例为8.11%，极差的比例为18.93%。各源头样点物种分布较均匀，伯杰–帕克优势度指数评价得分较高，而西洱河和弥苴河下游样点伯杰–帕克优势度指数评价则较差。香农–威纳多样性指数评价全流域河流平均得分为0.53，极好的比例为18.92%，好的比例为16.22%，一般的比例为13.51%，差的比例则达到了32.43%，极差的比例为18.92%。从空间分布上看，除十八溪、波罗江和弥苴河源头部分样点外，洱海流域其他样点香农–威纳多样性指数评价均较差，与洱海流域人类活动频繁有关。全流域河流BMWP指数评价平均得分仅为0.41，其中极好的比例为13.51%，好的比例为8.11%，一般和极差的比例均为27.03%，差的比例也达到了24.32%。BMWP指数评价空间分布情况与香农–威纳多样性指数相似，十八溪和弥苴河源头样点情况要优于各河流下游样点，各下游样

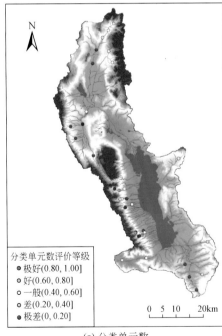

(a) 分类单元数　　　　　　　　　　　　　　(b) 优势度指数

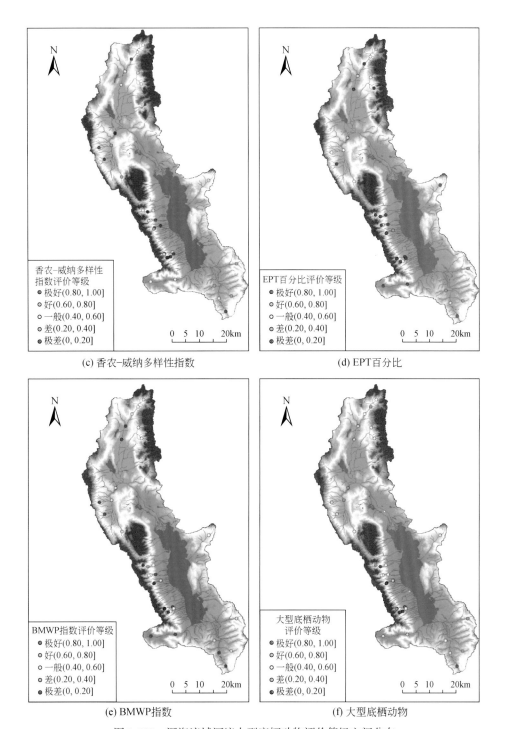

（c）香农-威纳多样性指数

（d）EPT百分比

（e）BMWP指数

（f）大型底栖动物

图3-203　洱海流域河流大型底栖动物评价等级空间分布

点受人类活动干扰和污染较为严重，导致许多敏感种消失，耐污种占据了优势。全流域河流EPTr-*F*百分比评价平均得分为0.60，极好的比例为37.83%，好和极差的比例均为16.22%，一般的比例为18.92%，差的比例为10.81%。十八溪EPTr-*F*指数明显优于其他样点，西洱河、弥苴河中游和东部地区的凤尾河等受干扰严重的地区EPTr-*F*则较差。

（5）河流综合评价结果

总体来看，洱海流域河流健康状况好，其中综合评价等级为极好的比例为30%，好的比例为60%，一般的比例为4%，极差的比例为6%（图3-204）。空间分布上，苍山十八溪、弥苴河上游、波罗江水系、凤羽河水系等大部分河流健康状况较好，只有极少数样点健康状况较差。这些样点分布在污染极为严重的西洱河及受城镇干扰较大的弥苴河中游三营镇附近（图3-205）。

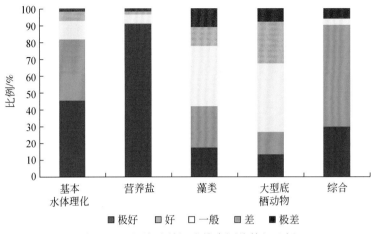

图 3-204　洱海流域河流综合评价等级比例

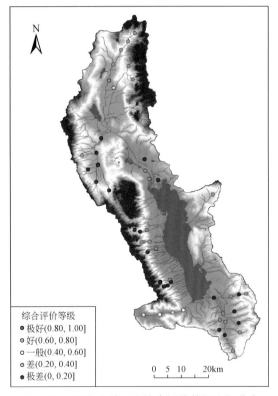

图 3-205　洱海流域河流综合评价等级空间分布

3.10.4.2 湖泊评价结果

（1）湖泊基本水体理化评价结果

洱海流域湖泊基本水体理化各指标评价值如图 3-206 所示，洱海流域湖泊基本水体理化评价平均分为 0.61，其中评价为极好和差的比例均为 5%，好的比例为 40%，一般的比例为 50%。洱海基本水体理化评价整体一般，各湖泊间差异不大（图 3-207）。

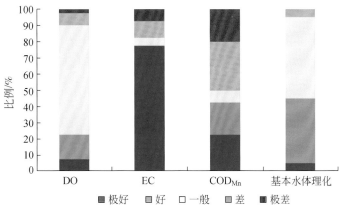

图 3-206 洱海流域湖泊基本水体理化评价等级比例

DO 评价平均得分为 0.55，其中 DO 评价等级为极好和差的样点比例均为 7.50%，良的比例为 15%，一般的比例为 67.50%，极差的比例为 2.50%。洱海样点 DO 评价总体一般，西湖样点 DO 评价全为极好，相较于西湖，三哨水库和茈碧湖的 DO 评价等级较差。洱海流域湖泊 EC 评价平均得分为 0.79，其中极好的比例为 77.50%，一般的比例为 5%，

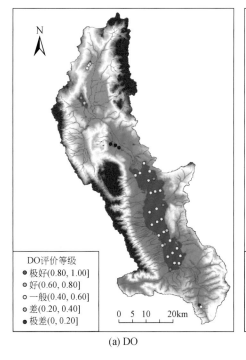

(a) DO

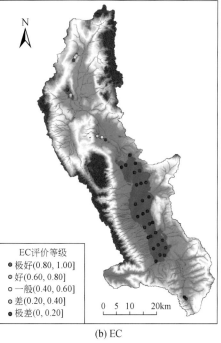

(b) EC

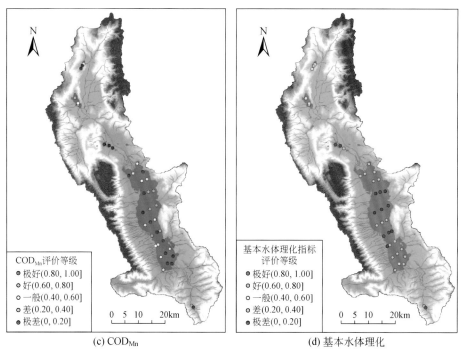

(c) COD$_{Mn}$ (d) 基本水体理化

图 3-207　洱海流域湖泊基本水体理化评价等级空间分布

差的比例为 10%，极差的比例为 7.50%。与 DO 评价相反，洱海和三哨水库整体 EC 评价好，但海西海、西湖和茈碧湖 EC 评价较差。洱海流域 COD$_{Mn}$ 评价平均得分为 0.50，评价等级为极好的比例为 22.50%，好的比例为 20%，一般的比例为 7.50%，差的比例为 30%，极差的比例为 20%。洱海流域 COD$_{Mn}$ 整体评价较差，尤其是洱海，其 COD$_{Mn}$ 评价明显比其他湖泊差。

（2）湖泊营养盐评价结果

洱海流域湖泊营养盐评价等级如图 3-208 所示，洱海流域各湖泊营养盐评价平均分为 0.84，其中极好的样点达到了 87.5%，好的样点为 5%，一般、差和极差的样点比例均仅为 2.5%。总体来讲，洱海流域各湖泊营养盐评价为好，仅西湖受污染较严重，其他湖泊营养盐含量均较低（图 3-209）。

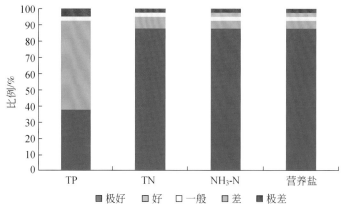

图 3-208　洱海流域湖泊营养盐评价等级比例

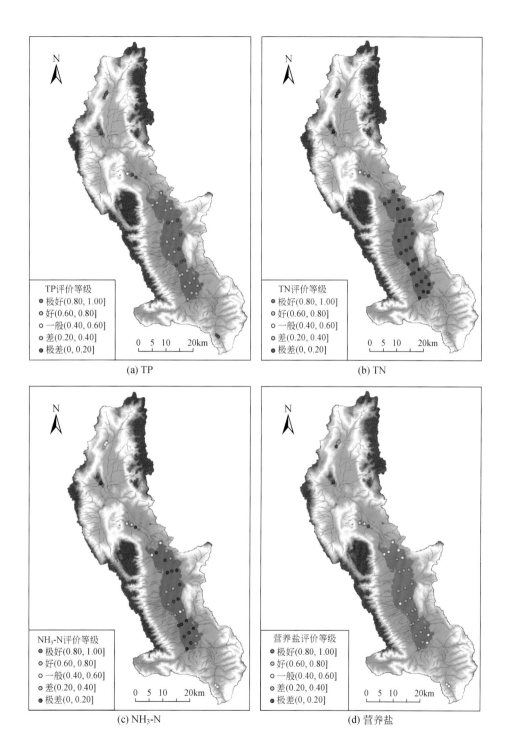

(a) TP

(b) TN

(c) NH₃-N

(d) 营养盐

图 3-209　洱海流域湖泊营养盐评价等级空间分布

洱海流域湖泊 TP 评价平均得分为 0.76，其中评价等级为极好的样点比例为 37.5%，良的比例为 55%，一般的比例仅为 2.5%，极差的比例为 5%。总体来说，洱海流域湖泊 TP 评价较好，仅西湖 TP 评价较差。各湖泊 TN 评价平均分为 0.87，评价等级为极好的比例达到了 87.5%，好的比例为 7.5%，一般和极差的比例均为 2.5%。洱海、海西海和茈碧湖所有样点 TN 评价均为极好，相比之下，受人类影响较大的西湖 TN 评价较差。流域内各湖泊 NH$_3$-N 评价平均分为 0.88，其中极好的样点达到了 87.5%，好的样点为 5%，一般、差和极差的样点比例均仅为 2.5%。除西湖外，洱海各湖泊的 NH$_3$-N 评价均较好。

（3）湖泊藻类评价结果

洱海流域各湖泊藻类评价如图 3-210 所示，藻类综合评价平均得分为 0.53，其中评价等级为极好的比例为 15.78%，好的比例为 21.05%，一般的比例为 42.11%，差的比例为 10.53%，极差的比例为 10.53%。从空间分布上看，洱海湖区中部得分较高，而南部、北部均中等偏下；西海西部得分极低，南部较好；此碧湖由北到南得分降低；海西海南部评价为极好，而北部为差（图 3-211）。

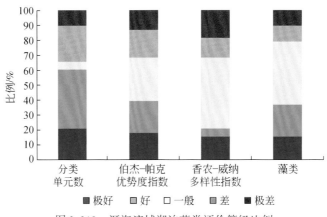

图 3-210　洱海流域湖泊藻类评价等级比例

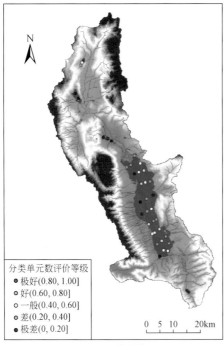

（a）分类单元数

（b）伯杰-帕克优势度指数

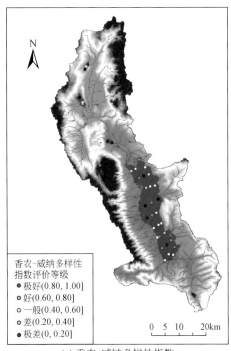
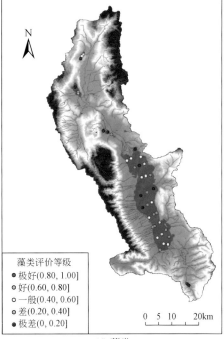

(c) 香农-威纳多样性指数　　　　　　　　(d) 藻类

图 3-211　洱海流域湖泊藻类评价等级空间分布

藻类物种分类单元数平均得分为 0.59，其中评价等级为极好的样点占 21.06%，好的比例为 39.47%，一般的比例为 5.26%，差的比例为 23.68%，极差的比例为 10.53%。从空间分布上看，洱海湖区整体物种丰度差异较大，分布上无明显特征；西湖物种丰度极低；茈碧湖物种丰度较高，海西海不同区域分布差异极大。湖泊藻类伯杰-帕克优势度指数评价平均得分为 0.48，等级为极好的样点比例为 18.60%，好的样点比例为 21.05%，一般的比例为 28.95%，差的比例为 18.24%，极差的比例为 13.16%。从空间分布上看，洱海北部湖区伯杰-帕克优势度指数得分比南部高；西海从北到南得分增加，而茈碧湖与之相反；海西海呈现中部低的现象。藻类香农-威纳多样性指数评价平均得分为 0.53，其中极好的比例为 15.79%，好的比例为 5.26%，一般的比例为 47.37%，差的比例为 13.16%，极差的比例为 18.42%。从空间分布上看，洱海湖区中部得分较高，南部和北部得分均较低；而西海、茈碧湖、海西海的香农-威纳多样性指数评价得分分布情况与物种分类单元数平均得分分布类似。

（4）湖泊大型底栖动物评价结果

洱海流域各湖泊大型底栖动物评价如图 3-212 所示，湖泊大型底栖动物综合评价平均得分为 0.49，其中评价为极好的样点比例仅为 3.03%，良的比例为 18.18%，一般的比例为 51.52%，差的比例为 24.24%，极差的比例为 3.03%。总体而言，洱海湖泊大型底栖动物群落物种数量贫乏，多样性普遍处于较低水平，大型底栖动物综合评分较低。受人类影响和污染较为严重的下关区域，尽管大型底栖动物群落物种丰度、密度及生物量较高，但是由少数耐污物种占据绝对优势，从而导致香农-威纳多样性指数评价等级处于较低水平。

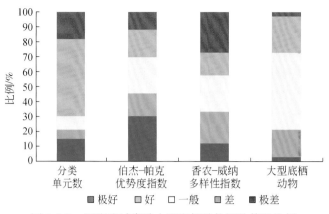

图 3-212　洱海流域湖泊大型底栖动物评价等级比例

大型底栖动物物种分类单元数平均得分为 0.38，其中极好的比例为 15.15%，好的比例为 6.06%，一般的比例为 9.09%，差的比例为 51.52%，极差的比例为 18.18%。总体上，洱海湖泊中部物种丰度要高于上关及下关，然而物种丰度最高的样点出现在上关及下关的沿岸区。此外，沿岸区域物种丰度高于湖泊中心区域。湖泊大型底栖动物伯杰-帕克优势度指数评价平均得分为 0.44，评价样点为极好的比例为 30.31%，好的比例为 15.15%，一般的比例为 24.24%，差的比例为 18.18%，极差的比例为 12.12%。从评分结果的空间分布来看，下关得分总体上高于上关。需要指出的是，由于受到人类干扰和城市污染，下关区域大型底栖动物群落由水丝蚓等耐污种占绝对优势。但是，西洱河入湖口处大型底栖动物较为贫乏，仅发现少量软体动物。湖泊大型底栖动物香农-威纳多样性指数评价平均分为 0.58，评价为极好的样点比例为 12.12%，好的比例为 21.22%，一般的

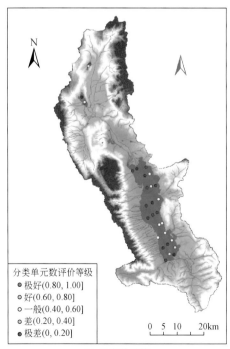

(a) 分类单元数

(b) 伯杰-帕克优势度指数

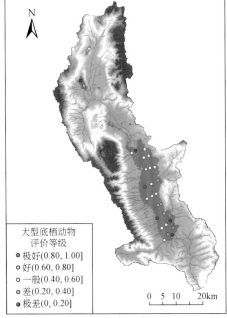

(c) 香农-威纳多样性指数   (d) 大型底栖动物

图 3-213 洱海流域湖泊大型底栖动物评价等级空间分布

比例为 24.24%，差的比例为 15.15%，极差的的比例为 27.27%。同样，由于底栖动物由大量耐污种主导，下关区域大型底栖动物香农-威纳多样性指数处于较低的水平。与物种丰度的分布类似，沿岸区域香农-威纳多样性指数相对高于湖泊中心区域。

（5）湖泊综合评价结果

如图 3-214 所示，洱海流域湖泊综合评价得分为 0.63，其中极好的比例仅为 4.44%，好的比例为 62.23%，一般的比例为 33.33%，整体评价一般。从空间分布上看，海西海和西湖总体评价为好，而茈碧湖和三哨水库整体评价则一般（图 3-215）。洱海总体评价为好，仅个别样点总体评价一般。

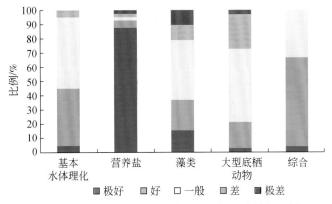

图 3-214 洱海流域湖泊综合评价指标评价等级比例

图 3-215　洱海流域湖泊综合评价等级空间分布

3.10.4.3　综合评价

通过对洱海流域基本水体理化、营养盐、藻类、大型底栖动物和鱼类的综合评价得出：洱海全流域综合评价平均得分为 0.67，极好和好的比例分别为 18% 和 61%，超过全部样点的 75%，一般的比例为 18%，差的比例仅占 3%，极差的比例为 0（图 3-216）。由此说明，洱海流域水生态系统健康整体呈好状态，而从评价结果的空间分布特征来看，极好和好的样点主要分布于十八溪及各河流上游等人为干扰较少的区域，一般状况主要分布于洱海湖泊，差的样点主要分布于受污染的西洱河及弥苴河下游（图 3-217）。

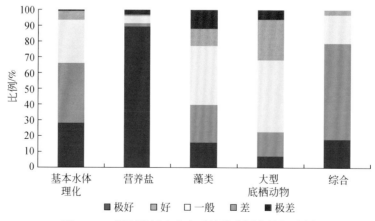

图 3-216　洱海流域水生态系统综合评价等级比例

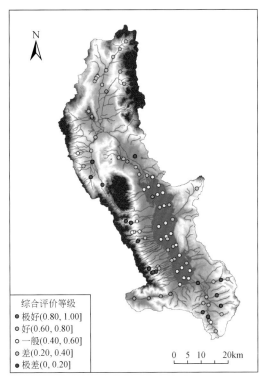

综合评价等级
- 极好(0.80, 1.00]
- 好(0.60, 0.80]
- 一般(0.40, 0.60]
- 差(0.20, 0.40]
- 极差(0, 0.20]

0 5 10   20km

图 3-217　洱海流域水生态系统综合评价等级空间分布

3.10.5　问题分析与建议

20 世纪 80 年代中后期社会、经济加速发展，洱海水资源被过度开发、利用，水质污染逐渐加剧，对流域内的水生态系统的影响也随之加剧，富营养化过程明显加速，蓝藻水华时有发生，洱海已经不适宜再作为生活水源。具体而言，近 30 年来，洱海水体内的氮、磷、有机污染物的含量显著升高，水体污染程度加剧；水生生物多样性显著改变，藻类异常增殖的频率增大，其他水生生物资源（如土著渔业资源）面临枯竭。整个流域水生态系统健康状况明显恶化。

为了有效保护洱海及其流域，当地政府及环保部门从污染控制技术角度出发，实施了洱海保护治理六大工程；从环境综合管理角度，制订了《大理州地表水水环境功能区划》。这些措施在一定程度上减缓了洱海的污染，为洱海流域水体的污染控制奠定了良好基础。但是，因为缺乏流域尺度的管理策略，当前还未能从根本上解决洱海水污染问题，局部区域、部分时段 N、P、COD_{Mn} 等主要污染物含量仍然明显超标，洱海局部区域仍有水华现象。

国内外的污染治理经验表明，从流域尺度上开展水环境管理和水污染控制工作，是彻底控制水体污染、维持健康生态系统、保证水体各项生态功能正常发挥的必要手段。洱海流域污染较严重的区域主要是弥苴河中下游，农田和城镇干扰导致水体理化条件恶化。同时，洱海出湖口西洱河的污染状况也让人堪忧，沿河污水排放及工业污染导致其已不适许多水生生物生存。就洱海流域而言，要恢复洱海的优良水质，仅仅开展湖滨带污染物控制、水生植被恢复还远远不够，必须将各条入湖河流的水质改善也一并考虑。

洱海流域水体氮、磷主要源于农田施肥和工业废水，旅游景点生活污水也含有大量的磷。洱海流域总体上是一个传统农业区，流域内村落散布，由于经济条件限制和生活习惯所致，生活垃圾、牲畜粪便、生活污水等被随意排放，对区内水体造成了严重的污染。农业耕作过程中的农药化肥施用、土壤流失等直接污染了邻近水体。流域内的数个畜牧业基地也产生了大量的有机污染。洱海、茈碧湖发展旅游业的同时，旅游机动船只、游客也带来了大量的废气、废油、生活污水、生活垃圾等，对水体造成了不同程度的点源及面源污染。保护洱海流域水生态健康必须从源头上进行控制污染，可以从以下几个方面进行。

1）农业用肥的科学配置：在洱海周边及弥苴河中下游等农业区积极开展科学施肥宣传，减少氮肥和磷肥的施用量，增施有机肥，从源头上进行调氮减磷。

2）农畜垃圾的合理利用：集中处理秸秆、牲畜粪便等垃圾，将这些废物循环利用，用于发酵和蘑菇种植等产业上，既能减少雨水冲刷进入水体的污染物，又能产生经济效益，帮助农民致富。

3）控制生活污水的排放，禁止将污水及生活垃圾直接排入河流和洱海湖泊。城镇污水需集中处理后再排放。特别是，西洱河沿岸工业及生活污水排放使得水质严重受损，有关部门应该加强管理监督。

第4章

中国流域水生态系统健康总体评价

由于近几十年来全国各地区社会经济的不断发展，对淡水生态系统产生了一定影响，表现为水环境质量与水生生物多样性的下降。通过近期调查监测数据与历史资料对比发现，主要水生生物类群（大型底栖动物和鱼类）在全国不同地区存在着不同程度的退化（图4-1）。这一结果反映出我国水生生物不单单在某个流域存在威胁，在全国层面都已经出现变化。为解决我国水生生物的退化问题，保护水生生物，有必要开展全国层面流域水生态系统健康评价。

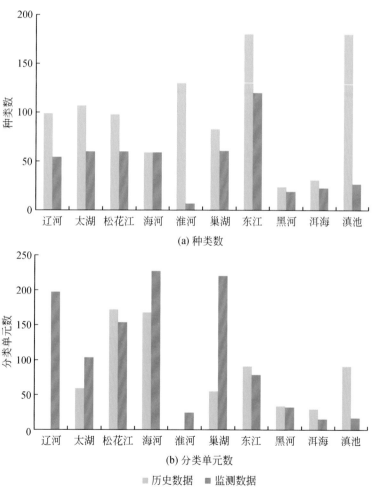

图 4-1　全国水生生物退化情况

数据全部来源于十大重点流域水生态调查数据，包括基本水体理化、营养盐、藻类、大型底栖动物和鱼类5方面数据，结合各个流域水生态调查数据质量，对相关数据进行了筛选，最终确定了各个流域的评价数据（表4-1）。

表 4-1　全国十大流域水生态系统健康评价数据

流域	基本水体理化	营养盐	藻类	大型底栖动物	鱼类
松花江	√	√	√	√	√
辽河	√	√	√	√	√
海河	√	√	√	√	√
淮河	√	√	√	√	—
黑河	√	√	√	√	√
东江	√	√	√	√	√
太湖	√	√	√	√	√
巢湖	√	√	√	√	√
滇池	√	√	√	√	√
洱海	√	√	√	√	—

"√"代表有监测，"—"代表没有监测

4.1　全国流域水生态系统健康评价结果

4.1.1　基本水体理化评价结果

全国流域基本水体理化评价的平均得分为 0.62，其健康状态处于"好"等级。如图 4-2 所示，黑河与东江流域有超过 50% 评价样点水体理化条件达到"极好"等级，淮

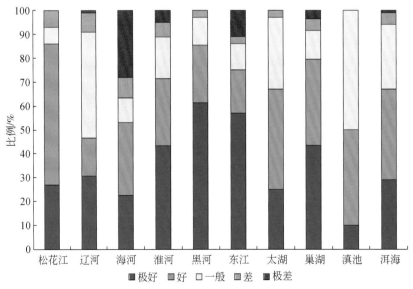

图 4-2　全国流域水体理化评价等级比例

河与巢湖流域有40%以上评价样点达到"极好"等级。海河处于"极差"等级的评价样点接近30%，其次为东江，有11%评价样点处于"极差"等级。全国流域基本水体理化总体较好，东北的松花江流域与西北的黑河流域水体基本理化评价等级最好，而辽河、海河、滇池等流域均有50%左右评价样点处于一般等级及以下，尤其是海河受到高强度人类活动干扰及多闸坝调控的耦合作用，流域基本水体理化处于"极差"等级河段较普遍。

4.1.2 营养盐评价结果

全国流域营养盐评价的平均得分为0.41，其健康状态处于"一般"等级。如图4-3所示，淮河流域、洱海流域处于"极好"等级的评价样点比例较高，黑河流域、东江流域处于"一般"等级以上的评价样点比例也较高。与此相反，松花江与辽河流域有60%以上评价样点处于"一般"及以下等级，太湖流域有80%以上评价样点处于"一般"及以下等级，滇池所有评价样点都处于"一般"及以下等级，尽管海河流域有极少部分样点处于"极好"等级，但绝大部分评价样点处于"差"和"极差"等级。对于河流流域来说，北方河流流域如松花江、辽河、海河等，营养盐污染问题较为普遍。对于湖泊流域来说，除洱海外，也都存在着较普遍的营养盐污染情况，尤以太湖与滇池为甚。

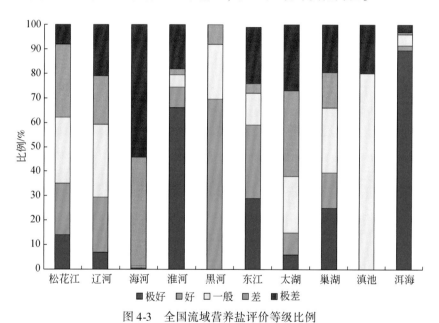

图4-3 全国流域营养盐评价等级比例

4.1.3 藻类评价结果

全国流域藻类评价的平均得分为0.57，其健康状态处于"一般"等级，藻类群落整体状态稍好。如图4-4所示，辽河、淮河、黑河、东江、巢湖等流域有超过50%的评价样点处于"极好"和"好"等级，藻类群落整体退化较轻。松花江、洱海等流域有超过

20%的评价样点出现"差"和"极差"等级，海河、滇池等流域有超过40%的评价样点出息"差"和"极差"等级，藻类群落退化较为严重。

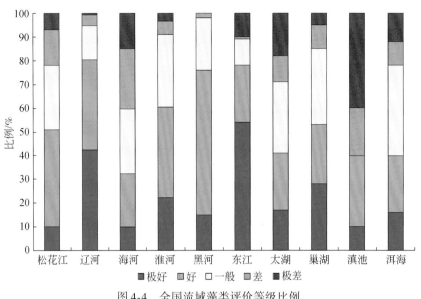

图4-4　全国流域藻类评价等级比例

4.1.4　大型底栖动物评价结果

全国流域大型底栖动物评价的平均得分为0.25，其健康状态处于"差"等级，大型底栖动物群落整体退化严重。如图4-5所示，所有流域处于"极好"等级的评价样点比例均不超过10%，其中海河、淮河、黑河流域没有处于"极好"等级的样点。除松花江、巢湖和洱海流域外，其他所有流域处于"差"和"极差"等级的评价样点比例都超过40%，其中辽河、海河、东江等流域比例超过60%，淮河流域比例超过90%，滇池流域比例达到100%。大型底栖动物群落退化最轻的为松花江和洱海流域，评价结果未表现出极化现象。

4.1.5　鱼类评价结果

全国流域鱼类评价的平均得分为0.40，其健康状态处于"差"等级。如图4-6所示，滇池流域鱼类群落退化最轻，100%样点达到"好"等级，其次为松花江、海河、东江与巢湖流域，达到"极好"和"好"等级的评价样点比例超过50%，"差"和"极差"等级的样点比例低于30%。辽河、黑河、太湖等流域鱼类群落退化严重，其中辽河流域没有达到"极好"等级的样点，"差"和"极差"等级的样点比例也超过50%。黑河鱼类群落退化更为严重，"极差"等级的样点比例超过60%。

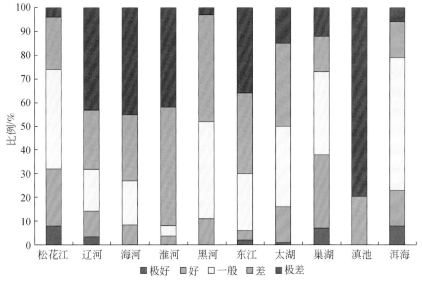

图 4-5　全国流域大型底栖动物评价等级比例

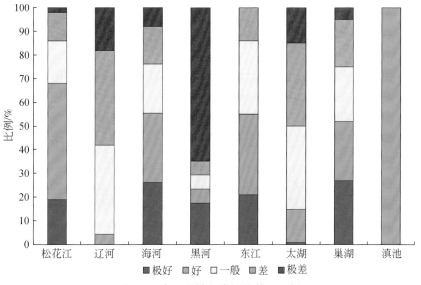

图 4-6　全国流域鱼类评价等级比例

4.1.6　综合评价结果

整体来讲，全国流域综合评价的平均得分为 0.46，其健康状态处于一般等级。如图 4-7 所示，松花江、东江、太湖、巢湖、洱海流域存在"极好"等级评价样点，仅洱海流域 "极好"等级比例较高（接近 20%）。松花江、辽河、海河、淮河、太湖等流域"一般" 等级样点比例都超过 40%，滇池流域达到 70%。辽河、滇池流域处于"差"等级的样点 在 30% 左右，海河流域超 40%，黑河流域超过 50%。相对而言，海河与黑河两个流域水生态系统健康退化严重。

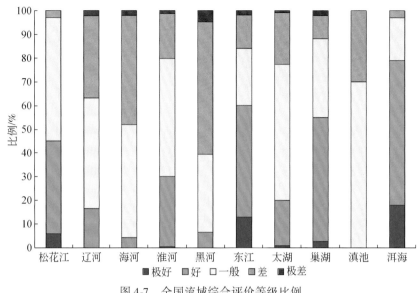

图 4-7　全国流域综合评价等级比例

4.2　小　　结

通过对全国流域水生态系统健康进行评价，发现目前全国流域水生态系统健康状况存在如下问题。

第一，全国流域水生态系统健康整体状况堪忧，水生态系统退化现象严重，而各流域间水生态系统健康等级存在差别。除洱海的健康等级为"好"外，大部分流域的健康状况为"一般"，黑河的健康等级为"差"，海河的健康等级为"极差"。造成这种差异的原因除流域本身的自然地理气候因素外，主要与当地的人类活动干扰有关。例如，海河属于多闸坝调控水资源短缺型流域，再加上流域水污染严重，区域富营养化程度严重，污染报道略见不鲜，流域水生态系统基本生态功能丧失。

第二，从各单项评价结果来看，全国大部分流域大型底栖动物群落退化最为严重。但大型底栖动物评价结果和基本水体理化评价结果对比发现，基本水体理化状态好并不能完全代表水生态系统状态健康，因此，水生生物评价能够更直接地反映出水生态系统健康程度。

第三，本次全国流域健康评价体系中没有对物理生境条件内容的评价，评价结果反映出水生生物退化严重，基本水体理化条件相对较好，营养盐污染较为普遍的现象，而物理生境条件的退化可能是潜在影响水生生物群落退化的重要原因。这反映出全国流域管理中长久以来一直重视水质达标而轻视生境保护和生态修复的问题。

针对上述问题，目前当从国家层面制订流域管理规划，有重点、有步骤地统筹全国不同地区流域水生态系统健康保护工作。流域管理不再仅仅是水环境管理，而应该更紧密地结合生态系统管理，或更加突出水生生物物种与群落的保护与恢复，作为当前全国流域管理的重要工作内容。同时，还应连续开展流域水生态系统健康评价工作，并重视物理生境的评价以及生态修复工作的逐步推进。

第5章

中国流域水生态系统健康评价研究展望

国际上近几十年来水环境保护和治理的实践表明，水体健康取决于整个流域范围的社会经济和自然生态状况，基于流域的管理才是解决水环境问题的有效途径。水生态系统健康评价是开展水环境管理的重要基础，评价结果可诊断出水环境是否存在问题及存在何种问题，进而促使国家和地区相关部门制订相应的解决方案，并通过方案的执行对其管理成效进行检验，从而再促进管理部门调整管理方案。在我国大量河流、湖泊等水生态系统不同程度退化的情况下，开展流域水生态系统健康评价研究，对于发展完善我国水质目标管理技术体系具有重要意义。

在国家水专项的支持下，开展了我国重点流域的水生态系统健康评价研究。在 10 余家高校和科研院所的通力配合下，提出了适合不同水体类型的调查技术方法与技术规范，收集了数万条全国范围的水生态调查数据并形成数据库，建立了流域水生态系统健康综合评价技术体系，评价了全国十大重点流域水生态系统健康状况并制作了健康报告卡。但同时也认识到，我国流域水生态系统健康评价研究仍需大力推进和完善，真正服务于实际管理尚需要解决诸多问题。

5.1 流域水生态系统健康评价研究中存在的问题

5.1.1 流域水生态系统健康评价体系尚不完整

一套完整的水生态系统健康评价体系中应该包括化学、物理和生物三大部分，但目前由于物理完整性评价研究尚不成熟，并未出现在本评价体系中，其中在评价指标的使用方面尤为突出。一些学者主张以水域的形态与压力特征指标建立评价指标体系，如从河岸带状况、河流连通性、湿地保留率三方面建立评价指标体系；另一些学者主张基于水域功能特征建立评价指标体系，使用较多的功能包括服务功能、环境功能、防洪功能、开发利用功能和生态功能等。此外，也有将上述两者综合使用进行物理完整性评价的研究。其根本原因是对物理完整性内涵认识不同，进而造成评价指标体系的差别，由此使得评价标准和评价方法也有所不同。

5.1.2 流域水生态系统健康评价方法仍需优化完善

目前在全国水生态系统健康评价上虽然有所突破，但水生态系统健康综合评价体系仍需进一步完善。这套体系在全国十大流域进行应用示范，一个问题是面对河流、湖泊两种类型水体时，评价内容没有体现出显著差别。例如，对于湖泊生态系统来说，大型维管束植物是更合适用于健康评价的对象。针对水生态系统类型特点选择与其适应的评价对象和指标会更准确地反映出水域健康状况。另一个问题是面对全国如此大尺度的评价工作，各流域的气候、地理地形、社会经济压力等方面存在着差异，评价标准更应该体现地域差异性。上述评价方法的问题需要在未来进一步研究完善。

5.1.3 流域水生态系统健康评价与实际管理衔接仍有难度

在国外流域管理工作中，水生态系统健康评价是一项重要的基础性工作。对于目前我国流域管理部门来说，直接将水生态系统健康评价嵌入到实际工作中存在着一定难度。首先，国外的水生态系统健康评价是在相关法律条文中明确规定的，与环境监测、环境影响评价、流域污染防止等工作紧密结合，而我国尚缺少开展水生态系统健康评价工作的法律基础。其次，我国大部分流域管理相关部门在开展水生态系统健康评价中存在技术上的限制，包括水生生物鉴定、指标计算与报告卡制作等。而在国外一般都有接受过培训的相关技术人员，同时还根据实际执行的难度制订了具有等级差异的评价体系，可以选择简单且指标数量较少的评价体系，也可以选择复杂且指标数量较多的评价体系。因此，在我国流域水生态系统健康评价尚缺乏法律基础，同时又存在技术上的制约，这些使得评价工作与实际管理衔接难度较大。

5.2 流域水生态系统健康评价研究展望

近10年来，我国在水生态系统健康评价方面已经开展了大量探索性工作。值得指出的是，水生态系统健康评价是一个具有非常明确实践目的的具体工作，采用的技术方法手段在实践过程中不断修改并逐渐完善，而不能期望一次性形成全部的理论方法体系。目前，我国水生态系统健康评价的研究和实践应注意解决以下方面。

1）在水生态系统健康评价体系方面，重点开展生物完整性评价研究，研究生物完整性的评价指标与标准，完善现有的综合评价体系，更好地体现流域水生态系统结构与功能的变化。

2）在评价指标使用方面，针对本次评价体系中涉及的内容，如大型底栖动物和鱼类，应开发新的能更好地综合反映水生态系统健康的指标。针对本次评价体系中未考虑的内容，如大型维管束植物，研究筛选更适合不同水体类型的评价指标。同时在微观水平上，研究个体生理生化、分子、基因等相关生物指标对水生态系统的响应，建立反映生物个体健康状况的评价指标。此外，除常规水化学指标和营养盐指标外，重金属、有机污染物等指标也是今后研究的重要内容。

3）在评价标准制订方面，结合水生态系统区域性特征，重点研究体现区域差异的评价标准。目前我国流域水生态环境功能分区在各重点流域已经取得了重要突破，今后应更好地与流域水生态环境功能分区方案相结合，研究制订不同分区内各类指标的评价标准。

4）在政策研究方面，重点研究如何以法律法规或技术标准的形式将水生态系统健康评价纳入我国环境保护的决策和支持系统当中，将流域水生态系统健康评价与环境监测、环境影响评价、水质标准制订、流域污染防治、总量控制规划及自然保护区等工作紧密结合。

5）在相关部门实际操作方面，研究分等级的水生态系统健康评价体系，可按照在实际操作中的能力选择难易程度不同的评价指标。将水生态系统监测工作与地方水环境常规监测有效衔接，培养专业技术人员的工作能力。建立长期动态和大范围的流域水生态系统监测工作，并建立基础信息数据库，为科学开展流域水生态系统健康评价工作奠定基础。

参 考 文 献

白羽军，关美玲，程英.1999.松花江哈尔滨江段水质生物学评价.北方环境，72：25-27.

蔡庆华，唐涛，刘健康.2003.河流生态学研究中的几个热点问题.应用生态学报，14（9）：1573-1577.

蔡庆华.2007.水域生态系统观测规范.北京：中国环境科学出版社.

陈利顶，孙然好，汲玉河.2013.海河流域水生态功能分区研究.北京：科学出版社.

陈旭华.2003.用尼梅罗（Nemerow）污染指数评价地表水营养状况的探讨.安全与环境学报，3（2）：24-26.

程国栋，等.2009.黑河流域水-生态-经济系统综合管理研究.北京：科学出版社.

程英，王志刚，朴光玉.2002.松花江哈尔滨江段水质生物调查与评价.黑龙江环境通报，26（1）：95-97.

大连水产学院.1990.淡水生物学（上册）.北京：农业出版社.

戴友芝，唐受印，张建波.2002.洞庭湖底栖动物种类分布及水质生物学评价.生态学报，20（2）：277-282.

董哲仁.2005.河流健康的内涵.中国水利，4：15-18.

段诚忠.1995.苍山植物科学考察.昆明：云南科技出版社.

福迪.1980.藻类学.上海：上海科学技术出版社.

付波霖，李颖，朱红雷，等.2014.基于RS的河流物理结构完整性评价的方法研究——以第二松花江为例.水利学报，45（7）：776-784.

高俊峰，等.2014.太湖蓝藻水华生态灾害评价.北京：科学出版社.

高俊峰，高永年，等.2013.太湖流域水生态功能分区.北京：中国环境科学出版社.

高俊峰，蒋志刚.2012.中国五大淡水湖保护与发展.北京：科学出版社.

高前兆，李福兴.1991.黑河流域水资源合理开发利用.兰州：甘肃科学技术出版社.

耿雷华，刘恒，钟华平，等.2006.健康河流的评价指标和评价标准.水利学报，37（3）：253-258.

国家环境保护总局《水和废水监测分析方法》编委会.2002.水和废水监测分析方法.第四版.北京：中国环境科学出版社.

韩茂森，束蕴芳.1995.中国淡水生物图谱.北京：海洋出版社.

韩茂森.1980.淡水浮游生物图谱.北京：农业出版社.

胡鸿钧，魏印心.2006.中国淡水藻类-系统、分类及生态.北京：科学出版社.

胡鸿钧.1980.中国淡水藻类.上海：上海科学技术出版社.

黄琪，高俊峰，张艳会，等.2016.长江中下游四大淡水湖水生态系统完整性评价.生态学报，36（1）：118-126.

姜斌，刘倩，虞玉诚，等.2005.美国城市发展对淡水生态系统的影响.水利发展研究，5（2）：53-56.

金相灿，王圣瑞，席海燕.2012.湖泊生态安全及其评估方法框架.环境科学研究，25（4）：357-362.

金相灿，屠清瑛.1990.湖泊富营养化调查规范.北京：中国环境科学出版社.

李家英，齐雨藻.2010.中国淡水藻志第十四卷：硅藻门（舟行藻科Ⅰ）.北京：科学出版社.

李杰人，杨宇生，徐忠法.2008.水产种质资源共享平台技术规范.北京：中国农业科学技术出版社.

李庆链.2008.洱海流域近50年的降水特征和变化趋势.云南省水利厅信息网.http：//www.wcb.yn.gov.cn/arti?id=2370.［2013-7-20］.

李再培，程英，吕琳.2000.松花江（哈尔滨段）底栖无脊椎动物群落构成与水质状况的研究.黑龙江环境通报，24（2）：114-116.

李仲辉.1988.河南鱼类志.郑州：河南科学技术出版社.

刘保元，王士达，胡德良.1984.以底栖动物评价湘江污染的研究.水生生物学集刊，8：225-236.

刘蝉馨.1987.辽宁动物志：鱼类.沈阳：辽宁科学技术出版社.

刘建康.1999.高级水生生物学.北京：科学出版社.

刘永定.2007.中国藻类学研究.武汉：武汉出版社.

刘月英，张文珍，王跃先，等.1979.中国经济动物志：淡水软体动物.北京：科学出版社.

卢敏德.1993.淡水生物学.苏州：苏州大学出版社.

吕纯剑.2013.基于辽宁省辽河流域水生态功能三级分区的河流评价健康.沈阳：辽宁大学硕士学位论文.

栾玉泉，谢宝川.2007.洱海流域环境保护和综合管理.大理学院学报，6（12）：38 - 40.

孟庆闻，苏锦祥，缪学祖.1995.鱼类分类学.北京：中国农业出版社.

宁远，钱敏，王玉太.2003.淮河流域水利手册.北京：科学出版社.

潘启民，田水利.2001.黑河流域水资源.郑州：黄河水利出版社.

齐雨藻，李家英，谢淑琦.2004.中国淡水藻志（第十卷）：硅藻门，羽纹纲.北京：科学出版社.

齐雨藻，朱蕙忠，李家英.1995.中国淡水藻类志（第四卷）：硅藻门，中心纲.北京：科学出版社.

钱云平，王玲.2008.同位素水文技术在黑河流域水循环研究的应用.郑州：黄河水利出版社.

沈韫芬.1990.微型生物监测新技术.北京：中国建筑工业出版社.

施之新.2004.中国淡水藻志（第十二卷）.北京：科学出版社.

水利部国际经济技术合作交流中心，水利部黄河水利委员会，澳大利亚国际水资源中心.2012.黄河下游河流健康评价.中澳河流健康与环境流量项目，技术报告8.

宋大祥，杨思谅.2009.河北动物志：甲壳类.石家庄：河北科学技术出版社.

唐涛，蔡庆华，刘健康.2002.河流生态系统健康及其评价.应用生态学报，13（9）：1191-1194.

王备新，杨莲芳，刘正文.2006.生物完整性指数与水生态系统健康评价.生态学杂志，25（6）：707-710.

王博，刘全儒，周云龙，等.2001.东江干流底栖动物区群落结构和水质生物评价.水生态学杂志，32（5）：43-49.

王家楫.1961.中国淡水轮虫志.北京：科学出版社.

王建国，黄恢柏，杨明旭，等.2003.庐山地区底栖大型无脊椎动物耐污值与水质生物学评价.应用与环境生物学报，9（3）：279-284.

王俊才，王新华.1995.中国北方摇蚊幼虫.北京：中国言实出版社.

王所安，李国良，曹玉萍.2001.河北动物志：鱼类.石家庄：河北科学技术出版社.

魏复盛，毕彤，齐文启.2002.水和废水监测分析方法（第四版）.北京：中国环境科学出版社.

吴阿娜，杨志峰，姚长清.2005.黄河健康评价与修复基本框架.水土保持学报，19（5）：131-134.

仵彦卿，张应华，温小虎，等.2009.中国西北黑河流域水文循环与水资源模拟.北京：科学出版社.

夏霆，陈静，曹方意，等.2014.镇江通江城市河道浮游藻类优势种群生态位分析.长江流域资源与环境，23（3）：344-350.

谢贤群，王立军.1998.水环境要素观测与分析.北京：中国标准出版社.

叶富良.2002.鱼类生态学.广州：广东高等教育出版社.

叶属峰，刘星，丁德文.2007.长江河口海域生态系统健康评价指标体系及其初步评价.海洋学报，29（4）：128-136.

于宏兵，周启星.2013.松花江流域生态演变与鱼类生态.天津：南开大学出版社.

张光辉，刘少玉，谢悦波，等.2005.西北内陆黑河流域水循环与地下水形成演化模式.北京：地质出版社.

张杰，蔡德所，曹艳霞，等.2011.评价漓江健康的 RIVPACS 预测模型研究.湖泊科学，23（1）：73-79.

张觉民，何志辉.1991.内陆水域渔业自然资源调查手册.北京：农业出版社.

张远，杨凯，车越，等.2005.河流健康状况的表征及其评级.水科学进展，16（4）：602-608.

张远，郑丙辉，刘鸿亮，等.2006.深圳典型河流生态系统健康指标及评价.水资源保护，22（5）：13-17.

张远，徐成斌，马溪平，等.2007.辽河流域河流底栖动物完整性评价参数与标准.环境科学学报，27（6）：919-927.

张远，赵瑞，渠晓东，等.2013.辽河流域河流健康综合评价方法研究.中国工程科学，15（3）：11-18.

张志明，高俊峰，闫人华.2015.基于水生态功能区的巢湖环湖带生态服务功能评价，24（7）：1110-1118.

章宗涉，黄祥飞.1991.淡水浮游生物研究方法.北京：科学出版社.

周才武，成庆泰.2001.山东鱼类志.济南：山东科学技术出版社.

朱浩然.2007.中国淡水藻志.北京：科学出版社.

朱松泉.1995.中国淡水鱼类检索.南京：江苏科学技术出版社.

Abal E G, Dennison W C, Greenfield P F. 2001. Managing the Brisbane River and Moreton Bay: an integrated research/management program to reduce impacts on an Australian estuary. Water Science and Technology, 43: 57-70.

Anzecc A. 2000. Australian and New Zealand guidelines for fresh and marine water quality. I. the guidelines. Department of the Environment, 1: 1-103

Armitage P, Moss D, Wright J, et al. 1983. The performance of a new biological water quality score system based on macroinvertebrates over a wide range of unpolluted running-water sites. Water research, 17, 333-347.

Barbour M T, Gerritsen J, Snyder B D. 1999. Rapid Bioassessment Protocols for Use in Streams and Wadeable Rivers: Periphyton, Benthic Macroinvertebrates and Fish. Second Edition. Washington D C: U. S. Environmental Protection Agency.

Bergfur J, Johnson R K, Sandin L, et al. 2009. Effects of nutrient enrichment on C and N stable isotope ratios of invertebrates, fish and their food resources in boreal streams. Hydrobiologia, 628: 67-79.

Bond N R, Liu W, Weng S C, et al. 2011. Assessment of river health in the Pearl River Basin (Gui sub-catchment). River Health and Environmental Flow in China Project. Pearl River Water Resources Commission and International Water Centre, Brisbane.

Boon P J, Wilkinson J, Martin J. 1998. The application of SERCON (System for Evaluating Rivers for Conservation) to a selection of rivers in Britain. Aquatic Conservation: Marine and Freshwater Ecosystems, 8: 597-616.

Bunn S E, Abal E G, Smith M J, et al. 2010. Integration of science and monitoring of river ecosystem health to guide investments in catchment protection and rehabilitation. Freshwater Biology, 55: 223-240.

Chessman B S, Willams, Besley C, et al. 2007. Bioassessment of streams with macroinvertebrates: effect of sampled habitat and taxonomic resolution. Journal of the North American Benthological Society, 26: 546-565.

Connolly R, Bunn S, Campbell M, et al. 2013. Review of the Use of Report Cards for Monitoring Ecosystem and Waterway Health. Queensland: Gladstone Healthy Harbour Partnership.

Cooper J A G, Ramm A E L, Harrison T D. 1994. The estuarine health index, a new approach to scientific information transfer. Ocean Coastal Management, 25: 103-141.

Davies P, Harris J, Hillman T, et al. 2008. SRA Report 1: a report on the ecological health of rivers in the Murray-Darling basin, 2004-2007. Prepared by the Independent Sustainable Rivers Audit Group for the Murray-Darling Basin Ministerial Council.

Dudgeon D, Arthington A H, Gessner M O, et al. 2006. Freshwater biodiversity: importance, threats, status and conservation challenges. Biol. Rev., 81: 163-182.

Dunlop J E, McGregor G, Horrigan N. 2005. Potential impacts of salinity and turbidity in riverine ecosystems. National Action Plan for salinity and Water Quality, WQ06 Technical Report.

Fernandes D, Potrykus J, Morsiani C, et al. 2002. The combined use of chemical and biochemical markers to assess water quality in two low-stream rivers (NE Spain). Environmental Research, 90 (2): 169-178.

Flotemersch J E, Stribling J B, Paul M J. 2006. Concepts and approaches for the bioassessment of non-wadeable streams and rivers. Washington D C: U. S. Environmental Protection Agency.

Gao Y N, Gao J F, Yin H B, et al. 2015. Remote sensing estimation of the total phosphorus concentration in a large lake using band combinations and regional multivariate statistical modeling techniques. Journal of Environmental Management, 151: 33-43.

Gippel C J, Zhang Y, Qu X D, et al. 2011. River health assessment in China: comparison and development of indicators of hydrological health. ACEDP Technical Report 4.

Hellawell. 1986. Biological Indicators of Freshwater Pollution and Environmental Management. London: Elservier Applied Science Pub.

Hering D C, Merer C, Rawer-Jost C K, et al. 2004. Assessing streams in Germany with benthic invertebrates: selection of candidate metrics. Limnologica, 34: 398-415.

Hilsenhoff W L. 1997. An introduction to the aquatic insects of North America. American Entomologist, 81 (1): 593-595.

Hontela A, Rasmussen J B, Audet C, et al. 1992. Impaired cortisol stress response in fish from environments polluted by PAHs, PCBs, and mercury. Archives of Environmental Contamination and Toxicology, 22 (3): 278-283.

Huang Q, Gao J F, Cai Y J, et al. 2015. Development and application of benthic macroinvertebrate-based multimetric indices for the assessment of streams and rivers in the Taihu Basin, China. Ecological Indicators, 48: 649-659.

John D M, Whitton B A, Brook A J. 2002. The Freshwater Algal Flora of the British Isles: An Identification Guide to Freshwater and Terrestrial Algae. Cambridge: Cambridge University Press.

Karr J K. 1981. Assessments of biotic integrity using fish communities. Fisheries, 6: 21-27.

Karr J R. 1999. Defining and measuring river health. Freshwater Biology, 41: 221-234.

Kelly M G, Whitton B A. 1998. Biological monitoring of eutrophication in rivers. Hydrobiologia, 384: 55-67.

Kennard M J, Olden J D, Arthington A H, et al. 2007. Multiscale effects of flow regime and habitat and their interaction on fish assemblage structure in eastern Australia. Canadian Journal of Fisheries and Aquatic Sciences, 64 (10): 1346-1359.

Kerans B L, Karr J R. 1994. A benthic index of biotic integrity (B-IBI) for rivers of the Tennessee Valley. Ecological Applications, 4: 768-785.

Kingsford R T. 1999. Aerial survey of waterbirds on wetlands as a measure of river and floodplain health. Freshwater Biology, 41: 425-438.

Kleynhans C J. 1999. The development of a fish index to assess the biological integrity of South African rivers. Water SA, 25: 265-278.

Kolkwitz R, Marsson M. 1902. Grundsätze für die biologische Beurteilung des Wassers nach seiner Flora und Fauna. Mitt. a. d. Kgl. Prüfungsanst. f. Wasserversorg u. Abwässerbeseitigund zu Berlin, 1: 33-72.

Krammer K. 2002. Diatoms of Europe. Ruggell: ARG Gantner Verlag KG.

Ladson A R, White L J, Doolan J A, et al. 1999. Development and testing of an index of stream condition for waterway management in Australia. Freshwater Biology, 41: 453-468.

Lenat D R. 1988. Water quality assessment of streams using a qualitative collection method for benthic macroinvertebrate. Journal of the North American Benthological Society, 7 (3): 222-233.

Liebmann H. 1951. Handbuch der Frischwasser und Abwasserbiologie. Bd. II, 2. Aufl. Verlag Oldenbourg, Munich: 588.

Millennium Ecosystem Assessment (MEA) . 2005. Ecosystems and Human Well-being: Synthesis. Washington D C: Island Press.

Morse J C, Yang L, Tian L. 1994. Aquatic Insects of China Useful for Monitoring Water Quality . Nanjing: Hohai University Press.

National Water Council. 1981. River Quality: The 1980 Survey and Future Outlook. London: National Water Council.

Norris R H, Norris K R. 1995. The need for biological assessment of water quality: Australian perspective. Aust. J. &oL, 20: 1-6.

Nylander W. 1866: Lichenes Lapponiae orientalis. Not. Sällsk. Fauna Fl. Fenn. Förh, 8: 101-192.

Park Y S, Song M Y, Park Y C, et al. 2007. Community patters of benthic macroinvertebrates collected on the national scale in Korea. Ecological Modelling, 203: 26-33.

Pavluk T I. 2000. Development of an index of trophic completeness for benthic macro-invertebrate communities in flowing waters. Hydrobiologia, 427: 135-141.

Penrose D. 1985. An introduction to North Carolina's biomonitoring program: benthic macroinvertebrates// Proceedings, State/EPA Region VI Water Quality Data Assessment Seminar/Workshop, 19-21 Nov, Dallas.

Petersen R C. 1992. The RCE: a riparian, channel and environmental inventory for small streams in the agricultural landscape. Freshwater Biology, 27 (2): 295-306.

Plafkin J L, Barbour M T, Porter K D, et al. 1989. Rapid Bioassessment Protocols for Use in Streams and Rivers. EPA444/ 4-89-001. Washington D C: U. S. Environmental Protection Agency.

Raven P J, Holmes N T H, Dawson F H, et al. 1998. Quality assessment using river habitat survey data. Aquatic Conservation, 8: 477-499.

Ray A R. 2014. eDNA survey of American Eels (Anguilla rostrata) in Hudson River tributaries. Senior Projects Spring 2014.

Rosenberg D M, Resh V H. 1993. Freshwater Biomonitoring and Benthic Macroinvertebrates. New York: Chapman and Hall: 1-9.

Rowntree K M, Wadeson R A. 1999. A hierarchical framework for categorizing the geomorphology of selected South African rivers. Final Report to the Water Research Commission, 1: 497.

Senior B, Holloway D, Simpson C. 2011. Alignment of state and national river and wetland health assessment needs. Technical report 29898, The State of Queensland, Department of Environment and Resource Management.

Simpson J C, Norris R H. 2000. Biological assessment of river quality: development of AUSRIVAS models and outputs// Wright J F, Sutcliffe D W, Furse M T. Assessing the biological quality of fresh waters. RIVPACS and other techniques. Ambleside, UK: Freshwater Biological Association: 125-142

Sladecek V. 1967. The ecological and physiological trends in the Saprobiology. Hydrobiologia, 30: 513-526.

Smith J M, Kay W R, Edward D H D, et al. 1999. AusRivAS: Using macroinvertebrates to assess ecological condition of rivers in Western Australia. Freshwater Biology, 41 (2): 269-282.

Stribling J B, Jessup B K, Gerritsen J. 1999. Development of Biological and Habitat Criteria for Wyoming Streams and Their Use in the TMDL Process. Prepared by Tetra Tech, Inc., Owings Mills, MD, for U. S. EPA, Region 8, Denver, CO.

Sun R H, Wang Z M, Chen L D, et al. 2013. Surface water quality assessment at large watershed scale: Land use, anthropogenic, and administrative impacts. Journal of the American Water Resources Association, 49

（4）：741-752.

Vannote R L, Minshall G W, Cummins K W, et al. 1980. The river continuum concept. Canadian Journal of Fisheries and Aquatic Sciences, 37: 130-137.

Verdonschot P F M, Moog O. 2006. Tools for assessing European streams with macroinvertebrates: major results and conclusions from the STAR project. Hydrobiologia, 566 (1): 299-309.

Vorosmarty C J, Mcintyre P B, Gessner M O, et al. 2010. Global threats to human water security and river biodiversity. Nature, 467: 555-561.

Walley W J, Hawkes H A. 1997. A computer-based development of the Biological Monitoring Working Party score system incorporating abundance rating, site type and indicator value. Water Research, 3: 201-210.

Weaver W, Shannon C E. 1949. The Mathematical Theory of Communication. Illinois: University of Illinois.

Wright J F, Armitage P D, Furse M T. 1989. Prediction of invertebrate communities using stream measurements. Regul. Rivers: Res. Manag., 4: 147-155.

Wright J F, Furse M T, Moss D. 1998. River classification using invertebrates: RIVPACS applications. Aquatic Conservation: Marine and Freshwater Ecosystems, 8: 617-631.

Wright J F, Sutcliffe D W, Furse M T. 2000. Assessing the biological quality of fresh water. Blood, 99 (10): 3493-3499.

参
考
文
献